真説 孫子

Deciphering Sun Tzu

How to Read The Art of War

デレク・ユアン
奥山真司 訳

中央公論新社

序章　西洋における孫子

『孫子兵法』（*Sun Zi Bing Fa*）とは、今から約二五〇〇年ほど前（紀元前五一二年頃）に書かれた古代中国の兵書である。この書物は、北京で長年暮らした経験を持つフランスのイエズス会の神父、ジャン・ジョゼフ・マリ・アミオ（Jean Joseph Marie Amiot）によって、一七七二年にフランス語版がパリで出版されるまで西洋では全く知られていなかった。[*1]『孫子兵法』がフランス革命直前にフランスで出版されたという事実によって、中国人は「ナポレオンは孫子の教えを自身の軍事作戦に応用している」と主張することも多いが、ナポレオンが実際に読んでいたという確たる証拠はない。また一九世紀と比較すると、一八世紀のフランスでは中国の思想や文物はまだそれほど人気があったわけではなかったので、フランス革命後に孫子が引用されている書物が出版されるには、一九〇〇年まで待たなければならなかったほどだ。[*2]『孫子兵法』の最初の英訳版が出版されたのは、それよりもさらに遅れている。一九〇五年には英陸軍のカルスロップ（E. F. Calthrop）大尉が、日本に語学留学生として滞在中に英訳したものがある。この英訳版は東京の出版社が手がけたのだが、そのタイトルは『孫子』（*Sonshi*）であった。[*3]とはいえ一九一〇年のライオネル・ジャイルズ（Lionel Giles）の有名な訳が出るまで、英語圏での孫子の知名度はほとんどなかった。英語圏ではこれ以降、中国の戦略思想だけでなく、中国の考え方や国際的な場における行動を理解・解釈するための主な情報源として『孫子兵法』が使われるようになった。

西洋では長年にわたって、中国の戦略的決断や国際的な場における行動を説明する際に『孫子兵法』に書かれていることに頼る傾向があるが、これは孫子が中国の戦略思想において果たしてきた突出した役割から考えれば、ある意味で当然と言える。中国史の中で最も包括的な軍事指南書や辞典を編纂《へんさん》[*4]したことで知られる茅元儀（Mao Yuan Yi：一五九四〜一六四〇年）が、『孫子兵法』にはそれ以前に書かれたすべてのことが含まれており、それ以降はこれを越える著作が書かれておらず、それらはむしろ孫子に書かれていることの注釈でしかないと主張している。孫子の著作は最初に登場した時から中国の戦略的世界観の中心にあり、タオイズムの正典で戦略的知恵が多く含まれている『道徳経』（*Tao Te Ching*）でさえも、その支配的な地位を脅《おびや》かすことはできなかった。

西洋の中国学者たちにとって、現在の孫子の研究の発展を知る上で『孫子兵法』の新訳や、考古学における新発見は欠かせないものだ。もちろんこれらは、現在までの孫子研究の知見に大変価値の高い貢献をしているのだが、それらは西洋の読者や戦略家が本当に必要としている「孫子の思想のさらなる包括的な理解」という要件には十分に応えられていない。なぜなら孫子を読み解こうとしても、この分野では本物のブレイクスルーは発生していないからだ。

孫子を本気で理解しようとする人々にとって最も重要な進展は、中国の戦略思想を西洋の戦略に取り入れた際に起こったものであり、この点においてはとりわけバジル・ヘンリー・リデルハート（Basil H. Liddell Hart）とジョン・ボイド（John Boyd）が大きな役割を果たしている。リデルハートとボイドは、共に二〇世紀において最も影響力の大きい戦略家だが、二人は西洋の戦略思想を孫子に調和させるような形で再定義して再理論化した。その過程で、彼らは孫子の考えを西洋世界によりわかりやすい形で伝えることになった。

リデルハートは西洋で孫子を再発見した最初の人物であっただけでなく、「奇」（*ch'i*）と「正」（*cheng*）として知られる二層的な概念を使うことによって、孫子のわれわれの理解に大いなる貢献をした。この二層的な概念は、リデルハートがいわゆる〝間接的アプローチ〟（indirect approach）を生み出す上で決定的な役割を果たしており、彼はこの概念を使って、古代ギリシャから第二次世界大戦に至る西洋の軍事史を再解釈している。もちろんリデルハートによる孫子のアイディアの応用は、実際は選択的で部分的なものでしかなかったのだが、彼の著作は中国の戦略思想の妥当性や現代の西洋の状況にとって、広範な応用性があることを明確に示したのである。

ジョン・ボイドはリデルハートから大きな影響を受けた人物であり、中国の戦略思想には莫大な潜在力を感じていて、西側の戦略的枠組みの中に孫子のアイディアをさらに応用しようと目論《もく》んでいた。ところが彼は独自のアプローチを採用しており、それ以前の人々のように、ただ単に孫子の原則を借りただけではその任務を十分に果たせないことに気づいていた。中国の戦略思想の応用というのは、そもそも中国人の考え方や世界観、さらには論理《ロジック》や弁証法的なメカニズムを把握《はあく》しなければ失敗してしまうものだからだ。中国の戦略思想の土台を把握する必要性についての主張は最終的に実を結び、西洋の孫子の理解において大きな進歩を生み、ボイドは中国と西洋の戦略思想の間のギャップを橋渡しすることになった。そういう観点から言えば、本書はボイドが完成させられなかった仕事を補《おぎな》うことを追求したものだ。

『孫子兵法』の英訳の限界

多くの偉大な古典は、読まれたり理解されるよりも、ただ単に名前が有名だというものが多いのだが、『孫子兵法』は名前を聞くだけでなく、実際に読まれることも多い。ところがその内容までが西洋で十分に理解されているとは言い難い。その人気とは裏腹に、『孫子兵法』の中国における背景やそのタオイストのルーツまでが正しく理解されることはほとんどないのだ。この主な理由は、『孫子兵法』についての研究がまだ翻訳レベルの段階にしかないという事実にある。孫子が西洋、とりわけ一九八〇年代以降にアメリカの学者、ビジネスマン、そして軍の士官たちに理解され始めたとはいえ、孫子についてのまとまった研究は、彼が生きた時代や、翻訳そのものに使われている最も重要な概念を説明するような、いわゆる入門レベルのものに限定されている。西洋において孫子の概念を深く理解しようとする人々は、結果として知的にデータ不足の状態に直面せざるを得ないのである。しかも現在出版されているものの中では、西洋の読者に向けて孫子と中国の戦略思想について直接的に扱ったものは皆無だ。これこそが西洋における中国の戦略思想や戦略文化、さらには中国の戦略的な世界観や国際的な場における行動についての理解を妨げているものであり、この問題は予想以上に深刻であると言える。

孫子のよりよい理解について第二の障害となっているのは、翻訳そのものにある。英訳版には、訳者自身の好みや翻訳の質にそれぞれ大きな違いがあるだけでなく、訳そのものと、ターゲットとなる読者の間にある期待と知識の間にもミスマッチがある。たとえばラルフ・D・ソーヤー（Ralph D. Sawyer）の『孫子兵法』は、英語圏で最も使われている訳書だ。[*5] ところがその人気の理由は、それが学術的に正確だからではなく、むしろその訳がわかりやすいという事実にある。それとは反対に、トーマス・クリアリー（Thomas Cleary）とロジャー・T・エイムス（Roger T. Ames）の訳ははるかに正確なのだが、ソーヤー版と比べて孫子と中国の戦略思想の哲学的な面を選択的に強調しているため、決して読みやすいとは言えない。[*6] クリアリーとエイムスは両者とも西洋の孫子理解を進める上で読みやすさが必要であることは認めているのだが、ほとんどの西洋の読者が文の意味を理解しようとするときにその難解さに直面せざるを得ないという問題から逃れられていない。それでもタオイズムやその他の中国のアイディアについての知識がなければ、読者たちはそこに書かれていることに実用性を見出せないし、そもそも理解することさえ困難となってしまう。さらに言えば、既存の訳本は、短いイントロダクションの後に訳が続くというものばかりであり、章ごとに分析しながら孫子の思想体系全体を説明することは不可能だ。結局これまでの訳は、孫子の文章を当初の戦略的視点から検証できておらず、その結果として、そもそもこれらの訳の任務は『孫子兵法』の重要性を示すことが最優先事項であるにもかかわらず、その軍事的・戦略的な重要性を解明できていないのである。

西洋におけるこのような孫子と中国の戦略思想の研究の惨状を踏まえて考えれば、西洋の孫子理解は、長い年月が経過しているにもかかわらず、『孫子兵法』の中からいくつかの上《うわ》っ面《つら》な引用や短い文章や格言の引用についての言及の域を決して出ていない。さらに悪いのは、孫子の思想を歴史や哲学、そして孫子のテーマの全体的な体系を理解しないまま、単なるいくつかの格言にまとめてそれらを分析するだけでお茶を濁《にご》すような傾向がかなり広まっており、孫子研究を堕落させているだけでなく、その流れを修正することと自体を難しくさせてしまっている点だ。

孫子と中国の戦略思想における現在のこのような行き詰まりの状態を踏まえると、やはり西洋の孫子研究には革命的な動きが必要であるように思える。この最初の段階として必要になってくるのは、入門編や訳ではなく、むしろその研究自体の分析であり、これには孫子と彼のアイディア、そして彼の生きた時代についての全体的な検証を土台にしなければならない。このためには無数の要件が必要になるのだが、第一は『孫子兵法』を孫子の思想の体系や目的を正確に反映した戦略的な観点から見る、ということだ。第二は、このアプローチには孫子の思想の源泉を辿《たど》るような詳細な歴史分析が必要であり、この歴史を孫子の概念や哲学と関連づけながら説明するということだ。第三は、『孫子兵法』のタオイズムの土台とその関連性を認識することであり、孫子をよりよく理解するために決定的に必要となる、中国の哲学、文化、そして言語の実態を明らかにするために、これを哲学・文化的な面から解説することだ。最後に、そしておそらく最も重要なのは、この新しいアプローチには西洋式の言葉でわかりやすく伝えることであり、できる限りそれを西側の言葉に置き換えてみるということだ。

本書はこれらの要件を満たしつつ、西洋における孫子研究にルネサンスを起こすことを追求したものだ。多くの西洋の読者たちが自分の本棚にすでに置いてある数々の訳書を読み解く際の、実践的な手引書として本書を使っていただければ、筆者として光栄である。

目的とその範囲

本書はこれまでの『孫子兵法』の訳書が積み上げてきた知見を出発点としている。本書のような歴史、哲学、戦略、そして文化横断的な孫子研究は、筆者である私の中国の言語、歴史、文化、そして哲学、さらには中国と西洋の両方の戦略思想についての知識によって可能となったものだ。ただし読者には本書をそこまで構えて読んでいただきたくはない。なぜなら本書の新たな複合的なアプローチによって、孫子と中国の戦略思想のエッセンスをよりよく理解できるはずだからだ。本書ではこの分野の全体的な理解のために必須となる要素を特定して明確に説明しており、これによって中国の戦略についての歴史や哲学的な面における前提としての知識をあまり持たない読者でも理解できるようにしてある。本書は孫子についての先行研究に関する徹底的な記述を目的としたものではなく、その代わりに西洋の読者が孫子について最低限理解しておくべきことを、様々な分野からのヒントを元にして有益な融合を図ろうとしたものだ。読者の要求とこれまでの研究との間に存在したギャップを埋めることが長年待ち望まれていたという事実は、戦略思想の議論においては実用性が最優先事項であり、とりわけ中国の思想や哲学の本質には実践主義がその基本原則であり、土台となっていたことを意味している。

本書は孫子と中国の戦略思想の研究を、以下に述べる四つの点で発展させようとしたものだ。第一に、中国の戦略思想を理解するための全般的な思考の理論的枠組みを提供している。これによって西洋の読者たちは、中国の戦略思想の水平・垂直の両方の面と様々な要素、つまり中国の戦略思想の体系の全体を理解できるようになるはずだ。第二に、『孫子兵法』の誕生に貢献した要因や流れについてのより詳細な歴史分析を提供しようとしている。本書は『孫子兵法』の軍事的、戦略的、外交的、そして文化的な背景、さらには孫子の生きた当時の「時代精神」を探ることによって、孫子の格言をただ分解したり単に理論的な形で研究するような古くて無益なやり方を越えた分析を行っている。

本書の第三の狙いは、孫子と老子、そしてそれぞれが書いたとされる『孫子兵法』と『道徳経』（*Tao Te Ching*）について、近年の研究で明らかになった関係性について強調していることだ。これまでの研究では、『孫子兵法』とタオイズムとの間には密接な関係性があることまでは指摘されていたが、近年の研究で言われ始めたのは、この二つの関係は相互的なものであるということだ。つまり老子という人物はたしかに孫子自身に影響を与えたのだが、同時に老子の書と言われる『道徳経』は『孫子兵法』から多くのアイディアを借りており、しかも年代的には『道徳経』のほうが『孫子兵法』よりも後になってから編《へん》纂《さん》されたと認識され始めているということだ。この新たな発見は『孫子兵法』についての哲学的な背景だけでなく、孫子の思想のその後の発展や『道徳経』によって最終的に「完成」されたとされる、中国の戦略思想についての理解を深めてくれる。また、これによって現在まで行われていたような中国の戦略を理解する上で『孫子兵法』に過剰に頼るような状況を修正することにもつながるはずだ。

第四の狙いは、『孫子兵法』が軍事的・戦略的な文書であり、究極的には戦略的な視点で検証されるべきであることを主張することだ。西洋の読者にとって、孫子の考えと西洋の戦略思想家のアイディアの類似性を詳細に検証したり、中国と西洋の戦略思想をさらに融合させようとする試みほど有益なことはないだろう。本書は『孫子兵法』の中にある最も重要な概念の本来の意味を掘り起こすことを試みているのだが、これを西洋の戦略思想の助けを借りて説明している。この西洋の戦略思想家には、カール・フォン・クラウゼヴィッツ、バジル・H・リデルハート、J・C・ワイリー、そしてジョン・ボイドなどが含まれ、彼らの考えを中国のその他の戦略文書と比較することによって検証している。また、本書は西洋における孫子の「継承者」を何人か挙げているが、彼らは中国の戦略思想を西洋の戦略思想の枠組みの中に組み込むことによって、孫子の重要なアイディアの多くを復活させているのだ。

本書の焦点は、孫子の検証だけに限定せず、孫子についてのこれまでの分析や発見を利用して新たな道を切り開こうとしたもので、西洋における中国の戦略の理解促進に大きな役割を果たすことを目的としている。内容には、以下のようなものが含まれる。

・中国の戦略思想や戦略文化の基礎
・戦略書としての『道徳経』の紹介と、中国の戦略思想の中における老子の位置づけの探求
・中国の軍事的弁証法
・中国の戦略における認識論
・西洋の戦略思想の「東洋化」(Easternization)
・中国の戦略思想と文化の研究の将来の方向性の提示
・東洋と西洋を超越した、戦略の一般的理論の確立

本書の構成

本書は六章で構成されている。第一章から第三章までは孫子の生涯とアイディアを紹介しているが、こ

こでは西洋の孫子研究では欠落している、中国とタオイズムの背景を捉え直すことが追求されている。第四章と第五章は、西洋からの視点で孫子にアプローチしており、これによって『孫子兵法』とクラウゼヴィッツの『戦争論』は、従来思われていたほど異なるものではないことを示そうとしている。さらに加えて、何人かの西洋の戦略思想家は、知ってか知らずか、孫子の最も重要なアイディアを再現させており、これを西洋の戦略思想の中に浸透させている。第六章は、現在の中国の戦略文化についての議論や、これが西洋における中国の戦略思想の理解の形成において最も重要な役割を果たしていることを検証している。

第一章は、それ以降の章の分析に必要な哲学的な背景を、西洋とはあらゆる面で異なる中国の戦略思想の体系全体を概観することによって紹介している。ここでは中国の戦略思想が西洋の軍事・戦略における「常識」や、西洋の戦略思想の主な原則の多くとは正反対のものであることが論じられている。中国の戦略思想の理解をさらに難しくしているのは、中国人が西洋の論理とは大きく違う論理原則を使っているという事実だ。これは中国の軍事・戦略文書においてパラドックスや矛盾というものが頻繁《ひんぱん》に使われることからもわかる。第一章は中国の戦略思想の体系を紹介しているのだが、これは中国の戦略思想を水平面と垂直面を統合した二つの大きなスキームの概略を説明することによって行われている。ちなみにこの「水平面」と「垂直面」を、本書では中国の戦略思想における「四学派」（四種）と「三つのレベル」（三等）と名付けている。これらの二つの土台となるスキームは、中国の戦略思考の枠組みが孫子とタオイズムにどれほど大きく影響されているかを示している。またこの章では、「戦略の一般理論の確立」と「戦略の認識論の探求」という西洋の戦略思想においてはまだ十分に発展していない分野におけるこれらのスキームの、潜在的な重要性が議論されている。

第二章は『孫子兵法』の軍事、戦略、外交、そして文化などの背景や、孫子が生きていた頃の「時代精神」を検証している。ここでは孫子の故郷である斉《せい》（現在の中国山東省）の歴史と文化を振り返り、それらが孫子の思想の形成に果たした役割を探っていく。この章では孫子が生きた時代の大変動の大きな流れを検証し、孫子が『孫子兵法』の中に展開したアイディアにいかなる影響を与えたのかを見ている。

第三章では、中国の戦略思想の研究における新たな議論を紹介している。もちろん孫子は中国の戦略思想の創始者として見ることは可能であるが、この章では『道徳経』における孫子のアイディアの変遷《へんせん》を考慮すること無しには中国の戦略思想の伝統は「完成」しないことが主張されている。この章は『道徳経』が戦略書であり、それが孫子の考えにどのような影響を受けたのかが探求されている。また中国の軍事的弁証法、「状況・帰結アプローチ」、タオイズムの方法論、そして中国の戦略思想の基礎を形成した世界観などが紹介されている。これらはあらゆる中国の戦略思想や哲学に継承されているものであるが、西洋において正確に理解されているケースはほとんどない。

第四章では、翻訳プロセスの中で失われた『孫子兵法』の隠れた前提というものを再発見しようとしている。この目標を達成するために、この章では西洋の戦略思想の観点から最も重要であるとされる、いくつかの孫子の思想を検証している。孫子のアイディアの中でもとりわけ重要なものを体系化することによって、西洋の読者にもさらにわかりやすくしたつもりだ。孫子のアイディアと似た西洋の思想を指摘することにより、この章では戦略の基本的な論理《ロジック》が普遍的なものであり、戦略の一般理論の確立は不可能ではないことが主張されている。

第五章は中国と西洋の戦略論の融合が、戦略の一般理論を確立する際に潜在的に有益な役割を果たす可能性があることを示している。ここでは西洋に孫子の「継承者」が何人もおり、彼らが孫子の主なアイディアの多くを再生産していると論じている。中でも最も有名な例として、リデルハートとジョン・ボイドを挙げている。リデルハートの孫子の再発見は、すでに述べた「間接的アプローチ」として結実しただけでなく、中国の「状況・帰結アプローチ」の認識や、西洋の戦略思想における大戦略という概念とスキームの確立に貢献している。その一方でボイドは、西洋の戦略思考の枠組みに孫子の思想を取り入れようとした。西洋における孫子の「後継者たち」とは違って、ボイドは中国の戦略思想の認識論と哲学的な土台を捉えることの必要性を主張している。なぜならそれを行わない限り、中国の戦略論の核心には迫れないことを認識していたからだ。これを達成するために、ボイドは東洋思想を西洋の様々な科学理論を使うことによってつくり直し、合理化し、近代化させている。

　第六章では中国の戦略文化に注目している。ここでは中国の戦略文化を研究する西側の専門家たちを批判しており、とりわけアラステア・イアン・ジョンストン（Alastair Iain Johnston）の『文化的リアリズム』という著作における議論や、アンドリュー・スコベル（Andrew Scobell）の「中国の防衛至上主義」（Chinese Cult of Defense）という論文のアイディアが取り上げられる。この章では中国の戦略文化を説明する際の枠組みとして、現在最もよく使われている「孔孟主義」（the Confucian-Mencian）と「現実主義」（the realpolitik/parabellum）という二つのパラダイムを検証しており、それが西洋における中国の戦略文化やその思想についての理解にどのような影響を与えたのかを分析している。この章ではこのようなパラダイム――というか戦略文化によるアプローチ全体――が、そもそも極めて歴史的で哲学的な中国の戦略思想のエッセンスを理解する上ではあまりにも不十分なものであると主張している。したがってこの章では最終的に、「中国の戦略的伝統を把握《はあく》するためには中国史や哲学思想の詳細な読み込みに戻るべきだ」という結論につながっている。

　本書は実に広い範囲のトピックを扱っているために、自らの好みや知識のレベルに合わせて章ごとに選択的に読んでいただいてもかまわないと私は考えている。第一章は中国の哲学や戦略思想における最も重要な前提を紹介しているため、できればすべての読者に読んでいただきたい。また第一章は中国の戦略全体の理論的な枠組みや、孫子研究のとるべきアプローチを紹介しているために、本書においても極めて重要な役割を担っている。孫子や中国の戦略思想についてあまりよく知らないと感じている読者たちは、まず最初に第四章を読んでいただきたい。これによって孫子のいくつかの重要な概念に触れることができるし、西洋の読者によりわかりやすい形で分析や議論が行われているからだ。ここで行われているような『孫子兵法』についての歴史から見た解釈に興味を持っている読者は、まず第二章から読み始めて、その後に第一章に戻ってきてもかまわない。ところが孫子と老子（タオイズム）について論じた第三章だけは、必ず第一章と第二章の後に読んでいただきたい。最初の二つの章は、第三章をよりよく理解するために必要な哲学や認識論的な議論を含んでいるからであり、第二章でも孫子と老子の関係性について言及している部分があるからだ。同様に、読者は第五章を読む前に、第一章から第三章までは読んでおいて欲しい。ボイドは西洋の戦略思考の枠組みの中で中国の戦略思想を再発見しようとした人物であるため、第五章のボイドに触れた部分では、中国の戦略思想の土台についての知識を必要とするからだ。

翻訳、発音表記、そして言葉の定義について

本書では既存の英語訳をなるべく使おうとした。英訳版として使ったのは、ラルフ・D・ソーヤー（Ralph D. Sawyer）、トーマス・クリアリー（Thomas Cleary）、そしてロジャー・エイムス（Roger Ames）の三冊だ。ソーヤー版は西洋で最も広く使われているものであり、本書で主に使われている訳文もここから引用されている。それとは反対に、クリアリー版とエイムス版の訳は、孫子の思想における哲学面をより強調したものであり、本書ではソーヤー版の訳を、孫子の文章の本来の意味を伝えられない時に限って使った。

中国語の発音表記については、ローマ字を使った二つの大きなシステム――ウェイド・ジャイルズ式と

ピンイン式——が存在するが、これまでのほとんどの英訳版ではウェイド・ジャイルズ式が使われており、ピンイン式は孫子（Sun Tzu、以前は Sunzi）や老子（Lao Tzu、以前は Laozi）、「奇」（*ch'i*、以前は *ji*）、「正」（*cheng*、以前は *zheng*）、そして Tao（以前は Dao）のように、西側の読者にはすでに知られたものもある。それ以外の中国語の用語はすべてピンイン式を使用したが、これは西側の読者に現在より広く使われるようになったピンイン式に慣れていただくためである。さらに知識を得たいという読者の方は、中国語の語彙集や表現集などを参照していただきたい。

本書では混乱を避けるために、「孫子の兵法」という言葉は自動的に『孫子兵法』（*Sun Tzu: The Art of War*）や『兵法』、それに『孫臏《そんぴん》兵法』（*Sun Bin: The Art of Warfare*）を意味すると考えていただきたい。しかし人物としての老子と書物としての老子（即ち『道徳経』）は、本書ではそれぞれ扱いをわけており、老子と『道徳経』は別物であるとしている。

本書で「東洋」（the East）と「西洋」（the West）と言った場合、「東洋」というのは中国と日本だけを意味し、議論の中で「中国」と言った場合には中国のみを特定して述べている。ところが「西洋」のほうは、ヨーロッパ（ロシアを含む）、北米、そしてオセアニアなどの戦略思想とその実践の伝統をおおまかに共有している、西洋世界の一部分のことを示している。

読者の中には、本書が中国の戦略や哲学に関する概念について限定的な定義しか使っていないことに気づく方もいるかもしれない。この主な理由は、中国語が文脈への依存度の高い言語であり、本書に出てくる概念はそもそも抽象的で曖昧《あいまい》なものであるからだ。そしてそのほとんどは、実際に多元的な意味を持つものが多い。したがって、これらの用語の定義を知ったとしても、それらを理解できることにはつながらない。実際のところ、これらは正確な定義を持たないことの方が多く、中国人はそもそも定義をすることや、定義というアイディアそのものを嫌うことがあるからだ。したがって、たとえば「道《タオ》」が宇宙の究極の秩序であることを知ったとしても、いざ実践する段階になるまでその知識は意味を持たない。したがって本書は、このような概念について各章でそれぞれ説明することによってそれらを別の場所で目にした時に、読者のみなさんが合理的かつ本能的に把握できているような状態を追求して書かれている。

＊1 Sun Tzu, Samuel B. Griffith, *Sun Tzu: The Art of War*, London: Oxford University Press, 1963, Appendix 3（electronic version）.

＊2 Ibid.

＊3 Ibid.

＊4 *Wu Bei Zhi*（武備志 *Treatise on Armament Technology* or *Records of Armaments and Military Provisions*）, 1621.

＊5 Sun Tzu, *Sun-tzu: The Art of War*, trans. Ralph D. Sawyer, Boulder, CO: Westview, 1994.

＊6 Sun Tzu, *The Art of War*, trans. Thomas Cleary, Boston: Shambhala, 1988; Sun Tzu, *Sun-tzu: The Art of Warfare*, trans. Roger T. Ames, New York: Ballantine, 1994.

目次

真説　孫子

第一章　中国の戦略思想の仕組み

西洋における中国の戦略思想の理解のほとんどは、翻訳された格言や原則というものが元になっている。[*1]しかしこのような限定的な素材だけでは、中国の戦略思想全体を包括的に理解することはできない。包括的な理解に本気で到達するためには、中国の言語、文化、歴史、そして哲学の理解も必須となり、さらには西洋と根本的に違う論理体系についての理解も必要になることは言うまでもないだろう。

本章では、このようないくつかの困難な部分を、中国の戦略思想やその伝統の土台となる理論的な前提について、体系的な概観を説明することによって克服することが狙われている。これを行う中で、本章は中国の戦略思想のエッセンスをつかむための手段を、従来のような有名な格言や名文についての単純かつ選択的な繰り返しなどによる説明を越えた部分で提案してみた。

中国の戦略思想の伝統は、西洋のそれとは大きく異なるものだ。たしかに、中国の戦略思想は西洋の軍事・戦略面での「常識」とは、多くの面で正反対に位置している。だからこそ、西洋の戦略思想に精通している人も、中国の戦略の伝統を完全に理解不能であると感じることが多いのである。

中国の戦略思想：その前提

西洋における「戦略」の定義は、軍事力の使用や、手段・方法・目的のつながりなどを強調した、合理的な行動モデルに注目しがちである。ところが中国の戦略思想は、このような概念的な伝統というものをとくに強調するわけではないし、それらがなくても運用上は差し支えないことになる。西洋の戦略思想の格言などと比較すると、中国の戦略思想は必ずしも軍事力の使用を想定していないことがわかる。それは手段と目的という合理モデルには依存していないのであり、実際にはそれを放棄しているのだ。また中国の戦略思想では、戦略は政治と軍事の両方の領域をつなげる「橋」のような働きとして捉えられているわけでもない。このような西洋との考え方の違いを踏まえてみると、西洋の多くの識者が孫子の思想の中のわかりやすい部分だけを取り出して強調してきたのは、むしろ当然のことと言える。その結果として、西洋で最初に中国の戦略思想が広まったきっかけとなったのは『孫子兵法』の格言の抜粋集のような形だったのだ。もちろん西洋の読者たちはこれらの格言集について、興味深いものであり理解しやすいと感じるのかもしれないが、このような選択的な読み方というのは、実際はさらなる混乱をもたらすだけだ。

このような『孫子兵法』についての視野の狭い読み方や、孫子自身が将軍であったという事実のせいで、西洋の識者たちは中国の戦略の本当の目標は戦いにあると勘違いしてしまっている。ところが中国の戦略思想は軍事を中心とした考えではないし、少なくとも西洋のそれと比べれば、軍事的な要素ははるかに少ない。そこで扱われているのは戦争全体なのであり、「戦い」だけではないのだ。

中国の戦略思想は、その本質からして大戦略的で体系的なものだ。「大戦略的」とはつまり、戦争を総体的な観点から見て、兵力だけでなく、あらゆる力と手段を使用しようとするものだ。「体系的」とはつまり、すべての要素を個別のものではなく、有機的な全体として扱うものであり、関係性や文脈といったものを全体的に捉えるのだ。たしかに『孫子兵法』は主に「戦い」を扱ったものだが、それでも組織や補給を戦略の考えの中に組み込むことだけでなく、戦争の経済コストや、参戦国の道徳面や現実の置かれた状態についても考慮すべきであることを教えている。*2 これこそが戦争についてのより全体的なアプローチであることの何よりの証拠であり、孫子の有名な格言である「戦わずして人の兵を屈する」という目標は、このアプローチをとることによって初めて達成可能なものとして意識できるようになる。

したがって西洋の戦略思想家は「戦略」（もちろんこの言葉の使われ方は広がっており、その他の分野でも使われているが）を「軍事戦略」と同等視することが多いのだが、中国人は軍事的・戦略的な知識が乏しくても、その言葉からより大戦略的（即ち全体的）なイメージを想起することが多い。これは「戦争」という言葉についても同じことが言える。たとえば西洋では「戦争」（war）と「戦い」（warfare）がほぼ同じ意味で使われるが、中国人は「戦争」をあらゆる種類の紛争を示す、はるかに広い意味として捉えており、「戦い」だけに当てはめているわけではない。

アジア的な全体的な世界観におけるこのような文化的・心理的要素の他にも、[*3] 西洋と中国の戦争と戦略についての捉え方の根本的な違いについての説明には、中国側が戦略（即ちあらかじめ決められた狙いを達成するための計画）を、策略《さくりゃく》（即ち敵を出し抜くための計画）として捉えているというものがある。これがわかると、中国の戦略思想がなぜ単なる兵力やテクノロジーではなく、「脳力」（brain power）に重きを置いているのかがわかる。そしてなぜ「戦い」ではなく、大戦略的な争いが紛争におけるより「正統的」《レジティメート》な形として捉えられているのかが理解できるのだ。したがって、西洋は中国の戦争方法を「無制限な戦い」と誤って解釈しているのだが、より正確には「無制限な戦争」と解釈すべきなのだ。[*4] この「策略」の強調がわかれば、中国の戦略思想がなぜ軍事領域の外にまで広がっていて、外交や政治のような、人間のその他の活動分野のことまで語っているのかがわかりやすくなる。

中国の戦略思想におけるパラドックス・矛盾の使用

中国の戦略思想を研究した経験を持つ人間であれば誰でも、中国の軍事・戦略関連の文章の中にパラドックスや矛盾《むじゅん》という概念が頻繁《ひんぱん》に使われていることに気づいたはずだ。パラドックスと矛盾は、正反対の二つの要素や、両極端、陰陽、強弱、攻防、正奇、有無という形で表現されることが多い。戦略思想に関して言えば、パラドックスや矛盾というのは、特殊な論理体系が伝統的に使用されていることを意味している。結果として、中国の戦略思想は戦略の解釈や形成において、西洋のものとは完全に異なるものを提唱できることになる。

中国の論理体系というのは本質的に弁証法的であるため、西洋では多くの人が理解できるものだと勘違いしてしまいやすい。西洋の思想にも、カントやフィヒテ、それにヘーゲル以来、弁証法の伝統があるからだ。[*5] ところが中国の弁証法の構造は、ヘーゲル式の正・反・合などとは異なっており、究極の到達点が矛盾の解消にあるという意味で「積極的」な西洋式の弁証法ではない。中国の弁証法は、陰陽論を土台としたものであり、現象や出来事の関係性を理解するために矛盾を使っている。そして明白に相対しているものを超越、もしくは統合したり、さらには衝突しつつも、実際に役に立つ考えならば受け入れたりするのである。[*6] 中国の弁証法体系は、パラドックスから生じる認識論的な膠着《こうちゃく》状態《じょうたい》に陥ることははるかに少ないし、特定の状況についての理解を与えてくれる強力なツールを提供している。[*7]

中国の弁証法体系の核心は陰陽論《いんようろん》にある。陰陽同士が邪魔されない形で結びつき、互いに浸透し、相互依存すれば、状況の両極性はその中(もしくは陰陽の連続体)に存在することになる。同じような形で、戦いでは状況の両極性というものが争い合う力の敵対関係に由来する。これによって、なぜ現実を両極性の中で捉えようとする中国の思想が、戦略レベルに傾きやすいのかも明確になる。[*8]

中国の知的伝統において「AはAである」という考えと「AではないものもAである」という考えは、必ずしも相反するものではない。これがわからないと、中国の弁証法体系がどのような仕組みになっているのかを理解することはできない。その反対に、道《タオ》と陰陽論では「AはAである」は「AではないものもAである」ことや、さらには「AではないものもいずれAになる」ということになる。[*9] 言い換えれば、「すべての事物はそれ自身と同一であり他の事物とは異なる」とする、いわゆる「同一律」（the law of identity）と、「ある事物について同じ観点でかつ同時にそれを肯定しつつ否定することはできない」とする「無矛盾律」（the law of non-contradiction）は、中国の思想には常に当てはまるわけではないのだ。二つの還元不能のもの、もしくは相互排他的な状態とは大きく異なり、陰と陽（もしくはAと非A）は、現実の展開によって生み出される二つの連続した段階なのだ。[*10] この考えは老子の「為す無くして而も為さざるは無し」（無為而無不為：第四八章）という言葉の中にも表れている。「為す無くして」（何もしないこと）と、「為さざるは無し」（できないことはない）という二つの命題は、一見すると矛盾しているように見える。なぜならそれらは互いに矛盾していると同時に、連続しているものだからだ。この言葉は、「何もしないことによって**こそ**、すべてのことがなされる」とも読めるし、「何もするな、**そうすれば**やり残したことは何もない」とも読める。二つの命題をつなげる漢文の「而」（er）という字は、相反する命題の矛盾を共存させていると同時に、その二つにつながりがあることを表している。[*11] 同じ論理的な原則は、孫子の「戦わずして人の兵を屈する」（不戦而屈人：第三 謀攻篇）にも言えるし、老子の「天下において、水ほど柔らかくしなやかなものはない。しかし、それが堅く手ごわいものを攻撃すると、それに勝てるものはない。ほかにその代わりになるものがないからである」（天下莫柔弱於水。而攻堅強者、莫之能勝。以其無以易之：第七八章）という言葉にも見て取ることができる。結局のところ、中国の弁証法というのは、行動のための指針を与えて問題解決における積極的な役割を果たすだけでなく、戦略における「外在性」という問題を解決するための助けとなる。敵やその状況までが全体的な「システム」の一部であり、それをそもそも最初から考慮に入れるからだ（相互律で示されているように、敵対するものは常に相互補完的なものだからだ）。*12

本章は中国の戦略思想の土台を「水平」と「垂直」という二つの面から探っている。水平的な面では、中国の戦略思想の学派の範囲と構成要素を調べている。ここでの議論の最大の目的は、単に中国の戦略思想を読者に理解していただくことだけでなく、中国の戦略思想が、西洋の戦略思考の枠組みの中で長年にわたって欠如していたわけではないが不完全であった、戦略の一般理論の確立という試みに根本的な役割を果たす可能性があることを主張する点にある。垂直的な面とは、中国の戦略思想が最も基本的なレベルから最高位のレベルまで生成発展していることを示したものであり、そこでは中国の戦略思想の理想や、その達成の仕方について議論されている。ここでは陰陽や道《タオ》のような、中国の戦略思想の最も重要な要素について触れており、中国の戦略思想の認識論を明らかにすると同時に、西洋の戦略論には欠けている部分を中国の戦略論から補《おぎな》おうとしている。

ここで検証されている戦略思想は、主に古代・古典的な中国の戦略思想であることは明記しておくべきであろう。ただしこれは、本章で論じられていることの応用性の広さや、中国の戦略思想の価値を下げるようなものではない。なぜなら古代の中国の戦略思想は、現代の中国の戦略論にも広く応用されており、世界中の非軍事的な分野にも参考にされているからだ。

中国の戦略思想の水平的な面

中国の戦略論においては、いわゆる「中国の戦略思想の四学派」ほど水平面のものをよく表しているものはないだろう。ここで紹介される「四学派」は、前漢（紀元前二〇六年〜紀元後八年）の歴史書である『漢書《かんじょ》』の一部の「芸文志《げいもんし》」（*Record of Literary Works*）を記した任宏《じんこう》によって定義されている。西洋の研究者たちにとって最も四学派を理解しやすい書物は『李衛公問対《りえいこうもんたい》』（*Questions and Replies between T'ang T'ai-tsung and Li Wei-kung*）であろう。これはいわゆる「武経七書」（*The Seven Military Classics of Ancient China*）の中の一冊である。この中に、以下のようなやりとりが記載されている。

太宗《たいそう》：「では〈四種〉とは何か」
李靖《りせい》は答えて、
「漢の任宏《じんこう》が兵法書を論じて、権謀、形勢、陰陽、技巧の四つに分類しました。それがここで言う〈四種〉にほかなりません」*13

西洋で長年にわたって「四学派」〈四種〉が注目されなかった理由が二つある。一つ目の理由は、この学派は「武経七書」の最後の本の中でしか触れられておらず、しかも『孫子兵法』と比べてその知名度がはるかに低いことだ。二つ目の理由は、ラルフ・ソーヤーの該当部分の訳文が、その重要性を伝える上で不十分であるという点だ。また、ソーヤーは中国の戦略思想の伝統における四学派の位置づけについて何も説明できていない。

ソーヤーのこの部分の訳は直訳的だ。彼は権謀を balance of power and plans と完全に誤訳しており、yin and yang についてはほとんど説明していないため、現代の西洋で使われている「陰陽」という意味にとることはできない。形勢と技巧だけが本来の意味に近い。したがってわれわれがさらに議論を進める上では、四学派〔四種〕についてのさらなる説明が必要になることは明らかだ。よって、これから議論を続けるに当たって、まず四学派についてのさらなるわかりやすい説明が必要であろう。

1．**権謀学派**（The School of Strategy）

「芸文志」の中で、任宏は四学派についての公式的な定義を記している。彼の「第一の学派」、つまり「権謀学派」（ソーヤーは「balance of power and plans」と訳している）についての定義は、以下のようなものだ。

> 権謀学派は、国家を正直な方法、つまり「正」（*cheng*）によって統治することを示し、戦争を行う時はずる賢いやり方、つまり「奇」（*ch'i*）で行い、戦争や戦闘の前にしっかりと準備・計画を行うことを教える。しかもこの学派は、「形勢学派」〔即ち第二学派、ソーヤーによれば disposition and strategic power〕や「陰陽学派」〔第三学派〕、そして「技巧学派」〔第四学派〕を吸収・統合してきたという。

「**権謀**」という言葉は、状況の検討と計画、もしくは入念な戦略化を意味している。これを現代で言えば、実質的に「戦略」や「大戦略」と言われるものをカバーしている。よって、**権謀**はむしろ「戦略学派」と呼ぶほうが正確であろう。これは中国語で戦略が「計略」という言葉とほぼ同じ意味を示しているとしても変わらない。それに加えて、任宏は老子の「正《せい》を以《もっ》て国を治め、奇を以て兵《へい》を用う」（第五十七章）という言葉を引用することによって、他の学派には欠けていて、権謀学派にはある、政治的な要素を強調しているのだ。

任宏は、「**権謀**」を定義した後に、そのテーマに関係する彼の知り得るすべての本を挙げている。権謀学派はそれ以外の三学派を吸収していることから、中国の戦略書の重要なもののほとんど、つまり孫子や孫臏《そんぴん》、それに呉子《ごし》などは、すべてこの学派に入ることになる。

2. 形勢学派（The School of Operations and Tactics）

任宏は、形勢学派を以下のように定義している。

形勢学派は風や稲妻のように動き、敵に遅れて出発しながら敵よりも先に到着し、兵力の分散と集中の仕方、同盟国の地と敵地における戦い方、常に形を変化させるやり方、そして敵をスピードと機動性によって制圧する方法などをよく理解すべきだと強調している。

ここでもわかるように、形勢学派には権謀学派にあるような戦略的な面は欠如している。この学派は、その性質から極めて作戦・戦術的であり、これは「**形勢**」というものが中国の作戦・戦術の伝統において核心的なテーマとして使われていることからもわかる。よって、この学派を「作戦・戦術学派」と訳せば、西洋の読者にもイメージが湧きやすいのかもしれない。ところがその実態の本来の意味や重要性を理解する上では、やはり「**形勢**」という言葉を使うほうが望ましい。

任宏が形勢学派のものとして挙げている文献のほとんどは失われてしまったものばかりだ。現存している唯一の文献で名前が知られているのは、「武経七書」に収録されている『尉繚子《うつりょうし》』だけである。ところが「芸文志」に掲載されていた『尉繚子』が「武経七書」に収録されているものと同じものかどうかという点は、専門家の間で意見が分かれている。なぜなら後者に収録されているものは、その内容がかなり戦略・大戦略的であり、任宏が説明している形勢学派のイメージとは合わないからだ。

3．陰陽学派（The School of Yin and Yang）

任宏は陰陽学派について、以下のように説明している。

陰陽学派は、季節や日時、処罰と報酬の使用、星の観察、「五行」の使用、そして霊魂から畏敬の念と精神性を借りて、自らの優位に活用することなどを通じて戦争を戦うことを強調する。

ここで興味深いのは、この陰陽の説明が、本章の冒頭で説明されたような陰陽の概念とは異なるという点だ。任宏の陰陽は、季節、天候、五行（*Wu Xing*）、そして霊魂までを含んでいる。ところがこのような一見すると怪奇現象的で迷信的な行為をわかりやすくするために、英訳版の訳者であるソーヤーは、陰陽の実践と手法は自然現象との区別を含むものであり、たとえば天文学上の出来事や、光り輝く星などを、吉兆や不吉な前触れとして捉えるものとして説明している。[*14] これらは現代の研究者にとってはたしかに奇妙なものに聞こえるかもしれないが、太宗《たいそう》と李靖《りせい》は、それらが必須のものであると主張している。

太宗はたずねた。

「陰陽や卜筮《ぼくぜい》など、あやしげなものは廃止すべきではないか」

李靖は答えた。

「それはなりません。『兵は詭道なり』と言われるではありませんか。陰陽や卜筮は、金目当ての者や愚かな者を使いこなすのに有効です。廃止すべきではありません」[*15]

この文面からわかるのは、隋（五八九～六一八年）や唐（六一八～九〇七年）の時代にもまだこのような習慣が広く行われていたということだ。これは孫子が将軍の心得として「巧みに兵士の耳目をくらまして、真の意図を知られないようにし」と教えていることと一致する。[*16] 現代の戦いでは、占い的な行為は時代遅れとなっているにもかかわらず、陰陽学派は古代の中国の軍事気象学や地理学の土台を形成したのであり、[*17] これは現代にも重要性を保っている。

4. 技巧学派（The School of Technology）

任宏の第四学派についての説明は以下の通りだ。

技巧学派は、格闘技や武器や装備の熟練、そして攻撃と防御において勝利をもたらす、軍事テクニックや技の使用を強調している。

結果として技巧学派は、戦闘と包囲についての具体的な方策を教えている。陰陽学派と同様に、任宏が技巧学派として挙げた文書もすべて散佚《さんいつ》している。ただし古代中国における哲学者として最も有名な墨子《ぼくし》(Mo Tzu) はこの学派の主要人物の一人である。彼の包囲や防衛に関する考えや、その他の軍事面での知識などを踏まえて考えれば、これはたしかに当然であろう。ところが彼の著作は技巧学派のリストの中には入っていない。墨子は兵法家というよりも哲学者として知られていたからだ。このような墨子の著作の位置づけは、古代中国において軍事の古典として最も知られていた『司馬法』（*The Method of the Ssu-ma*）とよく似ている。この本も兵法書というよりは、礼書として分類されているからだ。現代の感覚で言えば、技巧学派は「テクノロジー学派」とすればわかりやすいかもしれない。

孫子と四学派

『孫子兵法』と四学派の間には、明らかな関係性がある。たとえば孫子の最初の三章――「計篇」、「作戦篇」、「謀攻篇」――は、戦略と大戦略、もしくは**権謀**（即ち権謀学派）について検証している。次の三章――「形篇」、「勢篇」、そして「虚実篇」――は形勢学派（第二学派）のトピックに関係するものであり、陰陽学派に関連する文言は、第七章から一二章――「軍争篇」、「九変篇」、「行軍篇」、「地形篇」、「九地篇」、そして「火攻篇」――まで散らばっている。孫子の最後の章である「用間篇」は間諜《かんちょう》〔スパイ〕をもっぱら扱っており、それ以外の学派の教えとは無関係である。[*18] ここで興味深いのは、技巧学派の議論が全一三章の中のどこにも出てこないことだ。ところが近年に入ってから古代の墓の中から見つかった『孫子兵法』の文章の中には、技巧学派を含んだ四学派すべての考えが記されていたことが判明している。[*19]

したがって、孫子の考えと、「芸文志」の中で任宏が定義した四学派の戦略の間には、明らかな関係性がある。ところがこの二つが互いに影響を与えたり、もし本当に与えていたとすればどのような形でそれが発生したのかという点については、確たる証拠はない。年代的に見れば、『孫子兵法』（紀元前五一二年）は「芸文志」（一〇〇年頃）よりもはるか以前に編纂されたが、「芸文志」によれば、『孫子兵法』は現存している一三章ではなく、なんと八二章もあって、それが九巻に収められていたというのだ。このため、四学派がその後の『孫子兵法』の編集においてどこまで影響を持ったのかについては疑問が生じている。[*20]

ここで考えられるシナリオとしては三つある。（1）孫子が四学派の形成に影響を与えた。（2）四学派が現存する孫子本の形成に影響を与えた。（3）最初に編纂された孫子本が四学派に影響を与えたが、その四学派がのちの孫子本の編集に影響を与えた、というものだ。当然ながらもう一つのシナリオがある。それは「どちらも互いに影響を与えていない」というものである。ところがこれには明らかに無理がある。なぜなら孫子と四学派の間には、明白に一致した部分があるからだ。

全体的に見て可能性が高いのは、やはり『孫子兵法』の初版が四学派に影響を与えたというシナリオであろう。孫子にコメントを加えた最初の人物であり、戦略家として名高い曹操《そうそう》（一五五〜二二〇年）が、四学派を元にして『孫子兵法』を編集し直したという確たる証拠はないのだが、現存する構成に改編される過程において、四学派が何らかの影響を及ぼしたとは言えそうだ。

四学派の順番や内容と『孫子兵法』の構成の間にはかなりの関連性があるにもかかわらず、四学派の構成を説明できる要素というのは長年にわたって見落とされてきた。そのような要素は孫臏《そんぴん》による『孫臏兵法』の中に見ることができる。孫臏は孫子の子孫であり、その著作には後者のアイディアが多く含まれている。孫臏によれば、

凡そ軍事の方法（*dao* 道）として四つ、陣だて（陣／陳）があり、勢（*shi* 勢）があり、変（*bian*）があり、権（*quan*）がある。この四つのことをよく考えるのが、強敵をうち破り、猛将を捕虜にするのに役立つことである。

……四つのことが得られたものは生きられるが、四つのことに失敗するものは死ぬことになる。[*21]

孫臏の「四要素」というのは、伝説上の黄帝《こうてい》の時代に由来する伝説によるもののように見える。「四要素」はそれぞれ剣（陣）、弓弩《きゅうど》（勢）、舟と車（変）、そして槍や鋒（権）を似た形にしている。黄帝はさらに「四要素」の「兵器のあらゆる使用」が必要だと述べている。[*22]この四要素は四学派に似ている。はか

りで重さを測るものとしての「権」は、第一の権謀学派と比することができる。戦略的な優位（勢）は第二の形勢学派、そして適応性（変）は第三の陰陽学派に当てはまるが、適応性（変）と陰陽は、それ以外のものと比べるとわかりづらいところがある。それは孫子の時代から孫臏の時代に至るまでの「陰陽」の考え方の変化が反映されており、この問題については以下でもさらに議論していく。ほかにも、軍事における陣と陳は第四の技巧学派に似ており、これは軍事的なテクニックの根本的なところを含んでいることを指摘しておきたい。

この説明からもわかるように、中国の戦略思想における四学派は、孫子から影響を受けた孫臏の「四要素」をモデルにしたものだ。ところがもしこの四要素の「兵器のあらゆる使用」に必要であるとすると、それらは作戦・戦術的な概念から由来することになる。したがって任宏が実際にやったことは、その四要素に戦略的な示唆を与えることによって、すべての中国の戦略思想を実質的に含んだ、体系的な構成（即ち四学派）にしたということだ。さらに際立っているのは、孫臏が四要素のすべてを平等なものとして捉えているのに対して、任宏はその重要性に順位をつけている点だ。彼は権謀学派を主導的な学派として位置づけ、実質的に他の三つの学派をその中にすべて含めてしまっているからだ。このような変化についての説明は難しくない。戦国時代（紀元前四〇三～二二一年）の終盤になると、中国国内には戦争や戦略の著作として孫子と呉子のものが最も優れたものであることが広く知られるようになったからだ（彼らは一般的に「孫呉」として知られていた）。ところがそれ以降は、孫子がさらに評判を高めていった。本章でもすでに論じたが、孫子と呉子が他の兵法書と決定的に違うのは、そこに政治的な議論を含んでいるからだ。任宏がこのような性格を知っていて自身の考察の中で強調し、それが四学派の分類の形成において重要な役割を果たしたことは明らかだ。また、四学派の順位が、大きくは『孫子兵法』の構成に沿った形になっていることも明白な事実である。

四学派の形成や、その政治・大戦略の面への傾倒は、その後の中国の戦略思想の発展において重要な意味を持った。孫子に関して言えば、『孫子兵法』は任宏の時代にはすでに元の一三章から八二篇にまで（孫子の指示なく勝手に）拡大されており、主に陰陽学派や技巧学派の議論が加えられた。ところが新しく加えられたこれらの章の議論の内容の浅さや、孫子の元の意味からの逸脱《いつだつ》があったため、曹操は『孫子兵法』の原典を、他の六九章を削除することによって復活させようとした。これは『孫子兵法』という書物の歴史にとっても極めて重要なできごとであった。その理由は、これによって孫子がのちの世代に読み継がれるものになったからだ。

中国の戦略思想全般の発展に関して言えば、四学派が軍事・作戦面よりも政治的・戦略的要素を優先し、それが孫子の人気の高まりと共に中国の戦略思想に影響を与え、その理論を政治的・大戦略的な方向性のものにしたことは重要である。これによって作戦・戦術レベル、もしくは技術・テクニック的な面への注目度は下がったからだ。中国の戦略思想の四学派とその全体的な方向性が、その後の中国の歴史の流れや対外関係に大きな影響を与えたとするのは、それほど言い過ぎというわけでもない。さらに言えば、これは『孫臏兵法』が中国の戦略思想において重要であるにもかかわらず一〇〇〇年間も忘れられていた事実を説明していると言えよう。孫臏が最後に文献の中で触れられたのは「芸文志《げいもんし》」の中であり、その後に話題になるのには、一九七二年における銀雀山《ぎんじゃくざん》（Yin-ch'ueh-shan）での発掘まで待たなければならなかったからだ。孫臏が（第一の最も支配的な学派である）権謀学派に属しているとはいえ、その著作が失われていたという事実が教えているのは、その中に孫子のような政治・戦略的な部分が欠けていたということであり、そのような著作は漢王朝以降にその魅力を急速に失ったということだ。

四学派と現代の戦略

四学派が誕生してから実に一九〇〇年以上経つが、それらはいまだに大きな重要性を保っている。なぜなら現代の戦略にとって最も重要な、戦略の一般理論の欠如という問題を解決するための助けとなる可能性があるからだ。たとえば孫子とクラウゼヴィッツは、戦略の一般理論の中でも最高レベルにあると見なされることが多い。ところが『孫子兵法』、さらには中国の戦略思想全体について言えることだが、これらは実際のところ大戦略レベルの話を扱っており、理論志向なのだ。もちろんクラウゼヴィッツの『戦争論』では戦略について述べている部分もあるが、それは実質的には「戦争の」一般理論なのであり、少なくともほとんどの読者はそのように読んでいると言える。つまり、クラウゼヴィッツと孫子はむしろ補完的な著作として二冊まとめて読まれるべきものであり、場合によってはこの二つを組み合わせれば、非公式な一般理論としても通用することが多いからだ。ところがそのようなアプローチでは、一般理論としての範囲と構成要素を全体的に欠いている部分がある。この観点から言えば、四学派ははるかに有益な概念的枠組みを提供している。四学派は孫子よりもバランスがとれており、クラウゼヴィッツよりも戦略志向である。そもそも四学派が誕生した際の目的は、漢時代におけるそれまでの兵法書をすべて分類することにあったため、たとえばすでに時代遅れとなっていた呪《まじな》い的な陰陽学派のように、無駄なものまでも含める必要があったのだ。したがって四学派を中国と西洋の戦略に共通する理論的枠組みとして使用する際には、いくつかの修正を加えておく必要があるだろう。

四学派は現代の戦略論にそのまま当てはめることができる。たとえば権謀学派は、戦略と大戦略の議論をカバーしており、形勢学派は実質的に作戦と戦術レベルに対応している。技巧学派は明らかにテクノロジーのレベルだ。唯一の例外が陰陽学派である。この学派は古代中国の軍事気象学や地理学の土台を築いたわけであるが、その呪い的な部分は完全に時代遅れであり、非科学的だ。

それでもこのような軍事的な文脈における「陰と陽」という言葉は、今日使用されている意味とはやや異なるものだ。気象学・地理学的な意味での「陰と陽」という言葉の使用は、孫子やそれ以前の時代における陰陽学派の使い方と同じように、孫子の時代やそれ以前では単なる「習慣」でしかなかった。孫子が述べているように、「天とは、陰陽や気温や時節など、自然界のめぐりのこと」だったのだ。[*23]それ以降の時代に陰陽という概念は多くの変遷を経ることになり、最終的に現在のような哲学的で形而《けいじ》上《じょう》学的な意味合いとなっていった。つまり相反しつつも相互依存状態にあるエネルギーや、互いを台頭させるための実体という感覚である。孫子から孫臏までの一五〇年の間に、陰陽は中国の文化や哲学において最も重要な概念の一つとなった。孫臏が言うように「陰と陽とをよく考えることは、兵力を集結して敵と戦うためのこと」なのだ。[*24]この文章からもわかるように、陰と陽は一般的に「奇」と「正」、そして「虚」と「実」などを表すような、いわば総合的なアイディアとなったのである。

陰と陽の概念の移り変わりは、実に大きな意味を持っている。陰陽の継続性という概念が確立してから、われわれは「強弱、遅速、多少のように、相反・補完的な状況を、陰陽という用語で説明できるようになった」からだ。[*25]これはわれわれが経験して通過すべき段階であったと言える。なぜならわれわれが状況を評価して機先を制するには、それを区別しておく必要があるからだ。[*26]陰陽を使えば、ものごとを正反対の視点から見られるようになるだけでなく、むしろその状況の全体図を見ることができるようになるのだが、ここで忘れてはならないのが、陰陽のダイナミックな性質である。つまりこの二つは相互に連結していると同時に、互いに浸透し合っており、相互依存状態にある。また、陰陽を図式化した「太極図」（*T'ai Chi T'u*）を見ればわかるように、相互関係にある「対《つい》」のものは、単に攻撃と防御の関係にあるだけでなく、一方から一方へと常に変化しつつあるのだ。このような有機的なパラダイムは、われわれ人間の理解力や順応性を強化する上で欠かせないものだ。陰陽はそもそも自然現象の観察から生まれたものであり（陰陽という漢字は山が日の光に照らされている部分と、その反対の影の部分のイメージを表していた）、自然の物理的な力における相互作用や相互関係を表すための、普遍的な表現方法を提供している。そしてこのような全体性やダイナミックな性質の強調のおかげで、陰陽という概念は社会や人類のシステム、さらには本書で扱われている「戦争」という一つの「システム」についても応用して考えることが可能となったのだ。

このような包括的なパラダイムは、戦略の一般理論の核心として使えることになる。陰陽論は、ダイナミックで自然主義的な世界観による理論を提供するだけでなく、西洋の戦略思想とは完全に異なる論理体系を元にしたものであり、戦略についての新たな示唆を提供することもできることになる。トーマス・クリアリー（Thomas Cleary）が主張しているように、タオイズムの哲学の教えにおける実践的な部分を理解できれば、見かけは矛盾する態度によって引き起こされるようなパラドックスを克服して、さらにはそのような矛盾やパラドックスを解決できるかもしれない。[*27] たとえば陰陽を使えば、孫子や毛沢東の戦略思想が西洋のそれとなぜ根本的に違うように見えるのかを、究極のレベルで説明できるようになる。

中国の戦略思想の第一の主要学派（即ち権謀学派）の定義を再検証してみて判明するのは、中国の戦略思想全体において陰陽という考えが、その当初からどれほど支配的な役割を果たしていたのかということだ。

権謀学派は本来、政治的な面を持つ、唯一の学派である。任宏はこの学派を定義する際に「正を以て国を治め、奇を以て兵を用う」という老子の言葉を使って説明している。言い換えれば、政治は「正」（オーソドックス）であり、戦争は「奇」（アンオーソドックス）であるということだが、より単純に言えば、政治が「陽」で戦争が「陰」であることになる。「陽」は活発的で支配的な面を表す。この老子的な観点から任宏の定義を考えると、まさにクラウゼヴィッツが言ったように「戦争とは他の手段をもってする政治の継続」であることになる。このような共通点によって、クラウゼヴィッツは毛沢東と彼の戦略思想に孫子よりも大きな影響を与えた証拠と見なされることが多い。ところがこれは完全な勘違いだ。毛沢東は『持久戦論』の中で「戦争は政治の継続であると言われるが、この意味で言えば戦争は政治であり、戦争そのものは政治的な行動であることになる。古代から政治的な様相を含まなかった戦争など起こったことはない」と述べている。[*28] 毛沢東は「戦争は政治の継続である」と述べているのだが、そこで本当に意味しているのは「戦争が政治である」ということだ。彼は戦争と政治が不可分のものであり、その間に中断や一時中断はないという立場をとっており、さらには政治から分離できる「純粋な戦争」というものもあり得ないとしている。

これを一言で言えば、戦争とは一瞬たりとも政治から分離することはできない、ということだ。戦争から政治を分離し、戦争を絶対的なものとして考えようと提唱することによって政治を軽んじようとする……いかなる傾向も間違ったものであり、修正すべきなのだ。[*29]

ただし毛沢東は、政治と戦争という「コインの裏表」をあえて区別する必要があることにも気づいていた。

ところが戦争にはそれ特有の要素があり、このために全般的に政治と同等視することはできない。「戦争とは他の手段をもってする政治の継続」である。ところが政治が通常の手段では乗り越えられないある一定のレベルのところまで行けば、戦争が勃発《ぼっぱつ》してその道に立ちはだかる邪魔物を取り払おうとするのだ。[*30]

毛沢東の解釈は、任宏の定義（と老子の言葉）にある「正を以て国を治め、奇を以て兵を用う」にそっくりそのまま当てはまる。政治は「平時の営み」なので「正攻法」が使われるものであるが、戦争はまさに非常時であるがゆえに「正攻法」が使えなくなるのである。さらにわかりやすい形で、毛沢東は「政治は血の流れない戦争であり、戦争は流血を伴う政治である」と述べている。[*31] 彼は「正」と「奇」を分けるものとして「流血」を使っている。したがって、毛沢東の政治と戦争の関係性を本格的に理解しようとすれば、それは陰陽というレンズを通して見る必要がある。このようなやり方は、まさに孫子から毛沢東まで受け継がれてきたものである。

陰陽という概念は、中国の戦略思想の形成において決定的な役割を果たしてきただけでなく、これまで欠けていた「戦争と戦略についての普遍的な論理」としても使えるものであり、戦略の一般理論の形成には必須のものとなる。もちろんこのような戦略の論理は、「線的な論理が通じない、通常とは異なる論理が戦略の領域では蔓延《まんえん》している」とする、いわゆる「逆説的論理《パラドキシカル・ロジック》」という形で、エドワード・ルトワックのような思想家によりすでに指摘されていると主張する人もいるだろう。たしかに戦略の逆説的論理《パラドキシカル・ロジック》は、「動的」な現象を想定することによって、反対の一致や逆転といった戦略全体の論理を認識できるようになる。[*32] よって、ルトワックの逆説的論理《パラドキシカル・ロジック》は多くの点で陰陽論に似ているが、それでもその有用性ははるかに少ない。なぜなら逆説的論理は単純に「矛盾するもの」と見なされることが多く、解決の難しい、理解し難い性質を表しているだけだと言えるからだ。ところが陰陽論は、矛盾と逆説をむしろ賞賛し、それを活用しようとするものだ。タオイズムの心理学では、逆説は標準的なツールであり、認知できない認識の障害を克服するために使われる。[*33] その応用について、フランソワ・ジュリアンは以下のように説明している。

互いを排除するわけではなく、正反対のものが互いを条件づけるのであり、賢者（即ち戦略家）はこの論理から自身の戦略を練るのだ。常識的にものごとの単なる相反した状態を見て個別に扱うのではなく、賢者はその相互依存性に気づき、そこから利益を得るのだ。賢者は自ら努力して消耗するのではなく、そのような状況を活用するのである。[*34]

さらに中国人の観点から言えば、それが矛盾に見えるからと言って、ある結果を採用しないのは誤りであることにもなる。そのような結果は単にものごとの現状を反映したものでしかなく、現象のどちらかが本物かどうかを主張するよりも、表面上に表れている矛盾を認めるほうがかえって賢明である場合があるからだ。[*35] このような考え方の枠組み、つまりより解釈的な余地や柔軟性を含む可能性のある結果からすれば、中国の戦略思想はその弁証法的な動機や論理としての陰陽を使うことによって、孫子の時代から現代の毛沢東の西洋と東洋の両方の敵に対抗するための戦略の土台として使われるまで、伝統的に使われてきたことがわかる。端的に言えば、陰陽論は戦略の一般理論に欠かせない論理を提供しているように見える。なぜならそれは、世界をよりよく理解したり、目の前で展開している状況に順応するためのわれわれの能力を改善してくれるような、本物の行動指針となっているからだ。

四学派と戦略の一般理論

陰陽学派をより前向きな形で復権させるための議論を行ったところで、これから四学派が、西洋と中国の戦略論の共通の理論的枠組みとして、一体どのように活用できるのかを説明してみたい。本章では四学派のそれぞれの名称を「権謀学派」「形勢学派」「陰陽学派」そして「技巧学派」という現代的なものにしておいたが、これらを一般理論を構成する四つの柱としたい。権謀学派と形勢学派は、明らかに大戦略・戦略、そして作戦・戦術のレベルの研究を扱っているのだが、これらは大きく見ると「戦争のレベル」(the levels of war)を構成していることがわかる。陰陽学派だが、これは戦略の論理研究の一派と捉えることができる。技巧学派の最大のテーマはテクノロジーであり、その応用や、戦争の実践における各レベルにおけるインパクトにも注目すべきだ。このような要素は、何かしらの有意義な一般理論にとっては決して欠かせないものだ。

四学派というのはたしかに中国式の考え方だが、その戦略の一般理論のスキームとしての有用性は、中国と西洋の戦略思想の両方の強みと弱みを考慮している点であろう。権謀学派と陰陽学派が扱っている問題は、明らかに中国の戦略思想にとっての強みとなっている。孫子が西洋で有名になった主な理由は、その大戦略志向の部分である。ところが陰陽論は中国独自のものだ。その一方で、作戦や戦術、さらにはテクノロジーとその応用という分野では、西洋は明らかに中国よりも優っている。中国の戦略思想は、全体的に見るとやはり理論的な傾向があり、西洋側はより実践的であると言える。そもそも四学派が初めに提唱されたのは古代中国であるが、そのバランスのとれた包括的な体系は、中国と西洋の戦略思想の双方の知識を土台にして初めて成立可能となるのは明らかだ。

あいにくだが、四学派の体系を受け継いだ戦略の一般理論を提唱するのは本書の目的ではない。ただし陰陽学派と技巧学派については、ここでいくつかの指摘をしておくべきであろう。

陰陽論の最大の重要性は、それが戦争のすべての階層における重要な概念についてのわれわれの理解の仕方を激変させる可能性を持っているという点だ。中国の戦略思想におけるほぼすべての重要概念は、陰陽論を土台とした二つの相反的な概念という形で表現されている。本章ではすでに毛沢東の例として、政治と戦争の関係性が「戦争とは他の手段をもってする政治の継続」から「戦争は政治である」と変化してきたことを見たわけだが、この二つの解釈は矛盾しているわけではなく、陰陽論的にはそれらが必然的に相反した関係にあることを示しただけだ。また、われわれは「奇」と「正」、もしくは「虚」と「実」のような、中国式の作戦概念が陰陽論を土台として確立したことを知っている。陰陽論は戦略と作戦・戦術の両方の考えを形成・変化させたのである。したがって陰陽学派は独立したものではなく、権謀学派や形勢学派のような、すべての戦争のレベルの中にある概念と常に交わって変化させている。陰陽学派は一つの体系的な観点を創出することによって将来の発展の展望を打ち出すだけでなく、二つの相反的な概念を結びつけ、それらを有機的かつ動的な全体像に組み込むのだ。

ただし技巧学派の必要性を説いても、必ずしもそれがテクノロジー主導の戦争を主張することにはならない。それでも戦略では、新たなテクノロジーが戦争の実践にどのように応用できるかを研究することが求められる。テクノロジーは戦争において最も変化する要素の一つであり、戦争の実践面における革命や激変の兆候を示すテクノロジーの発展やトレンドを見極めることは、極めて重要なことであるからだ。また、この学派の研究は、必然的に科学的・技術的・専門的なものになることは言うまでもない。ところが戦略全体にとってさらに根本的に重要なのは、そのようなテクノロジー面での変化の背後にある政治的・社会経済的な暗示がどのようなものであるのかを見極めることだ。そうすることによって、戦略的な文脈の中でこのような変化を正確に評価することができるようになるからだ。この観点から考えれば、時代ごとの戦争のモデルや、ある科学的なパラダイムや制度の台頭がわれわれの戦争方法をいかに変化させてきたのかについての研究や分析を強調すべきだろう。[*36] 陰陽学派にも当てはまることだが、技巧学派にとって最も重要な観点は、テクノロジーそのものではなく、「それがすべての戦争のレベルにどのように作用するのか」というところにあるのだ。

中国の戦略思想の垂直面

中国の戦略思想の理解のためには、その垂直的な面を身に着けることが肝心である。垂直的な面というのは、中国の戦略思想が最も基本的なレベルから最高度のレベルまで発展・進化してきた道を示している。これは中国の戦略思想の理想や、それをどのように達成すべきなのかを教えている。そのエッセンスから言えば、これは中国の戦略思想の認識論を表したものである。

この中国の戦略思想の垂直面を最も簡潔に表しているのが、またもや『李衛公問対《りえいこうもんたい》』である。しかもこれは偶然ではない。中国は唐代初期にその権力とその影響力の絶頂期にあったのであり、中国の戦略思想も同じく頂点を迎えていたからだ。そしてこの太宗《たいそう》と李靖《りせい》との間の問答《もんどう》には、孫子や中国の戦略思想全体についての当時の最新の研究を踏まえた、高度な議論が含まれていたのである。

太宗はたずねた。「兵法のなかで、どれが最もすぐれているか」

李靖は答えた。「『孫子』にすぎるものはありません。わたくしは、かつてそのなかに書かれていることに三等の序列をつけ、兵法を学ぶ者に順をおって学ばせました。それは道、天地、将法の三等です。

一、道《タオ》：これ以上素晴しく、かつ微妙なものはありません。『易』に『聡明叡智、この世の乱れを鎮め、厳刑を用いずして万民を服させる』とありますが、これこそ道にほかなりません。

二、天地：天は陰陽、地は険易を指します。用兵にたけた将軍は、わが陰をもって敵の陽を奪い、険阻な地に拠って、平坦な地にいる敵を攻撃します。『孟子』に言う『天の時、地の利』がこれに当たります。

三、将法：人材の登用と武器の充実を言います。『三略』に『人材を得る国は強大になる』とありますし、また、管仲《かんちゅう》は『武器は堅固で使いやすいものにする』と語っていますが、そういうことにほかなりません」

太宗は言った。

「その通りだ。わたしが思うに、戦わずして相手を屈服させるのが上策、百戦百勝は中策、堀を深くし城壁を高くして守りを固めるのは下策である。してみると『孫子』にはこれらのことがすべて網羅《もうら》されている」。*37

この戦略の三つのレベル、つまり「三等」（道《タオ》、天と地、将法）は、『孫子兵法』の第一篇に記載されている「五つの事項」（五事）から来ていることは明らかだ。

戦争は国家の重大事である……そこで、五つの事項についてはかり考え、……彼我《ひが》の実情を求める。五つの事項とは、第一は道、第二は天、第三は地、第四は将、第五は法である。*38

任宏《じんこう》が四学派に対して行ったように、李靖も孫子によって提唱された五つの事項（五事）をランク付けして三つに分類（＝三等）している。それらも孫子が提唱した頃はほぼ同じレベルの扱いだったが、後に三等に分類され、その中でも道《タオ》が最も高度なものに位置づけされた。このような位置づけの変化が起こった唯一の理由は、孫子以降の時代に起こった知的な面での発展にある。孫子が生きていた時代では、道《タオ》は政治とほぼ同等視されていた。ところが戦国時代に道《タオ》は、陰陽と同じように、哲学的・形而上学的な意味を与えられ、現代のわれわれが使っているような意味へと変化した。戦国時代の陰陽論の台頭とともに、道《タオ》は「天」と「地」を、複合的かつ抽象的で陰陽的な関係性を持つ概念として理解するためのカギとなったのであり、独立したレベルを構成しているものとして捉えられるようになったのである。

『李衛公問対』の太宗と李靖の「三等」についての議論は、中国の戦略思想の認識論と明らかな関係性を持っている。なぜなら李靖は、すべての学者がこの問題について議論を深めていかなければならないと主張しているからだ。ところがこの議論は、のちに孫子の戦略の好みについての議論と融合し、認識論的な面はほとんど忘れ去られてしまった。それでも李靖が提唱した戦略の三つのレベル（三等）の議論を知的なパラダイムの面から解釈することは合理的であることは言うまでもない。もしその発展や進化が「将法」から「道《タオ》」、つまり「人材の登用と武器の充実」から「聡明叡智、この世の乱れを鎮《しず》め、厳刑を用いずして万民を服させる」へと移り変わってきたものであるなら、ここでの議論のテーマとなっているのは戦略思想でしかあり得ないのである。李靖はこの点を非常に明確にしていた。なぜなら「将法」は孫子の「五つの事項」（五事）の中の最後の二つからとってきたものであり、それは将軍と軍事組織が従うべき法や規則、それに規律のことを示しているからだ。これらが組み合わされると、「将法」には必然的にそもそも厳格で機械的な方法論や原則、そして格言などが含まれることになる。「将法」とは戦略・軍事的な常識を集めたものと言えるが、これらは最も粗雑で効果のないものであると考えられている。それらは基本であり、初心者向けのものであるからだ。残念なことに、西洋で主に知られている中国の戦略思想というのは、まさにこのレベルにあるものだけだ。

天と地：道《タオ》に至る要件

天と地は、より抽象的で、高度な理論や論理体系を表している。李靖の説明では、天と地は天候や地勢などの要因を示しているように感じられるが、これは彼が「天は陰陽」と言ったり「地は険易」と述べているからだ。彼はまた孟子の表現を使って「天の時、地の利」と言っているので、このような印象がさらに強まることになる。

しかしながら、そこにはさらに深い意味が含まれていることは明白である。なぜなら「用兵にたけた将軍は、わが陰をもって敵の陽を奪い、険阻な地に拠って、平坦な地にいる敵を攻撃します」という言葉の中の「険阻な地に拠って、平坦な地にいる敵を攻撃」という部分は、たしかに戦争における地勢の使い方を暗示しつつも、次の「わが陰をもって敵の陽を奪い」という言葉は、明らかに天候的な意味を持っていない。「陰をもって敵の陽を奪い」という言葉は、李靖が『李衛公問対』で以下のように論じていることと符合する。

范蠡《はんれい》はこう語りました。『後手に回ったら陰を用い、先手を取ったら陽を用いる。守りについたら、わが方は陰の気を充実させて敵の陽の気を消耗させ、奪い取る』と。これが兵家における〈陰陽〉の要諦《ようてい》なのです。[*39]

范蠡は、孫子が生きていた当時の春秋時代を代表する政治家である。この陰陽の概念は戦国時代後期になるまでは成熟したわけではないのだが、それでもその中心的なアイディアは、『孫子兵法』によれば、すでにこの頃から形作られ実践的なものになっていたことがわかる。

戦闘の形態も、奇法と正法との二つの型しかないが、その組み合わせの変化はとてもきわめ尽くせるものではない。奇法と正法とが互いに生まれかわり合うそのありさまは、丸い輪の上をどこまでもたどるように、とめどのないものである。いったいだれがそれをきわめ尽くせよう。[*40]

この部分は、陰陽が支配的な概念になっていることを明白に示している。つまり陰（奇）と陽（正）は、相対しつつも互いを生み出すものであるからだ。ただしわれわれがここで注目しなければならないのは、陰陽というものが「決して途絶えることのない」メカニズムであるという点であり、これが戦いにおける「奇」と「正」の応用に影響を与えているという事実である。一般的な見方とは違って、「奇」と「正」は対等な関係にあり、しかもそれらは固定的な概念ではない。これについては太宗も以下のように説明している。

奇から正に変化するとは、わが方を奇だと思いこんで攻め寄せてくる相手には、こちらはすかさず正に変化して迎え撃つということである。また、正から奇に変化するとは、わが方を正だと思いこんで攻め寄せてくる相手には、こちらはすかさず奇に変化して迎え撃つということである。つまり、敵の勢いをつねに虚にし、味方の勢いをつねに実にしておくのだ。[*41]

「奇」と「正」という概念のエッセンスは、「正」から「奇」を求めることにあるわけではない。むしろそれは「戦《いくさ》に巧みな者は、機に応じて正にも変化し奇にも変化するので、敵はいずれとも見定めることができません。ですから正でも奇でも勝ちを収めることができるのです」という領域に到達するところにある。[*42] これこそが「無形に至る」の本当の意味であり、このような論理《ロジック》を最もよく表しているのが陰陽なのである。したがって、「天」と「地」のレベルで目指すべきなのは「無形」、もしくは陰陽論の理解を通じた「一つ」（oness）の達成にあることになる。たとえば太宗は、自身の言葉で以下のように説明している。

もともと攻めと守りは一つのことなのである。それを心得てかかるなら、百戦百勝の態勢が作れるはずである。[*43]

太宗と同様に、李靖もそのレベルの到達には、知識を越えたところにある思考様式《マインドセット》が必須になると考えていた。

攻めとは守るためのもの、守りとは攻めに転じるためのものですが、同じく勝利を目指している点では変わりがありません。攻めるだけで守りを知らず、守るだけで攻めを知らなければ、攻めと守りを別々のものとしてとらえることになり、やがては攻守それぞれに専任の指揮官を置くようになります。口で『孫子』や『呉子』をそらんじて見せても、その神髄《しんずい》を悟らなければ、攻めと守りが同じものであることなどまったく理解できないでしょう。[*44]

ここに引用した言葉は、太宗の「天」と「地」のレベルについての評価と一致する。彼は「百戦百勝は中策［二番目に望ましいこと］」と述べているからだ。中国の一般的な戦略論では、「一つ」の達成と百戦百勝はまだ十分ではない。それは道《タオ》の入り口までしか導いてくれないからである。

道《タオ》：全体的な単一システム

『易経』（*I-ching*：*The Book of Changes*）の中では、道《タオ》が「陰と陽であり、それは道《タオ》である」と定義されている。陰と陽は明らかに道《タオ》の構成要素の一つであるが、道《タオ》はそれ以上の存在である。「天」と「地」のレベルから「道《タオ》」のレベルに進むと、哲学・認識論と戦略の両面においてパラダイムシフトが起こる。「天」と「地」のレベルにおいて最も重要なカギは陰と陽であり、ここでの目的は、その二つの相関的な要素を一体化し、それを有機的で動的な全体にすることにある。そうすることによって、道《タオ》のレベルに進むことができるからだ。よって、哲学的かつ認識論的に見れば、「天」と「地」のレベルは、二元主義（天と地）を弁証法的な二元論（道《タオ》）――陰と陽、つまり道《タオ》と呼ばれるもの――に変換することによって、二元論を一体化するものなのだ。中国の思想における究極の状態を表す道《タオ》は、単に陰と陽の連続した相互作用――しかもこの中に状況の中の両極端が存在する――によって構成されているだけだ。[*45] したがって、二元的なものを一体化することは、道《タオ》のレベルに進む際の基本的な要件となる。一度これがわかれば、われわれはこの概念的なツールを使ってシステム全体を理解することや、その相互作用や連結を知ることができるようになる。道《タオ》は自然の観察から来たものであるため、タオイストたちは自然から出てくるものが最も客観的で公平であると想定している。したがって、道《タオ》の究極の目的は「一である根源」（the One）の把握を通じた、絶対的な客観性の獲得なのだ。たとえば呉子は以下のように語っている。

道《タオ》とは、根本原理に立ちかえり、始まりの純粋さを守るためのものである。[*46]

前漢時代に編纂されたタオイズムの書物の一つである『淮南子《えなんじ》』の中には以下のような表現がある。

ここにいう道《タオ》とは、円を旨として方に則《のっと》り、陰を背負って陽を抱き、柔を左にして剛を右におき、下に幽を履《ふ》んで上に明を戴き、変化して常無く、**一である根源を体して**、無方（あらゆる方向）に対応する。これをこそ神明というのである。[*47]

ここまで見てきて、「一つ」が二つあることに気づいた方もいるかもしれない。最初のものは、陰陽

（もしくはあらゆる相対した現象）を見ることによって得られるものであり、これこそが「天」と「地」のレベルの最大の目標である。そして二つ目は道《タオ》に相当するものであり、これは道《タオ》のレベルにしか存在しない。その複雑性と難しさから、二つ目の「一つ」は最初のものと比べても大きな飛躍となっている。その理由は、その目的がシステム全体、つまり宇宙を一つとして知覚するというところにあるからであり、この「一つ」こそが、「一である根源」、もしくは道《タオ》と呼ばれるべきなのだ。このレベルでは、

賢者／将軍たちは、自らの意識をすべてに通じさせることができるようになる。なぜなら彼らは何かに焦点を絞るのを止めて、理想的な形や計画が導くようにしたわけであり、その意識を何か特定の強迫観念によって柔軟性を失ってしまい、何かにとらわれやすくなるような状況から解放されるからだ。こうすることによって彼は個人の視点に執着して排他的になるような、不完全性や硬直性から逃れることが可能になったのである。言い換えれば、このレベルに至ってこの人物たちは地球全体性やプロセスのすべてを自分の意識の中に取り込むことができるようになり、現実の流れと同じような可動性と流動性の中に意識を置くことができるようになる。こうなると、賢者／将軍はものごと全体の流れを見据え、将来の変化について自信を持って予想できるような立場を得られるようになる……。[*48]

李靖《りせい》が戦略の三つのレベル〔三等〕を説明した後に太宗が孫子に特別な関心を寄せたのは、そのようなシステム的な観点が孫子の思想の中に根付いていたことに気づいたからだ。太宗は戦略として最高なのは「戦わずして人の兵を屈する」ことであると考えており、それは人命を無駄にしないだけではなく、主にそれがシステムの障害を最もつくらないものであるからだ。「百戦百勝」はたしかに軍事的な意味では最高の結末ではあるが、戦略は戦闘に勝つこと、さらには戦争に勝つこと以上のものであろう。なぜならそ

れは平和を獲得するためのものであるからだ。戦略の究極のゴールは、システムを比較的安定的な状態に修復することであり、これによって勝利の結果を享受するところにあるのだ。われわれが戦闘の勝利や戦争の勝利に執着するあまりに、われわれのシステム修復に必要な戦略的な能力を越えた、意図せず望ましくない結果を生じさせてしまうことは多い。孫子が、物理的なレベルでの戦争をなるべく避けつつも、道徳面や精神のレベルで戦争に勝つ必要性を常に主張する理由はまさにここにある。

中国の戦略思想では、もしわれわれが天と地のレベルをマスターして「百戦百勝」のために必要な能力をすべて持てたとしても、それだけではまだ足りないことになる。逆にもしそれで足りているとすれば、道《タオ》のレベルはそもそも不必要なものとなってしまうからだ。ここで理解しておかなければならないのは、もしわれわれが勝利のためにすべて必要な手段を持てたとしても、最大の懸念は「システム全体へのダメージを最小限に抑えることにある」という点だ。戦略的な観点から言えば、「天」と「地」のレベルから「道《タオ》」のレベルへの進化は、軍事レベルから政治・大戦略レベルへの進化や、（道《タオ》の性質に従えば）戦争のすべての階層を「一つの全体」として見ることにあるのだ。

まとめ

本章では西洋世界が中国の戦略思想全体をより深く理解できるようにするための、二つの方法を紹介してきた。それが「四学派」と「三等」である。この二つの大きな枠組みは、中国の戦略思想を「水平面」と「垂直面」で体系化しており、中国の戦略論の幅の広さと深みを理解することを可能にしている。

ただし本章の議論は、西洋の読者に対する中国の戦略論の基本体系の概観だけにとどまるものではない。私は四学派が『孫子兵法』よりバランスがとれていて、クラウゼヴィッツの『戦争論』よりも戦略志向の強い、一つの概念的枠組みを提供していることを指摘した。この枠組みは、中国と西洋の戦略思想の間や、理論と実践の間、そして戦略の様々な間のバランスを取ることにもつながる可能性がある。そしてこれは、戦略の一般理論を確立する上で、最適な枠組みとなる可能性を秘めているのだ。四学派に対応する現代の考えを指摘することによって、われわれは中国の戦略論が、戦略と大戦略のレベル〔権謀学派〕、作戦と戦術のレベル〔形勢学派〕、そしてテクノロジーのレベル〔技巧学派〕に分類できることを知った。ところが中国の戦略論にあって西洋の戦略思想にない唯一のものが陰陽論であり、この弁証法的な論理は、中国のほとんどの思想の中に存在している。これこそが中国と西洋の戦略の根本的な違いを象徴した存在であり、中国の戦略思想の高い洗練性を説明している可能性を持っているのだ。

われわれは「四学派」や「三等」の中心に、陰陽や道《タオ》が息づいていることを認識できるようになったはずだ。つまり陰陽が論理的な動機であり、道《タオ》が大戦略的・体系的な志向を生み出すものであるということだ。それらは中国の戦略にとって最も決定的な面であり、この二つの概念を理解できなければ、中国の戦略論の分野での発展は見込めない。陰陽論の重要性は、四学派と三等を一緒に組み合わせるとさらに明確になる。陰陽論は四学派の一派を構成しているため、「天」と「地」（これ自身が陰陽を内包している）のレベルに達しないと中国の戦略思想の水平面を完全に把握できないし、さらには究極の道《タオ》のレベルにも達することはできないことが暗示されている。中国の戦略思想を研究する場合、われわれはまず「将」と「法」のレベルから始め、「天」と「地」のレベルに到達することによって中国の戦略論の最高峰への足がかりを得なければならない。そのためには、われわれは固定化された原則を強調するような学び方から決別すべきだ。西洋の学者が本格的に中国の戦略思想の研究を始める際には、まずこのような根本的な視点の切り換えを受け入れなければならないのである。

*1 本章の初期段階の論文は以下に掲載された。*Comparative Strategy*, 29, 3 (July 2010), pp. 245-59.

*2 François Jullien, *A Treatise on Efficacy: Between Western and Chinese Thinking*, Honolulu, HI: University of Hawaii Press, 1996, p. 49.

*3 以下を参照のこと。Richard E. Nisbett, *The Geography of Thought: How Asians and Westerns Think Differently … and Why*, New York: Free Press, 2003.〔リチャード・E・ニスベット著、村本由紀子訳『木を見る西洋人　森を見る東洋人：思考の違いはいかにして生まれるか』ダイヤモンド社、二〇〇四年〕

*4 以下を参照のこと。Qiao Liang and Wang Xiangsui, *Unrestricted Warfare*, Beijing: PLA Literature and Arts Publishing House, 1999.〔喬良、王湘穂著、坂井臣之助監修、劉琦訳『超限戦：21世紀の「新しい戦争」』共同通信社、二〇〇一年〕

*5 Nisbett, *The Geography of Thought*, p. 176.〔ニスベット著『木を見る西洋人　森を見る東洋人』一九六頁〕

*6 Ibid., p. 27.〔ニスベット著『木を見る西洋人　森を見る東洋人』四〇頁〕

*7 Ibid., pp. 176-7.〔ニスベット著『木を見る西洋人　森を見る東洋人』一九七頁〕

*8 Jullien, *A Treatise on Efficacy*, p. 189.

*9 Nisbett, *The Geography of Thought*, p. 27.〔ニスベット著『木を見る西洋人　森を見る東洋人』四〇頁〕

*10 Jullien, *A Treatise on Efficacy*, p. 194.

*11 Ibid., p. 85. 別の訳として「何も行っていなければ、やり残しは一つもない」というものがある。これは本書の別の箇所で使った。

*12 Ibid., p. 81.

*13 *Questions and Replies between T'ang T'ai-tsung and Li Wei-kung*, in *The Seven Military Classics of Ancient China*, trans. Ralph D. Sawyer, Boulder, CO: Westview Press, 1993, p. 330.〔守屋洋&守屋淳訳・解説『司馬法、尉繚子、李衛公問対』プレジデント社　二〇一四年、三〇四〜三〇五頁〕

*14 *The Seven Military Classics of Ancient China*, trans. Sawyer, p. 506.〔守屋洋ほか『司馬法』該当頁なし〕

*15 *Questions and Replies*, in *The Seven Military Classics* trans. Sawyer, pp. 356-7.〔守屋洋ほか『司馬法』四〇〇〜四〇一頁〕

＊16 Sun Tzu, *Sun-tzu*, trans. Sawyer, p. 222.〔町田三郎訳『孫子』中央公論新社、二〇一一年、八六頁〕

＊17 以下を参照のこと。Li Ling, *Sun Zi Shi San Pian Zong He Yan Jiu*《孫子》十三篇綜合研究〔A Comprehensive Study of Sun Tzu's Thirteen Chapters〕, Beijing: Zhonghua Book Company, 2006, pp. 421-3.

＊18 Li Ling, *Bing Yi Zha Li: Wo Dou Sun Zi* 兵以詐立：我讀《孫子》〔Strategy is Based on Deception: How I Read Sun Tzu〕, Beijing: Zhonghua Book Company, 2006, pp. 55-6.

＊19 以下を参照のこと。Sun Tzu, *Sun-tzu*, trans. Ames.

＊20 『孫子兵法』の初版（孫子自身が呉王に提出したもの）が一三篇だったことは確実だが、「芸文志」にあるように、九巻の八二篇に拡大したのは後になってからである。曹操（一五五～二二〇年）がそれを一三篇に縮小して現存するものにした。

＊21 Sun Bin, *Sun Bin: The Art of Warfare*, trans. D.C. Lau and Roger T. Ames, Albany, NY: State University of New York Press, 2003, p. 120.〔金谷治訳・注『孫臏兵法：もうひとつの「孫子」』ちくま学芸文庫、二〇〇八年、九六頁〕

＊22 Ibid., p. 119.〔金谷治訳『孫臏兵法』九五頁〕

＊23 Sun Tzu, *Sun-tzu*, trans. Sawyer, p. 167.〔町田三郎訳『孫子』四頁〕

＊24 Sun Bin, *Sun Bin*, trans. Lau and Ames, p. 123.〔金谷治訳『孫臏兵法』一〇五頁〕

＊25 Ibid., p. 8.〔金谷治訳『孫臏兵法』該当頁なし〕

＊26 Ibid., p. 73.〔金谷治訳『孫臏兵法』該当頁なし〕

＊27 Sun Tzu, *The Art of War*, trans. Cleary, p. 13.

＊28 Mao, Tse-tung, "On Protracted War," in *Selected Works of Mao Tse-tung*, 〈http:// www.marxists.org/reference/archive/mao/selected-works/volume-2/mswv2_09. htm〉

＊29 Ibid.

＊30 Ibid.

＊31 Ibid.

＊32 Edward N. Luttwak, *Strategy: The Logic of War and Peace*, Rev. and enl. edn, Cambridge, MA: Belknap Press, 2001, pp. 2, 16.〔エドワード・ルトワック著、武田康裕ほか訳『エドワード・ルトワックの戦略論』毎日新聞社、二〇一四年、

一七頁、三七頁〕

*33 Sun Tzu, *The Art of War*, trans. Cleary, pp. 13, 30.

*34 Jullien, *A Treatise on Efficacy*, p. 114.

*35 Nisbett, *The Geography of Thought*, p. 177.〔ニスベット著『木を見る西洋人　森を見る東洋人』一九八頁〕

*36 以下を参照のこと。Thomas X. Hammes, *The Sling and the Stone: On War in the 21st Century*, St. Paul, MN: Zenith, 2004; and Antoine Bousquet, *The Scientific Way of Warfare: Order and Chaos on the Battlefields of Modernity*, New York: Columbia University Press, 2009.

*37 *Questions and Replies*, in *The Seven Military Classics*, trans. Sawyer, pp. 359-60.〔守屋洋ほか訳『司馬法』四一〇～四一一頁〕

*38 Sun Tzu, *The Art of War*, trans. Sawyer, p. 167.〔町田三郎訳『孫子』三～四頁〕

*39 *Questions and Replies*, in *The Seven Military Classics*, trans. Sawyer, p. 344.〔守屋洋ほか訳『司馬法』三五六頁〕

*40 Sun Tzu, *Sun-tzu*, trans. Sawyer, p. 187.〔町田三郎訳『孫子』三一頁〕

*41 *Questions and Replies*, in *The Seven Military Classics*, trans. Sawyer, p. 336.〔守屋洋ほか訳『司馬法』三三七頁〕

*42 Ibid., pp. 324-5.〔守屋洋ほか訳『司馬法』二八八頁〕

*43 Ibid., p. 353.〔守屋洋ほか訳『司馬法』三八三頁〕

*44 Ibid.〔守屋洋ほか訳『司馬法』三八三～三八四頁、太字は引用者による〕

*45 Jullien, *A Treatise on Efficacy*, p. 188.

*46 Wu-tzu, in *The Seven Military Classics*, trans. Sawyer, p. 207.〔尾崎秀樹訳『呉子』中央公論新社、二〇〇五年、二六頁〕

*47 Edmund S.J. Ryden, *Philosophy of Peace in Han China: A Study of the Huainanzi*, Ch. 15 on *Military Strategy*, Taipei: Taipei Ricci Institute, 1998, p. 23.〔楠山春樹著『淮南子　下：新釈漢文大系62』明治書院、一九八八年、八二五頁、太字は引用者による〕

*48 Jullien, *A Treatise on Efficacy*, pp. 72-3.

第二章　『孫子兵法』の始まり

近代西洋における孫子研究で起こった最も大きな進展は、一九七二年に山東省の銀雀山《ぎんじゃくざん》（Yin-ch'ueh-shan）の発掘現場において、竹簡《ちっかん》に書かれた新たな孫子の文献が発見されたことであろう。[*1] この竹簡に書かれていた内容は、英語圏では一九九三年にロジャー・T・エイムスが翻訳を出版するまで知られることはなかった。[*2] このいわゆる「銀雀山漢墓竹簡」が孫子研究にとって重要である理由は、少なくとも二つある。一つは『孫臏《そんぴん》兵法』の再発見である。この文献は二〇〇〇年近く行方不明だったのだが、この発見によって孫子と孫臏が別人であり、それぞれ別の文献を著したことが証明されたことだ。[*3] もう一つの理由は、『孫子兵法』の全一三章から削除されていた「見呉王《けんごおう》」（The Questions of Wu）という章が発見され、これが『孫子兵法』の成立年代の特定につながったからだ。この章は晋《しん》（Chin）という国家が崩壊していく様子――戦国時代（紀元前四〇三～二二一年）の開始となる紀元前四〇三年に頂点を迎えた――について触れており、これによって『孫子兵法』は、春秋時代（即ち紀元前四〇三年以前）にすでに成立していたことがほぼ確実となったのである。[*4]

ところがこの発見がいかに重要なものであったとしても、西洋の孫子研究では、これが大きな研究の深化にはつながらなかった。ただし中国内では事情が違った。これによって、孫子研究のパラダイムを変えてしまうような潜在的な証拠が見つかったからである。それまでは、老子の『道徳経』（これは老子自身ではなく、その弟子たちによって記されたと考えられている）のほうが『孫子兵法』よりも以前に成立したと考えられていたのだが、この新たな証拠のおかげで、『孫子兵法』が『道徳経』よりも以前に成立していたという事実だけでなく、『道徳経』に含まれる根本的なアイディアの数々が、何と孫子の著作から大きな影響を受けていたということが示されたからである。[*5] 結果として、『孫子兵法』の背後にある影響について再検証を行う必要性が明らかになった。もちろん孫子に対する（人物としての）老子の影響は否定できないが、それでも孫子は、老子の思想以外の要素によっても影響を受けている可能性が高まったのである。

本章では、『孫子兵法』の軍事、戦略、外交、そして文化の源泉を探ると共に、孫子がアイディアを固めていった当時の「時代精神」を明確にしたい。よって、ここでは孫子の思想のルートを細かく辿《たど》ってみたり、孫子の概念に関係する歴史を、西洋の読者が理解できるような形で説明していくつもりだ。

斉《せい》国と孫子

『孫子兵法』の後に書かれた数々の歴史書や兵法書の中で、孫子は一般的に『呉孫子』（Wu Sun Tzu）と呼ばれている。これは、当人が仕えた国の名前と関連づけられているからだ。ところが孫子が生まれたのは、現在の山東省に位置していた斉《せい》（Chi）の国である。したがって、孫子（呉孫子）と孫臏（斉孫子と呼ばれることが多い）は、伝統的にそれぞれが仕えた国の名前で呼ばれることが多いのだが、双方とも斉で生まれたことは銘記しておくべきだ。中国における最も影響力のある軍事戦略思想家が、同じ国の出身である（孫臏は孫子の子孫である可能性も高い）という事実は、決して偶然ではない。この両人とも、斉の文化や伝統に、大きな影響を受けているからだ。結果として、孫子のアイディアの形成において、まず彼が生まれ育った国の特殊な文化や伝統を検証しなければならない。

太公

　斉《せい》（紀元前一〇四六〜二二一年）は、古代中国の春秋戦国時代を通じて、最も強力な国の一つであった。斉が持っていた軍事・戦略の伝統は、やはり紀元前一一世紀頃を生きた太公《たいこう》（*T'ai Kung*）、もしくは呂《りょ》尚《しょう》（姜子牙《きょうしが》: Chiang Tzu-ya、一般的には太公望《たいこうぼう》）という人物の存在が大きい。太公は斉国の建国者であり、古代中国の軍事・戦略思想に偉大な影響を与えた。実際のところ、太公が書いたとされる兵法書（『六韜《りくとう》』）は、西洋では「武経七書《ぶけいしちしょ》」の中の一冊という扱いでしかなく、『孫子兵法』の影に隠れてしまうことが多いのだが、太公を「中国の軍事・戦略思想の父」として見ることも可能だ。[*6] このような見方は『史記《しき》』（*The Record of the Grand Historian*：Shi Ji/Shih Chi）の中にも見てとることができ、ここでは軍師として仕えた国である周王朝（紀元前一〇四六〜二五六年）の政治・軍事、そして外交における戦略をつくって実行した人物であることが詳しく述べられている。この点から言えば、太公の最も目覚ましい成功は、殷《いん》王朝（紀元前一六〇〇頃〜一〇四五年）を征服したことにあるのだが、のちの中国の戦略家たちはこれを一つの理想的なモデルとして見習うようになった。このような事情から、中国の軍事戦略や謀略は、太公から来たと言われている。

　中国の戦略の伝統における太公の重要性は『漢書《かんじょ》』（前漢、紀元前二〇六年〜紀元後八年）の中の「芸文志」にも見て取ることができる。そのうちの二三七篇は、太公の名が付けられているほどだからだ。そのうちの八一篇は「太公・謀」（*mou*）、七一篇は「太公・言」（*yin*）、そして八五篇は「太公・兵」（*bing*）という書をそれぞれ構成している。[*7] この三書は、中国の戦略の「三門」を構成している。また、太公は周王朝の軍礼、法令、法律、そして制度機関を考案した人物であるとされており、（「武経七書」に収録されているものよりも古い版の）『司馬法』にも、そのような記述が一部残っていたと言われている。周王朝の軍事・戦略分野における太公の圧倒的な存在感は、軍事・戦略思想という点で、自らが築いた斉国にとっては、他国と比較しても大きな優位となっていた。したがって、斉の戦争のやり方は、周代から中国の兵法の中心的な存在となっている。そしてこれが実質的に孫子のアイディアが広まる土壌をつくっていたと言えるのだ。

孫子自身も兵法の名家に生まれたのだが、彼の先祖は太公の興した斉国に仕えた経験を持っている。もちろん孫子が軍事関連の知識を自分の一族から直接得た可能性は否定できないが、それでも彼とその一族が、太公の軍事・戦略思想から大きな影響を受けたことは間違いない。言い換えれば、『孫子兵法』が生み出される上で、太公の著作は重要なきっかけとなったのである。

斉《せい》の文化

太公が確立した軍事的伝統の他にも、孫子のアイディアは斉の文化に影響を受けている。『中華文明と斉の文化』という中国語で書かれた本の著者は、斉の人々の特質として七点を挙げており、そのうちの六つは『孫子兵法』の持つ価値観に一致している。この六つの特質は、以下のようなものになる。実践主義、柔軟性、開放性、非排他性、礼儀正しさと公正の姿勢、そして諜報《インテリジェンス》である。[*8]

太公は、斉国が将来にわたって発展・繁栄していけるような社会・経済基盤をつくることによって、その国民性の形成に決定的な役割を演じている。この点において太公が実行した最も初期の最も重要な政策は、新たな商業・産業を興しつつ、漁業や塩の生産を推進するものであった。[*9] このような政策がとられた背景には、斉が沿岸部に位置しており、塩害のために農耕用の耕作地が限られていたためである。

このような経済改革は、その後の斉の経済・人口面での発展に決定的な役割を果たし、これによって列強国の一角を占めるようになっただけでなく、その文化に影響を与え、国民の間に特徴的な文化を根付かせるようになった。当時の中国大陸は農業が支配的な産業であり、斉のこのような規範からの逸脱《いつだつ》は、その独特の社会経済や文化的な環境をつくり上げることになったのである。様々な商業活動や商人文化に触れたおかげで、斉の国民は、より実践主義的になり、諜報《インテリジェンス》を尊ぶようになった。その証拠に、彼らは詐欺師的な性格を持っていたと言われている。[*10] この特殊な文化・経済的な環境が、孫子の多くのアイディア――これは『孫子兵法』の決定的な格言である「兵とは詭道なり」を含む――を育む《はぐく》ような環境を提供していたのは明らかであろう。同時に斉で行われていた多様な経済活動は、孫子に戦争の物理的・経済的な面を現実的に計算するように考えさせたと言われている。これは、『孫子兵法』が戦争と経済との関係性を明白に論じた史上初めての兵法書であり、しかも経済的な考慮によって大戦略的な志向性を持ったものであるという事実にも現れている（『孫子兵法』の第二作戦篇を参照のこと）。[*11]

斉の文化の源泉はたった一つだけではなく、むしろ四つの異なる文化から影響を受けて成立したものであると言える。その四つとは以下のようなものだ。

1. 東夷《とうい》（Dong-yi）の文化：斉が成立した地域に以前から存在していた地域の文化。
2. 炎帝《えんてい》（姜炎 Jiang-yan）の文化：伝説の「炎帝」から始まる文化とされ、この帝の祖国は太公の家名と同じ「姜」川の近くであったという。炎帝は太公自身の祖先であると信じられている。
3. 殷王朝の文化：周に崩壊させられる前に、斉だけでなく中国全般に影響を与えた。
4. 周王朝の文化：斉は以前、この国の属国であった。[*12]

斉の成立から五〇〇年後の孫子の生きた時代において、これらの四つの文化のうちのどれが『孫子兵法』にどのような影響を与えたのかについて、わざわざ検証していく必要はないだろう。その代わりにここで述べておかなければならないのは、斉の文化のいくつかの源泉が、いかにして寛容かつオープンな文化に導き、それによってその他の特徴が根付いて広まる土台をつくったのかという点だ。この視点が欠けていると、なぜそのような要因が集合してきたのかが理解できなくなってしまう。ただしあまり注目されないが、興味深い点が一つだけある。それは「東夷《とうい》」という氏族が、弓の名手として有名であったという点だ。その証拠に、漢字の「夷」は「弓」を背中に抱えている「人」を示している。ここからわかるのは、「東夷」の一族たちが弓矢を発明したか、少なくとも彼らが戦闘的で、狩りを得意としていたということだ。[*13] ここから孫子が「勢《せい》」(momentum, potential) というものをなぜ強調して重要視していたのか、そしてのちに、この概念がなぜ斉の戦略思想の学派の「トレードマーク」になったのかがよくわかる。孫子が他の戦略思想家よりも弓によって示されていた原則をよく理解していたことは明らかだ。だからこそ「戦いに巧みな人は、その**勢**いは緊迫し、その節は瞬時をとらえる。**勢**いは石ゆみをひきしぼるときのようにし、節はひきがねをひくときのようにその瞬間をとらえるのである」(第五 勢篇) と述べているのだ。[*14]

『史記』によれば、斉の人々はオープンで柔軟な考え方をもっていたとされ、機転が利いて理屈っぽかったという。[*15] このような性格は、斉のオープンな文化によるものであり、斉の知的態度を反映したものであるとも言える。斉の人々は外国のアイディアや、新たな視点に対する感受性が強かっただけでなく、新しいアイディアを発案したり、それらを自分たちの文化に取り入れることに積極的であった。[*16] このような態度は『孫子兵法』にも明らかすぎるほど現れており、儒教、タオイズム、そして法家(現実派)の影響までが見てとれる。すでに議論したように、軍事・戦略関連の著作において、無数の相反するアイディアの統合は、それが一般理論のレベルに到達するまで決定的に重要であり、このような文化的な背景は、孫子の著作の発展や、より全般的には斉の戦略思想の中で、たしかに重大な役割を果たしている。

斉の文化についてもう一つの興味深い点は、それがいくつもの相反的・矛盾的な特徴を無数に含んでいるということであり、たとえば一方で戦闘的であるにもかかわらず、他方で諜報《インテリジェンス》を重視しているというものであったり、倫理的な制約を強く意識しつつも、騙《だま》すことの価値を決して忘れないというものだ。そして法の支配を強調したかと思えば、順応性をその中心的な価値に置いたりしている。斉のオープンな文化はこのような特色に大きな役割を果たしているが、それ以上に注目すべきは、矛盾した価値に対処できるだけの余裕を持つということは、成熟した文化があったことを示しているという点だ。より均質な社会とは対照的に、斉のような矛盾する価値観を取り入れて実践に移すことができる混成的な社会は、そこに住む人々が、より洗練された世界観を共有しており、複雑な現象にも対処できるということを意味している。この種の性格は、戦略的な思考には決定的に必要なものであり、これは西洋の論理体系が戦時の複雑な状況やパラドックスに対処する時に、深刻な問題に直面してしまうことが多いことからもよくわかる。

『孫子兵法』には斉の文化に関連する要素のすべてがつまっており、孫子はすでに説明した三つの矛盾した要因を取り入れつつも、その実用性を失うことのない形で一貫した理論をつくり上げることができたのである。この例の中でよく知られているものの一つが、孫子の「戦わないで敵兵を屈服させることこそ、最高にすぐれたことなのである」（第三 謀攻篇）という有名な言葉だ。孫子はこの言葉の中で、戦争の最高度の認識は、戦闘せずに戦うことにあると主張している。戦争や戦略を研究する西洋の人々にとって、この考え方は理解しづらい部分があるように思う。たしかにこれは西側の人々にとっては混乱の原因となっているにもかかわらず、中国の人々にとっては一般的に受け入れられている。この事実からわかるのは、斉の人々に備わっていたとされる性質が中国全土に幅広い分野で影響を与え、のちの世代へと受け継がれてきたということだ。この例は中国の戦略思想の発展において、「一里塚」であると見なすことができるのであり、これによって中国人は「本当に効果のあるものであったら、たとえ逆説的《パラドキシカル》に見えるものであっても信じる」という態度をとるようになったということだ。つまり戦略の逆説的論理《パラドキシカル・ロジック》は、彼らにとって問題を抱えたものではなくなったのである。

すでに説明した斉の文化に備わっている七つの特徴の他に、孫子の著作は、改革に前向きであった斉の社会の雰囲気にも影響されている。孫子の生きる時代までに、斉はすでに三度も大きな改革を経てきていた。一度目はもちろん太公によって行われた改革であり、これによって斉は富国・強国となったのである。二度目と三度目の改革は、管仲《かんちゅう》（Kuan Chung 紀元前七二〇年頃〜六四五年）と晏嬰《あんえい》（Yen Ying、紀元前五〇〇年頃没）によって行われたものであり、両者とも、のちに名前の後ろに「孫子」のようなマスターの称号としての「子」を付けて呼ばれるようになり、斉の国家指導者や宰相として、偉業を達成した人物として尊敬を集めた。とりわけ管仲の行った改革は、孫子とその著作にとって特別な影響を与えたと信じられていた。

管仲と斉《せい》の覇権への台頭

紀元前六八五年に斉の宰相に任命された管仲は、斉桓公《せいかんこう》の在位期間に数多くの改革の実行を行っている。これは春秋時代に最初に行われた大改革となったのだが、それは太公が採用した政策による結果として生まれた、経済力の強さの基盤の上に築かれたものであった。これらの改革によって、斉はのちに他国と比べて経済力と軍事力を得ることができ、結果的に当時の中国大陸で最強の国家となったのだ。斉桓公は、周王（当時の中国の唯一の主権者）から公式に「覇」（Ba）として認められ、国家間の会合を開催したり、軍事力行使の際の王からの許可を与えられている。管仲の斉と中国におけるインパクトは、多くの点でビスマルクがドイツ帝国と欧州全体に与えたものと共通している。斉桓公は中国の政治と外交を永遠に変えてしまったのであり、それ以降の政治家たちにとって価値のあるお手本となったのだ。「尊皇攘夷《そんのうじょうい》」というスローガンや、「富国強兵」という考え方が生み出されて実践されるようになったのは、まさにこの頃であった。のちに多くの国が勃興することになったが、斉が覇権を握った時代は、とりわけ目覚ましいものがある。したがって、斉の出身である孫子が、斉の覇権を維持した管仲の方策に大きく影響を受けたことは、想像に難くない。したがって孫子がこの中国史における際立った人物の編み出した方策を参考にしたであろう箇所が、『孫子兵法』の中に多く見られることになったのだ。

孫子は軍事・戦略思想の面で、すでに太公を目標としていたので、ここから類推《るいすい》されるのは、管仲も太公の思想を直接受け継いでいた可能性があるということだ。ところが孫子の国政術や外交のアイディアは、管仲が考えついたものである可能性が高い。なぜならそれらは太公の生きた時代よりも、より複雑な国際環境の中でのみ考えつくようなものであったからだ。だからこそ孫子は「軍は疲弊《ひへい》し、鋭気は挫《くじ》かれ、戦力も消耗し、財政もゆきづまったとなると、他の諸侯は、その隙《すき》につけこんで兵を挙げるに違いない。そうなれば、たとえ味方に智謀《ちぼう》の士がいようとも、うまくあと始末をつけることはできない」（第二作戦篇）という言葉を残しているのである。[*17] この言葉が示しているのは、この当時の国際環境において、多くの諸侯（即ち周王朝属国である君主や公）が存在し、互いに争うだけの力を持ち、攻め込む最適なチャンスの到来を待っていたという状況だ。これは太公の時代にはあまり見られなかったものだ。

また、『孫子兵法』の中には、管仲とその思想に影響を受けたと思われる諸侯同士の争いについて触れられている箇所がある。その最初のものは、以下のようになっている。

他の諸侯を屈服させるためには、彼らが損害をうけるようなことをしむけ、諸侯をあくせく働かせるためには、彼らがとびつくにちがいない事業をすすめ、諸侯を奔走させるためには、彼らに利益を食らわせて釣るのである（第八　九変篇）。[*18]

大きく見れば、これは「利害の両面をあわせ考える」（第八　九変篇）ことを通じて敵を操作することを論じたものだ。[*19] 孫子は右に述べた箇所で、諸侯をいかに操作すべきかを最初に述べているのだが、これはこのような方策を最初に発明した管仲から、いくらかのインスピレーションを受けたものであろう。そこから孫子は、このような政治・外交的な方策を軍事作戦の実践にも応用するのであり、「そこで、戦争の原則は、敵のやってこないことを頼りにするのではなく、こちらに備えのあることを頼りにする。敵の攻撃しないことを頼りにするのではなく、こちらの攻撃されることのない態勢を頼りにするのである」（第八　九変篇）と指摘するのだ。[*20] この言葉から明確に示されているのは、管仲と孫子のアイディアの密接な関係である。以下でも見ていくが、同じことは孫子と老子のアイディアにも言える。ただしこの両者の関係は、その規模からしてもさらに密接なものだ。

他にも管仲のアイディアが顕著《けんちょ》な箇所があるが、実はその言葉の意味の訳され方に問題がある。最初の部分は、ほとんどの訳者たちが正確に訳している。

そもそも、覇王の軍が、もし大国を討つときには、その大国の兵士たちは集合することができず、もし威圧を敵に加えるときは、敵国は他国と同盟することができない（第一一　九地篇）。[*21]

この部分では、戦争における戦略と外交の重要性が明確に述べられている。その国の支配者の質に関係なく、これらは勝利を確保するために最大限発揮されなければならない、国政術のためのツールである。

この部分に関してはすべての訳者たちの意見が一致しているが、問題なのはその後の文章だ。たとえば英訳版では、トーマス・クリアリー以外の訳者たちが、その「やり方」が明確に述べられていないのにもかかわらず、そこで述べられている「覇王《はおう》」が、敵国が同盟を組むのを防いだり、その同盟を崩壊させたりする方法をすでに発見したかのように述べているのだ。

　だから、天下の国々との同盟にも熱意を示さず、天下の権力を一身に集めるための工作にもつとめず、ただ**自分の思うままにふるまって、それでもやはり、その威勢は敵国をおおって行く**。だからこそ敵の城も陥《お》とせるし、敵の国も滅《ほろぼ》すことができるのである（セイヤーの訳文）（第一一　九地篇）[*22]。

　そうなると、なぜ「思うままにふるまって」も「威勢は敵国をおおって行」って「敵の城も陥と」して「滅すことができる」のか、大きな疑問に思えてくる。つまりここには「戦略」がなく、孫子的な戦略感覚も見えてこない。実はこの訳の誤りの最大の理由は、古代の中国語では主語を省《はぶ》くことが多く、結果として、その文がどの王や国のことを説明しているのかを見誤らせてしまいがちなことだ。一般的な読者は、そこで述べられている主語が「前の文に出てきた覇王のことを示している」と想定してしまうのだが、実際はそれは「覇権国や覇王のやり方に従って**いない人々**」のことを指しているのだ。このような誤訳は、その文が意図している本来の意味を、完全に逆に伝えてしまったのである。

　つまりこの部分は「覇王であっても勝利を確保するために、外交や情勢分析、そして情報提供者を使わなければならない」と警告している。軍事力だけに頼ろうとしては駄目だ、というのだ。クリアリーの正確な訳に従えば、「同盟にも熱意を示さず、天下の権力を一身に集めるための工作にも努めず、ただ自分の思うままにふるまって敵を脅やかすだけであれば」、城も陥とされるし、国も滅ぼされてしまうのである。[*23]これこそが本来の意味であり、以下の孫子の有名な格言とも一致する。だからこそ、「最上の戦争は、敵の策謀をうち破ること、その次は敵と他国との同盟を阻止すること、その次が実戦に及ぶことで、最も拙劣なのが城攻めである」（第三 謀攻篇）[*24]となる。ところがほとんどの訳者たちはこの事実を無視している。この誤訳のケースは『孫子兵法』のこれまでの訳が抱える問題を際立たせているものであると言えよう。

この文の中でさらに注目すべき点は、孫子の「覇王」についての言及であり、これは『孫子兵法』や管仲との関係について、われわれの理解をさらに深めてくれるものだ。ほとんどの訳者やコメンテーターは、この文が覇権国がいかに軍事力を使って覇権を握るのかを論じているはずだと想定してしまいがちだ。これが右で述べたような誤訳につながってしまうことになる。「覇王」（*ba wang*）という言葉（銀雀山で発掘されたもの以外の版ではよく使われる）を見た瞬間に、この文が覇権国がいかに軍事力を使って覇権を握るのかを論じているはずだと想定してしまいがちだ。

これが右で述べたような誤訳につながってしまうことになる。「覇」という概念（西洋ではほぼ覇権という意味）は、孫子の生きていた時代にはまだ成熟していたわけではないし、孫子が提唱していた権力の形としての議論も固まっていたわけではなかった。したがって、その本来の表記が「王覇」（*wang ba*）か「覇王」（*ba wang*）かに関係なく、孫子の時代の国際的な状況を本当に反映した説明によれば、「覇王」という言葉が意図していたのは、斉の桓公のことであり、「格の意味では周王に劣るが、それ以外の諸侯よりははるかに上の存在」であったのだ。また、この言葉は「守護者」という訳を当てても良さそうだが、決して「王」や「覇権者」を当ててはならない。なぜなら当時はまだ周王が「王」の称号（といってもこれはほとんど名目上の称号になっていたが）を得ていたからだ。[*25]結果として、「王覇」や「覇王」というのは、春秋時代の「五覇」（春秋五覇）のことを指す言葉なのだ。この五覇がどの諸侯を示すのかについては、大きくわけて二つのリストがあると言われているが、最も一般的なのは以下の五人である。

・斉《せい》の桓公《かんこう》
・晋《しん》の文公《ぶんこう》
・楚《そ》の荘王《そうおう》
・秦《しん》の穆公《ぼくこう》
・宋《そう》の襄公《じょうこう》

この五覇は、管仲以降の時代に出てきたものであるため、孫子が管仲の元の考えを参考にして、これらの枠組みを考えたのは間違いない。五覇に由来する歴史的教訓や例が示しているのは、政治・外交面における戦いや、「勝利の軍は、戦う前に、まず勝利を得て、それから戦うのである」（第四 形篇）という考えの強調である。[*26] もちろんこれについては完全な確信をもって主張することはできないが、それでも孫子の「最上の戦争は、敵の策謀《さくぼう》をうち破ること、その次は敵と他国との同盟を阻止すること、その次が実戦に及ぶことで、最も拙劣なのが城攻めである」という有名な言葉は、実際は斉の「覇」を確立した、管仲が言い始めた可能性がある。

孫子と当時の時代精神

春秋時代（紀元前七七〇～四〇三年）は、中国史の中でも前例のない規模で変化や激変が起こっていた時代であり、この時期だけでも四〇〇以上の戦いが行われ、これらが孫子に影響を与えたのは確実である。西洋でも知られている中国古代の思想家の老子、孔子、そして孫子は、共に同じ時代を生きていた。春秋時代の初期から後半にかけて、中国の戦略思想における革命につながり、最終的に孫子を生み出すことになったのは、この時代の政治、倫理、知的、文化的、制度的、技術、そして軍事の面で、多くの流れや雰囲気が渦巻いていたからである。

この特異な変革期における最大の変化の中で、『孫子兵法』の誕生に直接つながっているものが三つある。それが「戦いの原則における詭道《きどう》の台頭」、「新しい戦い方の出現」、そして「国における政府高官と将軍の役割の分岐」である。斉の文化と共に、この三つの変化が孫子のアイディアの形成に大きな役割を果たしたのだ。

戦いの原則における詭道の台頭

今日においては、「兵とは詭道《きどう》なり」という孫子の言葉は、時代を越えた普遍的な概念として捉えられている。ところが孫子の生きていた時代には、極めて斬新なアイディアであった。春秋時代においては、すでに太公のような兵法家が登場していたにもかかわらず、戦いはまだにいくつもの軍事的な儀式〔軍礼〕に則《のっと》って行われるべきものであったらしい。つまり一般的に「戦争術」として考えられていたのは、戦略や計略というよりも、このような儀式のほうだったのだ。

ただし西洋では、孫子以前の戦い方が全く知られていなかったわけではない。たとえば毛沢東は『持久戦』の中で以下のように書いている。

われわれは宋の襄公ではなく、彼のようなばかげた仁義道徳を必要としない。自己の勝利をかちとるためには、われわれは、敵の目と耳とをできるだけ封じて、彼らを何も見えない状態にし、敵の指揮員の頭をできるだけ混乱させて、彼らを混乱させてしまわなければならない。これらのこともすべて、主動または受動と主観の指導とのあいだの相互関係である。日本に勝利するには、こうした主観の指導は欠くことのできないものである。[*27]

毛沢東が言及している宋の襄公は、すでに述べたように「春秋五覇」の一人である。毛沢東は襄公の倫理を頑固で「愚かな豚」であると非難しているのだが、その理由として、深刻な軍事的失敗を犯したことを挙げている。宋は紀元前六三八年に当時最強の国であった楚と戦ったのであるが、宋軍はすでに戦闘準備が整っていたときに、楚の軍がようやく到着して川を渡り始めた。宋の士官の一人が楚の軍勢の多さを踏まえて、今こそ攻撃すべきだと進言すると、襄公は「**君子は準備の整わない相手を攻撃しない**」と答えている。楚の軍が川を渡り終えてもまだ整列していない段階で、再び同じ士官がすぐに攻撃するよう進言すると、またしても襄公は「**君子はまだ整列していない軍を決して攻撃しないものだ**」と述べており、楚の軍が完全に準備を整えたところでようやく攻撃命令を下している。結果として、宋軍はこの戦闘で大敗を喫《きっ》したのであり、襄公自身も負傷している。[*28]

ただし、のちに「宋襄《そうじょう》の仁《じん》」と呼ばれたこの故事《こじ》に対する毛沢東の批判は、公平なものとは言えない。たしかに戦闘の結果という意味だけで言えば、現代の視点では毛沢東の批判は正当化できるものであろう。ところが襄公は完全に愚かだったわけではないし、彼の行動や決断は、その愚かさだけで説明することはできない。毛沢東が見逃していたのは、襄公の決断が、純粋に個人的な判断によるものではなかったということだ。襄公が部下の進言に従わずに「正しい」と信じることを行った理由は、戦術的な要件ではなく、その当時の一般的な行動規範《きはん》にあったからだ。

毛沢東は、春秋時代初期までの軍礼の重要性を考慮に入れることを忘れていた。同時にこの「宋襄の仁」からわかるのは、この頃から戦争における規範と実践が、戦術的な要求のほうに段々とシフトしてきたということだ。襄公の考えと行動は、「武経七書」の中の一冊である『司馬法』でよく描かれている古代中国の軍礼に従ったものだ。

『司馬法』は古代中国の軍礼を集めたものだ。軍礼についての内容は、その七書の中でも最古のものであろう。『司馬法』が称《たた》える軍礼は「仁義」を土台としたものである。なぜなら「〔古《いにしえ》の支配者は〕『礼』によって自軍の態勢を固め、『仁』によって勝利を確実なものとした」からである。[*29] これは今日の感覚では非現実的なものに聞こえるが、この著作が推奨《すいしょう》している行為そのものは明らかに高潔な精神を持ったものであり、この体制の中で育った人々（主に貴族）向けの制約的な行動規範を構成していた。以下に引用した文は、襄公がなぜ軍事的失敗を引き起こす決断に至ったのかを教えている。

> 昔は、敗走する敵を百歩以上は追撃しなかった。撤退する敵も三舎《さんしゃ》（三十数キロ）までしか追わなかった。こうして「礼」を守っていることを示したのである。
> また、戦闘不能になった敵には止《とど》めを刺さず、傷ついた敵兵には情けをかけた。こうして「仁」のあることを示したのである。
> さらに、敵が陣列を整えてから進撃の太鼓を打ち鳴らしたが、こうして「信」のあることを示したのである。
> また、大義だけを争い、利益は争わなかった。こうして「義」に則《のっと》っていることを示したのである。
> 降伏してきた敵は快く許した。これは「勇」があることを示したのである。
> 開戦しても終わらせる潮時をわきまえていた。これは「智」のあることを示している。
> 教練のときに、あわせてこの六つの徳を教え込み、人民の守るべき規範としたのが、古来の軍政であった。[*30]

これにより、襄公が「戦争における規範」と信じていたことに従って行動していたことは明らかであり、実際に戦術的な決断が行われていたわけではないことがわかる。毛沢東は襄公が戦術的な状況を考えず、ただやみくもに規範に従っていたことを非難しているが、実際の襄公の最大の計算違いは、自身と楚の支配者・将軍との間の文化的な違いに気づくことができなかったという事実にある。楚の荘王は自らを「王」と名乗ることによって、周王に対して公然と反旗を翻していたため、彼や彼の将軍たちが、周が定めた軍礼に従って戦う可能性は極めて低かった。襄公自身はこれに気づいていた可能性もあるのだが、それでも伝統的なやり方に従って戦うことを選んだ。なぜなら彼は、自らを「周王朝の守り手の一人」と見なしていたからだ。この点から言えば、襄公はそもそもこの戦争の初めから敗北していたとも言える。宋軍は楚軍よりもはるかに弱かったからだ。真実がどのようなものであれ、襄公の軍事的敗北は、古代中国の軍礼の終焉を象徴することになり、孫子が提唱するような「詭道」による方式に道を明け渡すことになったのだ。

このような「礼」から「詭道」への戦争の精神と価値観のシフトは、『司馬法』と『孫子兵法』を比較してみるとよくわかる。孫子の批評家である南宋（一一二七～一二七九年）の鄭友賢《ていゆうけん》（*Zheng You-xian*）は、『司馬法』が「仁《じん》」を原則としているのに対して、『孫子兵法』は「詐《さ》」（詭道）を基礎としていると指摘している。『司馬法』が「義」を使うのに対して『孫子兵法』は「利」を使い、『司馬法』では戦争を「政治の最後の手段」として強調しているのに対して、『孫子兵法』では変化を得るために軍事作戦における分散と統合を考慮している。[*31] この二冊の直接的な比較からさらに驚かされるのは、この二つの兵法書が、同じ時代の斉国の体制から生まれたものであるという事実だ。しかも孫子と司馬《しば》穰苴《じょうしょ》（『司馬法』の著者：田穰苴）は同じ一族（田家）から出ているという説もある。もちろんこれは確認できるわけではないが、ここで明らかになるのは、当時の斉という国では、戦争と戦闘のやり方について大きな変化が起こっていたということだ。司馬穰苴が有名な将軍であったとしても、その輝かしい軍功は自身の提唱した原則の「耐用期間」を永《なが》らえさせることはできなかった。孫子の時代になると、軍礼に従った戦い方は忘れ去られ、孫子が提唱した「詐（詭道）学派」のものに取って代わられたのである。

新しい戦い方の出現

戦いの原則を「詐」（詭道）においた学派の台頭は、それ単独で発展したものではなく、戦いの発展という社会的な要請と共に進化したものだ。春秋戦国時代の初期から孫子の生きた時代（彼は紀元前五一二年に呉の国に仕え始めた）までは、戦争のあらゆる面で大きな変化が起こっていた。斉の桓公の統治時代に管仲の改革下にあった斉の軍隊も、規模としてはたった三万人だけであったと考えられており、戦争もたった一度の戦闘で決まり、しかもそれは一日以上続くことはなかったのである。たとえば斉の桓公の統治時代の初期に行われた「長勺《ちょうしゃく》の戦い」（紀元前六八四年）という大規模な戦いでは、斉の軍は敵軍（魯軍）の前線を三度の突撃によっても突破することができず、反撃を許してしまったために敗北している。この戦いの勝敗は、太鼓の連打（攻撃／突撃の合図）が文字通り三度打たれた後に決せられた。右の例は、春秋時代の初期にはその戦争の規模の大きさにかかわらず、全般的に言ってこのような急襲による戦闘がまだそれほど一般的なものではなかったことを教えている。桓公の狙いは「覇」（諸侯のトップ）になって覇権を追求することであり、敵国を破壊することではなかったからだ。したがって支配者たちの目標を達成する手段としては、戦闘よりも抑止と外交のほうが好まれたのである。[*32]

新しい戦い方は、春秋時代後半に次第に広まってきた。ただしその原因や結果は、戦争の規模が拡大したことにあるのかは明確には言えない。いずれにせよ、当時の国々が行った改革のおかげで徴兵軍が一般化したのが、まさにこの時期に当たる。さらに言えば、戦場は河川の多い中国大陸の南部に広がってきたのであり、これによって艦船・水運システムが発展し、水上戦が当たり前のこととして行われるようになったのだ。同時に、軍が直面する地勢状況のおかげで、戦力の中心が戦闘馬車から歩兵へと移り変わってきた（ただし歩兵と戦闘馬車を含む共同作戦は続けられた）。軍事作戦の烈度が新たなレベルに到達すると、戦争はさらに長期化して暴力的なものになってきた。この新しい戦い方により、浸透、連続作戦（continuous operations）、側面包囲機動（outflanking movement）、そして包囲などを可能にするために、軍隊にさらなる機動性が求められるようになった。[*33]

このような新しい要素は、孫子自身がその計画の作成や実戦での指揮において大きな役割を果たした「柏挙《はくきょ》の戦い」（紀元前五〇六年）で初めて見られたのだが、この戦いで孫子は自らが仕えていた呉の最大のライバル国であった楚に対し、八年間続いた戦争の最後に行われた迅速な軍事行動によって、劇的な勝利を収めている。この戦闘では陸軍と水上艦隊の両方が使われ、作戦全般としては機動や連続作戦によって構成され、呉軍の移動距離は二〇〇〇里（周時代には一里が約四一五メートル）を越えており、楚の首都である郢《えい》（Ying）に侵攻する前に、五回連続して戦っている。したがって孫子の「十万の軍を動員して、千里の遠くに出陣することになれば」（第一三　用間篇）という記述は、実際はそれほどの誇張ではなかったのである。[*34] また、『孫子兵法』には「戦いをするうえで大切なことは、敵の意図をじゅうぶんに把握することである。一丸となって敵にあたり、千里のかなたにうってでて敵将をうちとる、こういう者を戦《いくさ》上手というのである」（第一一　九地篇）と書かれているが、これもまた「柏挙の戦い」に当てはまる。[*35] この戦いは、春秋時代の軍事作戦の頂点を示し、孫子の最も偉大な軍事面での成功を示したのだ。

軍事紛争が激化し、戦争の規模が拡大するに従って、必然的に戦いそのものも「義」を元にしたものから「詭道」を元にしたものに移ることになった。当然だが、軍隊の規模が大きくなると、突発的な戦闘における指揮官の決断はますます難しいものとなる。そしてほとんどの戦争が、最終的には消耗戦へと変化することになり、そこで得られた勝利も〔犠牲があまりに大きいという意味の〕「ピュロスの勝利」となりやすい。さらに言えば、『孫子兵法』にも記述があるが、この時代の戦争は、国家経済に大きな負担を強いるものになっており、敵の物資を奪うことは正しく、敵の戦闘馬車を捕獲した兵士には褒賞《ほうしょう》を与えるべきであると孫子が論じたことは、いわば当然のことであると言える（第二 作戦篇）。[*36] 孫子はまさにこのような資金的・物資的な制約に直面したために、以下のような二つの重要な原則、つまり「敵に勝っていよいよ強さを増す」と「戦争は勝利を至上とするものではあるが、長期戦によるのはよくない」（第二 作戦篇）を導き出しているのだ。[*37]

　このような新しい戦い方が、孫子の中で最もよく表れているのが、「戦争とは敵の意表をつくことにはじまり、利益の追求を動因として、分散と統合とをくりかえしつつ、たえず変化をとげるものである」（第七 軍争篇）という記述である。[*38] この部分を注意深く読んでみると、孫子の戦略思想を構成する三つの要素が見えてくる。最初の二つの要素は、主に「詐」や、敵に対するコントロールの確立のために利益を追求させる方法についてのものであり、これらは『孫子兵法』の中でもしっかりとカバーされている。勝利が決定される領域である、戦争の心理的・認識論的な面を認識することによって、孫子は「詐」を「道《タオ》」のレベル――「戦争とは、詭道つまり敵の意表をつくことをならいとする」（第一 計篇）[*39]――まで引き上げており、これによって「詭道」こそが戦争の法則となるべきだということが暗示されている。

　ところが孫子のこの三つ目の要素について気づいた人は極めて少ない。しかもこの要素は、単なる「分散と統合」よりもはるかに重要なものなのだ。実際のところ、孫子の「変化のための分散と統合」への言及や、『孫子兵法』で使われている無数の事例は、戦術レベルや元のレベルよりも上の階層からの手段を使うことを通じた孫子の軍事問題の解決方法のヒントを、暗黙的に教えている。「分散と統合」は戦争の規模が大きくなるにつれて広く使われるようになったのだが、これが単なる変化ではなく、むしろ戦争でさらなるコントロールを獲得し、新たな戦争の遂行の仕方を発展させるチャンスであると考えたのは孫子だった。ここで孫子は、戦闘に入る前に「分散と統合」を利用することによって有利な状況をつくり出そうとしていたのだ。彼はそれを作戦レベルまで押し上げることによって、戦闘の解決法を追求したのである。だからこそ孫子は「勝利の軍は、戦う前に、まず勝利を得て、それから戦うのであるが、敗軍はまず戦ってみて、そのあとで勝利を見いだそうとするのである」(第四 形篇)と言うのだ。[*40] これは孫子の生きた当時に目指されていた「守るべき原則」であったというよりは、むしろごく一般的に行われていたものとして捉えるべきであろう。もちろん孫子の考え方は、決戦を通じて勝利が確定される西洋の一般的な考え方とはかなり異なるのであるが、それでもこの枠組みそのものは、西洋の読者にも比較的わかりやすいものであると言えよう。

「分散と統合」の使用は、当然ながら、孫子が「戦争のレベル」の上位のレベルからの手段を通じた軍事問題の解決法として提示した多くの中の、たった一つの手段でしかない。この教訓についての現代の隠された例としては、毛沢東とその部下たちによって実行された「囲城打援《いじょうだえん》」が挙げられる。これは中国共産党が第二次世界大戦で日本を打倒した後の、国共内戦において繰り返し使用したものだ。たとえば紅軍は都市を包囲したが、この真の意図はその都市の攻略ではなく、むしろ敵の援軍を誘い出して破壊することにあったのだ。多くのケースではその援軍が排除されただけでなく、援軍の来援が失敗したことで動揺して、都市そのものも陥落したのである。

この策略をよく分析してみると、孫子の格言である「最上の戦争は、敵の策謀をうち破ること、その次は敵と他国との同盟を阻止すること、その次が実戦に及ぶことで、最も拙劣なのが城攻めである」(第三 謀攻篇)という格言と明らかに似ていることがわかる。[*41]「最も稚拙なのが城攻め」であることから、紅軍はその代わりに問題を戦場で解決しようとしたのだが、その理由はこちらのほうが城攻めよりはましな選択肢であったからだ。現代のこの例は孫子の格言の一部を説明しただけだが、ここから得られる孫子の教訓のエッセンスは「全体的な戦略状況の中のたった一部の問題だけに集中すべきではない」というものだ。ある問題が一つのレベルで解決しないのであれば、常にそれより上の「戦争のレベル」における他の手段――作戦、外交、政治、経済、さらには心理学など――が存在するからだ（戦争と敵のコントロールについては第三章でさらに論じていく）。これは最終的に「戦わないで敵兵を屈服させることこそ、最高にすぐれたことなのである」という孫子の究極の教えに行き着くことになる。[*42]

国における政府高官と将軍の役割の分岐

古代中国では戦争が頻発《ひんぱつ》していたにもかかわらず、とくに戦時において部隊の指揮を直接担当して戦争を専門に行う「将軍」という存在は、戦争が段々と激しさを増してきた春秋時代の後半になるまで登場しなかった。ところがこれは、それ以前の時期にこのような役職が存在しなかったというわけではない。『司馬法』の中で使われている「司馬」（*Si-ma*）という名は、まさにこの役職を示すために使われていた。たとえばその著者の田穰苴《でんじょうしょ》は、一般的には司馬《しば》穰苴として知られていた。「司馬」にとって軍の指揮は、責務のうちの一つではあったが、その他にも軍政全般や非軍事的な案件についても責任を持っていた。政府高官は、戦時には将軍として仕えることはよくあることだったのである。したがって、管仲は有名な国家のリーダーであり、斉の改革者でもあったのだが、軍を直接率いることも多かった。この「政府高官」と「将軍」という複合的な役割は、春秋時代初期においてはごく普通のことであり、この二つの役割の間には明確な線引きがなかったのである。結果として、政治と軍事はかなり密接に絡《から》み合っていた。もちろん孫子自身はかなり「純粋」な将軍に近いのだが、それでも『孫子兵法』が、そのデザインや方向性として大戦略的であることは、以上のような状況からもおわかりいただけるはずだ。

政府高官と将軍の役割の明確化は、春秋時代後半から徐々に定着し始めたのだが、そのプロセスは、戦国時代になるまで終わらなかった。この変化の大きな兆《きざ》しの一つが、軍の幹部が「司馬」ではなく「将軍」(*jiang-jun*)という名で知られるようになったという事実である。この時代に書かれた『孫子兵法』は、この点において顕著な例だ。

『孫子兵法』は、たしかに最初は呉王に献上されたものであったが、それでも明らかに将軍たちに使われることを意識して書かれたものだ。この本文の中には、将軍が政府高官から役割的に分離して、「将軍」が純粋に軍事的な役割になりつつあったことがわかるような記述がある。孫子は最初の章となる「計篇」で、将軍を道《タオ》(政治)、天(天候、季節)、地(地理、地勢)、そして軍事組織のための法を、戦争の結果を決する五つの事項(五事)と同じレベルに置いており、勝利を目指す将軍はこれらを理解しなければならないとしている。[*43] 結果として、孫子は将軍の質をとくに強調する意味で「将とは、才知や誠信《まごころ》や仁慈や勇気や威厳など、将軍の器量についてのことである」(第一 計篇)と述べているのだ。[*44] また、将軍は状況の必要性に従って、君主の命令を無視してもいいとまで明確に述べていることも重要である(第三 謀攻篇と第一一九 地篇)。[*45] このような役割の分担化のプロセスは、当時の中国大陸において驚くべき変化が起こっており、しかもこの変化はまだ続いていたことを示している。『孫子兵法』の多岐・多芸な性質や、なぜ大戦略レベルに焦点を当てているのかについて適切に理解するためには、このような歴史的背景についての理解が必須となる。戦争の遂行に当たっては、孫子自身さえこのような歴史的背景の理解が必要であると考慮していたはずだ。なぜならそれは、大きく言えば初期の春秋時代の戦争のパターンや慣習から来たものであるし、軍事的な比重の多い部分は、春秋時代後半の新しいトレンドを反映したものであるからだ。新たな戦闘方法の登場や、国における政府高官と将軍の分離化を含んだこのような新しいトレンドは、のちの戦国時代における、いわゆる「戦略の軍事化」を予兆させるものであった。『孫子兵法』は大戦略志向であり、その子孫によって書かれた戦国時代の兵法書『孫臏《そんぴん》兵法』には、なぜそのような志向が欠落していたのかが、これによって説明できる。西洋の場合と同じように戦略思想が「軍事化」してくると、さらに大戦略志向のものが必要とされるようになったからだ。『孫子兵法』がここまで高い評価を得た重大な理由の一つは、まさにこの点にある。孫子の知恵は、明らかに政治・大戦略レベルまで到達していたからだ。ところが孫子が（主に分離化のプロセスによって）大きく軍事的な領域に踏み込んだおかげで、彼の思想の有益性ははるかに「状況に左右されるもの」となってしまったのであり、軍事分野ではかなり限定的なものとなってしまった。言い換えれば、孫子は自身の考えを、戦争のレベルでの「下流」においても利用・発展させられるべきものであると判断したのであり、代わりに「上流」、つまり政治やその他の非軍事でのレベルにおける考えの発展を犠牲にしたのである。そして『孫子兵法』が答えることができなかった戦略思想の問題について、のちにそれに答えるように登場してきたのが、老子の『道徳経』であった。

老子

『孫子兵法』は『道徳経』よりも前に編纂されている。そのため、「老子が孫子の思想に影響を与えた」という主張は、やや逆説的なものに聞こえるかもしれない。ところがここで重要なのは、人物としての老子と、書物としての老子（即ち『道徳経』）は、歴史的に登場の順番が逆になっているように思えることだ。老子は、孫子や孔子（即ち春秋時代後期）とは同時代を生きていたが、年はかなり上であると考えられてきた。ところが老子について書かれた『道徳経』は、その後の戦国時代初期に編纂されたと考えられている。[*46] したがって、『孫子兵法』が『道徳経』よりも時代的には先に出てきたという新たな証拠が出てきたにもかかわらず、これは「老子が『孫子兵法』に影響を与えなかった」ということにはならない。むしろこれは老子という「人物」ではなく、「著作」（『道徳経』）が『孫子兵法』よりものちの時代にまとめられた、ということなのだ。孔子が周王朝の「礼」（周礼《しゅうらい》）についての意見を聞くために老子を何度か訪れていたことは、多くの証拠から判明している。孔子がそうした理由は、老子がその分野の有名な専門家であったからだ。老子は周王朝の「守蔵室之史」（図書館の記録官）として知られていた。このおかげで老子は、孔子にとって不可能であった、当時すでに古典となっていた著作や歴史の記録にアクセスできる特権を持っていたとされている。孔子が老子に会ったとされるのがなぜ重要なのかと言えば、それは老子がすでに当時から「賢者」として有名であり、孫子が老子の人物やその思想について知らなかったとは考えづらいからだ。孫子と老子が使用している概念には無数の共通点があることからもわかるように、老子が孫子の著作に大きな影響を与えた可能性はかなり高いのである。

『孫子兵法』は、老子、もしくはその学派が孫子に対して与えた影響の痕跡《こんせき》を、少なくとも二つ残している。その一つが、文の中で弁証法的な二つの概念の対比を多く使用していることだ。弁証法的・対比的な二つの概念の使用というのは、たしかにその他の中国の古典の書物に比べて、『孫子兵法』（たとえば遠近、虚実、攻防など）と『道徳経』（たとえば陰陽、柔弱、剛柔など）のものが目立つ。孫子と老子のスキルは、これらの弁証法的な二つの概念を解き明かし、それぞれの分野でそれらがどのように作用しているのかを認めただけでなく、その目標を達成するために、いわゆる矛盾（*mao-dun*）と弁証法を最大限に使用することを提唱したことにある。孫子の中の老子の影響の二つ目の痕跡は、望ましい目的を達成するために、一見すると矛盾した手段を使うことを主張したことである。孫子の言葉に「戦わないで敵兵を屈服させることこそ、最高にすぐれたことなのである」とあるが、これは「敵の屈服」が目標であり、「戦わないでそれを達成する」ことがその手段となる。それに対して老子は「為す無くして、而も為さざるは無し」と述べているが、この二つは全く同じ論理なのだ。もちろん孫子の文のほうが老子のものよりも前に書かれた可能性はあるが（『道徳経』のほうが時代的に後になって編纂された）、「望ましい目的を達成するために矛盾する手段を使う」という考え方そのものは、人物としての老子か、老子が古典から導き出したアイディアから来た可能性も考えられる。孫子が生きていた当時、老子はすでに古典に詳しい「賢者」として有名だったからだ。また、伝統ある斉の兵法一家の出自であり、生涯にわたって軍事的なことだけを中心に考えてきた孫子が、どの著作も参照せずに自分だけでこのような哲学的な考えをつくり上げることができたのかどうかは極めて疑わしい。さらに、二人の土台的な概念にかなりの共通項があることから考えてみると、老子がそのアイディアの元になっている確率はかなり高いのである。

したがって、孫子と老子の人物としての関係と、老子の著作（『道徳経』）、さらには老子が孫子と『孫子兵法』に影響を与え、『孫子兵法』がのちに『道徳経』に影響を与えたという関係を推測することは可能だ。本章ではこの関係性の前半部分しか触れなかったが、次章ではその後半部分について議論していく。[*47]

まとめ

中国の戦略思想の基礎は、中国大陸全土で驚くべき変化が進行していた春秋時代に主に固まった。ところがこの時代の歴史がそれほど理解されていないため、西洋では中国の戦略思想を理解しようとする人々にとって、この変化や社会・歴史面での発展が孫子の著作にどのような役割を果たしたのかがわからず、その理解のための大きな障害となってしまっている。

本章では『孫子兵法』、そして中国の戦略思想全体に影響を与えた、この時代の主な要素や経緯について議論してきた。その中でも重要な影響の一つが斉《せい》の台頭であり、その軍事・戦略思想の使用が優位になったことによって、これがその後の中国の戦略思想全体の土台となったことだ。斉の出身である孫子は、同時代の人々に比べても兵法書を書く上で知的優位を持っていたのは間違いない。ところが孫子の生きた時代全般にあった時代精神全般がわからなければ、孫子のアイディアがどのように形成されてきたのかを理解することは不可能だ。時代の転換期に生きていたという事実により、孫子は当時盛んに議論されていたアイディアの多くを吸収することができたのであり、このため『孫子兵法』そのものも、時代を超越する存在になることができたのである。ところが究極にはそれと同じ要因のせいで、孫子の理論の応用性は時代の制約を受けることになってしまった。結果として、中国の戦略思想の変遷と最終的な完成は、タオイストたちの仕事として残されたのであり、彼らこそが孫子のアイディアを使って老子の思想を精緻化させたのである。

＊1　これは銀雀山漢簡、もしくは銀雀山竹簡などとして知られるものである（訳注：日本では竹簡孫子とも）。
＊2　以下を参照のこと。Sun Tzu, *Sun-tzu*, trans. Ames.
＊3　その存在が記された最後の記録は、以下の文献の中にある。"The Record of Literary Works" (Yi Wen Chih 藝文志) in the *History of the Han Dynasty* (*Han Shu* 漢書) (c.AD 100).
＊4　Sun Tzu, *Sun-tzu*, trans. Ames, p. 22.
＊5　以下を参照のこと。Ho Ping-ti, *Three Studies on Suntzu and Laotzu*, Taipei: Institute of Modern History, Academia Sinica, 2002; Li Zehou, *Zhong Guo Gu Dai Si Xiang Shi Lun* 中國古代思想史論 [On the History of Chinese Ancient Thought], Taipei: San Min Book Co., 2000.
＊6　現代の歴史家たちは、『六韜』には太公の考えが反映されている可能性は否定しないが、太公自身によって書かれたかどうかは疑問視しており、それがまとまったのは戦国時代（紀元前四〇三～二二一年）であると考えている。本書では『六韜』を太公の考えを示したものとして参照はしていない。

＊7 以下を参照のこと。*Questions and Replies*, in *The Seven Military Classics*, trans. Sawyer, p. 330.［守屋洋&守屋淳訳・解説『司馬法、尉繚子、李衛公問対』プレジデント社 二〇一四年、三〇四〜三〇五頁］
＊8 Qiu Wen-shan, *Qi Wen Hua Yu Zhong Hua Wen Ming* 斉文化與中華文明［The Culture of Qi and Chinese Civilization］, Jinan: Qi Lu Shu She, 2006. それ以外の残りはロマンチシズムである。
＊9 以下を参照のこと。*The Record of the Grand Historian*-"House of Qi Taigong."
＊10 Li Ling, *Bing Yi Zha Li*, p. 8
＊11 以下を参照のこと。*Sun-tzu: The Art of War*, Chapter 2.
＊12 Qiu, *Qi Wen Hua Yu Zhong Guo Wen Ming*, p. 42.
＊13 Feng Zhen Hao, *Qi Lu Wen Hua Yan Jiu*, 斉魯文化研究［A Study on the Cultures of Qi and Lu］, Jinan: Qi Lu Shu She, 2010, p. 384.
＊14 Sun Tzu, *Sun-tzu*, trans. Ames, p. 120.［善く戦う者は、其の勢は険にしてその節は短なり。勢は弩《ど》を彍《ひ》くが如く、節は機《き》を発するが如し。：町田三郎訳『孫子』三三頁］
＊15 以下を参照のこと。*The Record of the Grand Historian* ―― "Biographies of Usurers."
＊16 Qiu, *Qi Wen Hua Yu Zhong Guo Wen Ming*, p. 85.
＊17 Sun Tzu, *Sun-tzu*, trans. Sawyer, p. 173.［夫れ兵を鈍れさせ鋭を挫き、力を屈くし貨を殫《つ》くすときは、則ち諸侯、其の弊《へい》に乗じて起こる。智者ありと雖《いえど》も、其の後《あと》を善《よ》くすること能《あた》わず。：町田三郎訳『孫子』一一頁］
＊18 Ibid., p. 203.［是の故に、諸侯を屈する者は害を以てし、諸侯を役《えき》する者は業を以てし、諸侯を趨《はし》らす者は利を以てす。：町田三郎訳『孫子』五六〜五七頁］
＊19 Ibid.［利害に雑《まじ》う。：町田三郎訳『孫子』五六頁］
＊20 Ibid.［故に用兵の法は、其の来たらざるを恃《たの》むことなく、吾《われ》の以て待つ有ることを恃むなり。其の攻めざるを恃むことなく、吾《わ》が攻むべからざる所あるを恃むなり。：町田三郎訳『孫子』五七頁］
＊21 Ibid., p. 223.［夫《そ》れ覇王の兵、大国を伐《う》つときは則ち其の衆、聚《あつ》まることを得ず、威、敵に加わるときは則ち其の交、合することを得ず。：町田三郎訳『孫子』九〇〜九一頁］
＊22 Ibid., pp. 223-4.［是の故に天下の交を争わず、天下の権を養わず、己《おの》れの私《し》を信《の》べて、威は敵に加わる。故に其の城

は抜くべく、其の国は堕《やぶ》るべし。」町田三郎訳『孫子』九〇～九一頁〕（太字は引用者による）

＊23 Cleary, pp. 159-60.

＊24 Sawyer, p. 177. 〔故に上兵は謀《ぼう》を伐《う》ち、其《そ》の次は交《こう》を伐ち、其の次は兵を伐ち、其の下《げ》は城を攻む。」町田三郎訳『孫子』一七～一八頁〕

＊25 以下を参照のこと。Li Ling, *Bing Yi Zha Li*, pp. 308-9; Wei Ru-lin, *Sun Zi Jin Zhu Jin Yi* 孫子今註今譯 [The Modern Commentaries on and Translations of Sun Tzu], Taipei: The Commercial Press, 2001, pp. 216-20.

＊26 Sun Tzu, *Sun-tzu*, trans. Sawyer, p. 184. 〔是《こ》の故に勝兵は先《ま》ず勝ちて而る後《のち》に戦いを求め、」町田三郎訳『孫子』二五～二六頁〕

＊27 Mao Tse-tung, "On Protracted War," in *Selected Works of Mao Tse-tung, Vol. II*, Peking: Foreign Languages Press, 1967, p. 166.（太字は引用者による）

＊28 Ibid.

＊29 *The Methods of the Ssu-ma*, in *The Seven Military Classics*, trans. Sawyer, p. 129. 〔守屋洋ほか訳『司馬法』四七頁〕

＊30 Ibid., p. 127. 〔守屋洋ほか訳『司馬法』三六頁〕（太字は引用者による）

＊31 Sun Tzu, *Shi Yi Jia Zhu Sun Zi Xiao Li* 十一家注孫子校理, ed. Yang Bing-an [The Collation of the Eleven Schools of The Art of War Annotations], Beijing: Zhonghua Book Company, 1999, p. 322.

＊32 Mi Zhen-yu (ed.), *Zhong Guo Jun Shi Xue Shu Shi, Vol. 1*, 中國軍事學術史（上巻）[History of Chinese Military Scholarship, Vol. 1], Beijing: People's Liberation Army Publishing House, 2008, p. 92.

＊33 Ibid., p. 98.

＊34 Sun Tzu, *Sun-tzu*, trans. Sawyer, p. 231. 〔凡《およ》そ師を興《おこ》すこと十万、師を出《い》だすこと千里なれば、」町田三郎訳『孫子』一〇一～一〇二頁〕

＊35 Ibid., p. 224. 〔故に兵を為すの事は、敵の意を順詳《じゅんしょう》するに在り。幷一《へいいつ》にして敵に向かい、千里にして将を殺す、此れを巧みに能く事を成す者と謂《い》うなり。」町田三郎訳『孫子』九二頁〕

＊36 Sun Tzu. *Sun-tzu*, trans. Sawyer, pp. 173-4. 〔敵の貨を取る者は利なり。故に車戦に車十乗已上《いじょう》を得《う》れば、其の先《ま》ず得たる者を賞し、」町田三郎訳『孫子』一四頁〕

＊37　Ibid.〔敵に勝ちて強を益《ま》す／兵は勝つことを貴《たっと》ぶも、久しきを貴ばず。：町田三郎訳『孫子』一四〜一五頁〕
＊38　Ibid., p. 198.〔兵は詐《さ》を以て立ち、利を以て動き、分合《ぶんごう》を以て変を為《な》す者なり。：町田三郎訳『孫子』四八頁〕
＊39　Ibid., p. 168.〔兵とは詭道なり。：町田三郎訳『孫子』七頁〕
＊40　Ibid., p. 184.〔勝兵は先《ま》ず勝ちて而る後《のち》に戦いを求め、敗兵は先ず戦いて而る後に勝を求む。：町田三郎訳『孫子』二五〜二六頁〕
＊41　Ibid., p. 177.〔上兵は謀《ぼう》を伐《う》ち、其《そ》の次は交《こう》を伐ち、其の次は兵を伐ち、其の下《げ》は城を攻む。：町田三郎訳『孫子』一七〜一八頁〕
＊42　Ibid.〔戦わずして人の兵を屈するは善の善なる者なり。：町田三郎訳『孫子』一六〜一七頁〕
＊43　Ibid., p. 167.〔一に曰わく道、二に曰わく天、三に曰わく地、四に曰わく将、五に曰わく法。：町田三郎訳『孫子』三〜四頁〕
＊44　Ibid.〔将とは智・信・仁・勇・厳なり：町田三郎訳『孫子』四〜五頁〕
＊45　Ibid., pp. 179.〔町田三郎訳『孫子』二〇〜二一頁、七四頁〕
＊46　以下を参照のこと。Ho, *Three Studies on Suntzu and Laotzu.*
＊47　孫子と老子、さらにはその著作に関しては存在そのものが疑われている――老子は伝説上の存在であり、孫子は『孫子兵法』の著者ではないなど――部分はあるが、私はこの二人の存在やその著作をあえて疑問視していない。孫子と中国の戦略思想をよりよく知るという点では無意味だからだ。私は現時点において西洋に必要なのは中国の戦略思想の全体像を知ることのほうが何よりも重要であると考える。しかも歴史的な事実の確認というのは、不可能ではないとしてもそれを確実にすることはかなり難しいし、それにとらわれていれば、西洋の読者たちにこの分野で「事実」として一般的に認められていることに慣れ親しんでもらうという本書の意図からはずれてしまうからだ。

第三章　孫子から老子へ：中国戦略思想の完成

老子の『道徳経』は、西洋では「哲学書」として知られている。ところが中国では戦略書〔兵書〕として見なされることが多い。老子の有名な「正を以て国を治め、奇を以て兵を用う」という言葉は、本書の第一章でも見たように、中国の戦略思想の四学派の中の主流派である「権謀学派」を定義する際に使われてきたものだ。「芸文志」の中では孫子がこの学派に分類されたことからもわかるように、『道徳経』と中国の戦略思想全体の強いつながりは、漢王朝の時代（紀元前二〇六年〜紀元後二二〇年）の頃からすでに認められていたのである。

兵書としての『道徳経』

『道徳経』と中国の戦略思想のつながりについての認識は、漢時代以降も続いている。たとえば唐の時代（六一八〜九〇七年）に生きた王真《おうしん》（Wang Chen）が『道徳真経論兵要義述』[*1]という書物を書いており、この中で『道徳経』の中身はすべて戦略思想に関係していると論じている。一七世紀には王夫之《おうふし》（Wang Fu-chih）という思想家・学者が、老子こそが中国の戦略思想の先駆者であり、戦争と戦略に興味を持つ人は『道徳経』に含まれる考えを研究しなければならない、とまで主張している。また、毛沢東が老子の本を兵書と見なしていたことは、かねてから噂《うわさ》されていた通りである。

このような中国と西洋の『道徳経』についての解釈の違いは、西洋においてほとんど取り上げられることのない疑問、つまり「兵書（*bing shu*）とは何か？」という問題を投げかけることになる。古代中国に端を発する「**兵書**」の中の「**兵**」という文字は、兵士だけでなく、軍、そして戦略という意味も持つ。ところが本書で重要になってくるのは、軍と戦略という二つの意味のほうだ。『道徳経』が「**兵書**」と見なされた理由の一つが、古代中国でこの二つの言葉についての明確な定義がなかったことにある。『道徳経』は軍事を扱った著作として見ることもできるが、より正確なのは、戦略の理論や概念が含まれているという意味から「戦略書」（と言っても必ずしも純粋な軍事戦略的意味を含むものではないが）というほうが正しいだろう。「武経七書《ぶけいしちしょ》」に含まれる『李衛公問対《りえいこうもんたい》』の中で、李靖《りせい》は中国の戦略思想には二つの大きな伝統があることを指摘している。この分類をさらに明確に言えば、中国の戦略思想における「戦略派」と「軍事派」という区別になるだろう。

李靖は答えた。
「張良は、太公望の著した『六韜《りくとう》』『三略《さんりゃく》』から学び、韓信は穣苴《じょうしょ》、孫武《そんぶ》に学びました。*2

張良《ちょうりょう》（Zhang Liang：〜紀元前一八五年）と韓信《かんしん》（Han Xin：〜紀元前一九六年）は、共に中国の軍事・戦略史では極めて有名な人物である。張良は漢王朝の最初の皇帝である劉邦《りゅうほう》（Liu Bang：紀元前二五六〜一九五年）の戦略アドバイザーであり、韓信は中国史における偉大な将軍のうちの一人だ。右の引用からもわかるように、張良は太公の著作を研究していたのだが、これはその性質からして、より包括的で政治・大戦略的な方向性を持っていたからだ。その一方で韓信は、政治と大戦略レベルの議論を含みながらも、より直接的に軍事的性格の強い『司馬法』と『孫子兵法』を学んでいた。したがって、古代中国には二つの異なるタイプの戦略家がいたということになり、最初のタイプは、張良のような全方位の戦略アドバイザー、そして二つ目のタイプは、韓信や孫子のような軍事戦略的な将軍となる。[*3]そしてここで重要なのは、両タイプ共に計略の使用に価値を置いていたという点だ。

前章でも触れたが、孫子は軍事戦略・将軍タイプの傾向を持っているため、その理論は戦争以外への応用において限界がある。ところが太公のような全方位戦略アドバイザーのタイプも、この問題の解決法とはならない。この理由は、この戦略家の流れは将軍と政府高官の分業化が始まる前からあったものであり、将軍タイプよりもその登場がはるかに早かったからだ。結果として、全方位戦略アドバイザーの伝統に属する著作は、その性質からして包括的に見えるのだが、将軍タイプのような専門性や深さに欠けているところがある。そしてさらに重要なのは、両者共やはり軍事的な傾向を残したままだという点だ。

孫子以降の中国の戦略思想が直面した最大の問題は、戦争と戦略の研究においては『孫子兵法』はたしかに革命的であったが、同時にそれは、この軍事戦略的な将軍タイプの伝統が成熟に近づいていたことを示していたという点だ。これがさらに進化していった結果が、戦国時代の軍事化の究極の典型となる『孫《そん》臏《びん》兵法』である。その一方で、西洋ではクラウゼヴィッツが二三〇〇年後に登場するまで戦略の一般理論は存在していないのだが、中国では紀元前五一二年の時点ですでに戦争の本質と戦略を説明した『孫子兵法』という一般理論が存在しており、それ以外の異なるものへの探求が始まっていた。

したがって、この頃から戦略思想の新たなパラダイムへの要求が始まっており、この新しいパラダイムに求められていたのは、以下のような二つの問題への対処であった。まず一つが、非軍事的なものである。ただしこれは完全に政治志向である必要はなく、少なくとも政治的な観点から人間の闘争（戦争や戦いに限定しない）を考えるものであればよかった。もう一つは、戦略の一般理論ではなくとも、弱者が強者に対して勝利を達成できるようにするための、特定のスキームを与えられる新しいパラダイムである。これからわかるのは、戦争と戦略の説明だけでは不十分になったということだ。実際のところ、そのような要件は「芸文志」の中の権謀学派の定義の中ですでに触れられていたものだ。老子が「正を以て国を治め、奇を以て兵を用う」という言葉を、定義の中の重要な格言として選んでいるということからもわかるように、その当時には普遍的な戦略理論への要求があり、その答えが老子にあることがヒントとして示されていたということだ。

一つ目の問題に対する解決法として、老子の『道徳経』は無数のトピックを扱った本という立場をとっており、その中に国政術や戦略、そして計略が含まれているという形になっている。結果として、『道徳経』は戦争以外の分野への応用性を失うことなく、戦略的な面を獲得できたのである。さらに、理論をより普遍的で状況に左右されないものとするために、老子は自身の著作を新たな理論や哲学的な高みにまで上げており、これはまさに中国人の抽象化をしたがる傾向に沿ったものである。二つ目の問題に対する老子の答えは、その普遍的な理論が「あまりに一般的すぎてその有用性を失ってしまう」というリスクを避けるためにデザインされたものだ。したがって、『孫子兵法』が敵に勝つために必要となる手段や条件を提示しているのに対して、『道徳経』は弱者が強者を破るのに必要な実践的な方策を提案しており、これによって実質的に、あらゆる形の争いに応用できる手引書となっている。そしてこれを達成するためには、この方策が計略によって支えられたものであるとする必要があり、人間の考え方や行動に対するより深い理解も必須となるのだ。もちろんこのようなアプローチは初めて出てきたわけではない。たとえば西洋でも最近人気が出てきた、中国の戦略書である『三十六計』にも、このような特質が共有されている。ところがこの本は、戦略における奇策や欺騙《ぎへん》のみが扱われているだけであり、結果として『道徳経』のような理論的な精緻さには欠けている。

孫子から老子まで：その起源

『孫子兵法』と『道徳経』の関係は、何炳棣《かへいたい》（*Ho Ping-ti*）が『孫子兵法』が『道徳経』の前に編纂されたことを示す有力な論拠を主張してから、革命的な変化が起こった。何炳棣は『孫子兵法』は中国史上初の（即ち王室によって編纂されたわけではないという意味で）私的な書物である、とまで述べている。[*4] この主張はのちに李沢厚《りたくこう》（Li Zehou）にも踏襲されており、『道徳経』の中で提唱された政治・哲学的な弁証法は、孫子の著作の中で使われている軍事的な弁証法と強い類似性を持っていると論じている。その結果として彼が論じたのは、『道徳経』の著者（老子自身というよりはその弟子たち）が、孫子の軍事的な弁証法のアプローチを、政治・哲学レベルに応用することによって補ったということだ。[*5] これによって、中国の弁証法やそこから発生した考え方における、孫子の重要性についての理解が大きく進むことになった。

中国の弁証法的な思考の発展――軍事的なものからタオイストの弁証法に至るまで――は、孫子のいわゆる「詭道《きどう》」（Tao of deception）、つまり「兵とは詭道なり」[*6]に由来することは間違いない。この概念は、戦略論に革命を起こしたのである。

だから、じゅうぶんの力があってもないようにみせかけ、兵を動かしていても動いていないようにみせかけ、近づいていても遠くにいるようにみせかけ、遠ざかっていても近くにいるようにみせかけるのである（第一計篇）。[*7]

当然ながら、これは欺騙《ぎへん》と計略に潜む、最も基本的な原則を言い表したにすぎない。ところがこのような状況におけるこの原則の重要性は、それが中国と西洋の戦略思想の解釈に使われてきた、その方法そのものにある。孫子を始めとする中国の戦略思想というのは、全般的に言えば「兵とは詭道なり」であり、これを言い換えれば、「計略と欺騙こそが中国の戦略の伝統の中心にある」ということだ。ところがクラウゼヴィッツは、戦いにおける欺騙の価値を否定しており、その代わりに決定点における戦力の集中を強調している。*8

例えば偽の作戦計画や命令を出したり、故意に敵に虚報を伝えたりといった類《たぐい》のことは、戦略的に見て通常極めて効果の薄いものであるから、個々の自然発生的な機会に用いられるのみで、行動者から発した自由な活動と見なすことはできないのである。*9

結果として、クラウゼヴィッツは戦いのツールとしての欺騙の価値を否定しているが、孫子とタオイストの後継者たちが戦略をより実践的なもの、そして戦略思想や実践的な手段を発展させるために使ったのが、まさにこの欺騙なのだ。

中国の戦略的弁証法の発展の初期において、孫子の「兵とは詭道なり」は、現象とエッセンスの違いと対比を指摘しただけでなく、戦争におけるこの二つの概念の違いを理解することが生死に関わるほど重要であることを認めたという意味で大きい。*10 計略の使用の結果としての「現象とエッセンスの矛盾」というのは常に発生するものであるにもかかわらず、孫子の詭道についての議論から得られる「現象を把握する能力」は、戦略家や将軍が判断や決断を下す際に必要となる、現象のエッセンスを見抜くための助けとなる。言い換えれば、戦争における矛盾あるいは陰陽は、重要なヒントを与えてくれるという意味で有益なのだ。矛盾は必ずしも逆説《パラドックス》に至るわけではないため、それらを戦争の中であえて解消する必要はない。したがって、戦争における矛盾の建設的な使用を学んだ李靖《りせい》は、中国の弁証法を西洋の場合のように、それが問答から由来したわけではなく、むしろ軍事面での経験によって定着した可能性が高いと見たのだ。だからこそこの弁証法は本質的に実践的かつ実用的なものとして残ったのであり、経験論的な価値が極めて高いという。李靖の言葉を言い換えれば、中国の戦略的弁証法とその考え方は、議論の抽象化ではなく、実際の紛争の経験に基づいた、現象を一般化する作業から生まれたものだという。*11

中国の軍事・戦略的弁証法は、意見の相違を解決するための議論の方法というよりも、現実を把握するための考え方である。戦争における意思決定や行動に関して言えば、古代中国の戦略家たちは、特定のエッセンスを明らかにして把握するために、余計なものは排除して、あえて一つのトピックに焦点を当てて議論をしたのである。*12 これを達成するために、中国の戦略家たちはまず一方で多方面にわたる複雑な現象を見つつも、同時にもう一方で、矛盾を積極的に使うことを含んだ考え方から生まれた、一般的な二元論を使用したのである。これは、全般的な状況の中から、意思決定のために必要な注目すべき要因を引き出すためである。このような一般的な二元論は、ものごとの傾向を一般化するために矛盾を積極的に使うことによって、エッセンスや現実を決定的かつ迅速、そして直感的に把握するために、絶対に必要なのだ。だからこそ『孫子兵法』の中では矛盾した概念のペア、つまり彼我《ひが》、治乱、勝敗、死生、進退、強弱、守攻、動止、虚実、労佚《ろういつ》、飽飢、衆寡《しゅうか》、勇怯《ゆうきょう》などの概念の対比を使い、矛盾を強調されたパターンを使えば、将軍や戦略家はいかなる状況や情勢や流れなどをも容易に把握できるようになるという。こうすることによって、彼らは戦争や戦闘の計画や、その実行のための土台を形成することができるのだ。簡潔に言えば、これは眼の前に展開されている現象のエッセンスや現実そのものを把握するための本質的に非帰納的・非演繹《えんえき》的な直感的な手段を提供するものであり、思考法としても極めて単純で効果の高いものである。*13

中国の弁証法的なシステムにある、さらに重要な特徴は、これによって戦争の「客体」（たとえば地勢）と「主体」（即ち自分・自軍）の静的な状態ではなく、相互作用を見分けられるようになったことだ。そうなると、このような「客体」の性格は、それらが「主体」側にどのように受け取られるかによって変わる、ということが自覚されるのである。[*14] たとえば将軍たちは、地形をいかに有利に活用するかという視点で眺めるものであるが、この視点は戦略的な状況や文脈によって変化する。そうなると、その将軍は、矛盾した概念の組み合わせの間の相互依存性や相互浸透性を重視するようになり、その変化の移り変わりや、それをいかに有利に活用していこうかという流れのほうをさらに重要視していくことになる。[*15]

混乱はきちんと治まったなかから生まれ、臆病は勇敢から生まれ、軟弱は剛強から生まれる（第五 勢篇）。[*16]
充実しているものにはこちらも備え、強いものは避け、怒りたけっているものは攪乱《かくらん》し、謙虚なものは驕《おご》りたかぶらせ、安楽にしているものは疲労させ、団結しているものは分裂させる（第一 計篇）。[*17]

これがわかると、孫子がなぜ「臆病になるか勇敢になるかは、戦いの勢いによって決まる。弱くなるか強くなるかは、軍の態勢によって決まる」[*18] と言っているのかがよくわかる。「勢」と「形」は、臆病と勇敢、軟弱と剛強のように、矛盾する概念の組み合わせの動きと変化を理解するためにつくり出された、概念の枠組みである。このような枠組みの登場によって、矛盾した概念のペアは逆説的なものではなくなり、右の引用からも暗示されているように、勝利を獲得するための重要な手段となるのである。

詭道、つまり中国の戦略的弁証法の起源は、そもそも最初は現象とエッセンスの矛盾を説いたものであったにもかかわらず、それが矛盾の使用、そしてさらには循環的な動きが加えられ、最終的には太極の中の陰陽に似た「正・奇」にまで発展したのである。

戦闘の形態も、奇法と正法との二つの型しかないが、その組み合わせの変化はとてもきわめ尽くせるものではない。奇法と正法とが互いに生まれかわり合うそのありさまは、丸い輪の上をどこまでもたどるように、とめどのないものである。いったいだれがそれをきわめ尽くせよう。[19]

戦争における矛盾を認識することと、これらの矛盾を戦略的な方策《スキーム》として利用することの間にはギャップがあることは明白であり、このような大きな飛躍は、実は孫子自身によっても予期されていた。このシステムはのちに『道徳経』に大きく導入され、そこではものごとの自然な傾向（即ち循環的な動き）や、それをどう活用していくかという点がさらに強調されることになった。

右のような中国の戦略的弁証法の発展の経緯についての記述から、この弁証法はそもそも直感的に認識された可能性があることがわかるが、その論理的かつ合理的な説明や理解は可能であることは明白だ。もちろん将軍や戦略家がこの弁証法をいかに実践するかについては、彼ら自身の直感的な判断が必要になるのだが、そのシステムそのものは、そのプロセスを通じて説明することができる強固な理論的土台に立っている。これはクラウゼヴィッツの軍事的天才が持つとされる「一瞥《いちべつ》」（クー・ディユ：直観とも）や、彼の「天才」という概念などとは、大きな対照を見せている。クラウゼヴィッツは軍事的天才の「一瞥」を「超概念」に仕立て上げてしまったのであり、彼の著作全体を通して、いわば「知的ブラックボックス」のまま残されている。戦略研究者として名高いマイケル・ハンデルが、軍事的天才の「一瞥」を、わざわざクラウゼヴィッツに代わって説明しなければならなかったのは、ある意味で当然なのである。ただしこの概念は、直感的な決断を事後に合理的に説明することができるという意味で、一つの「異なる合理性」を反映したものにすぎない。[20] この合理性のメカニズムそのものは、『孫子兵法』で行われたような方法論的な形では決して説明されていない。もちろんこれは「軍事的天才」の説明に関しては『孫子兵法』のほうが『戦争論』より優れているという意味ではない。それはむしろ、孫子の戦略的弁証法システムが軍事的天才の知的な面におけるブラックボックスの中身を照らす役割を果たせる可能性を示しているということだ。これは戦略研究者たちにとっては一縷《いちる》の望みをもたらす光かもしれない。さらに、西洋の戦略思想は戦略の認識論を発展させなかったが、孫子はその戦略的弁証法からもわかるように、あらゆる種類の戦略思想の認識論の土台を固めたのだ。中国の戦略思想について再検証すれば、このような新しいチャンスが生まれてくるかもしれない。

孫子から老子へ：その変遷

西洋の戦略思想では、長年にわたって戦争における「特効薬」、つまりどのような状況でも敵に打ち勝つことのできるような方策を探求してきた伝統がある。ところが中国では、むしろ弱者が強者に勝てるような方策の発見や、その方策の精緻化に焦点を当てる傾向が強い。中国の戦略思想では、同等の力を持つ相手や、自分より弱い相手に勝つことは、あまり優れたこととは思われないからだ。『道徳経』の著者たちは、『孫子兵法』に含まれるものと同じような「戦略の一般理論」を形成するよりも、弱者がいかに強者に勝つことができるのかを考える一般理論に取り組むことを、かなり早い段階から決めている。ところがこれは、戦略の一般理論が『孫子兵法』の中に欠けているということを意味するわけではない。その反対に、孫子の著作には、のちに『道徳経』が「弱者が強者に勝つ方法」というテーマを発展させた、その基礎となるものが含まれているのだ。

中国の戦略的弁証法システムの土台を形成している「詭道」だが、『孫子兵法』の最初の章（第一 計篇）

において、大きく分けて三つの「詭道」のセットがあることが記されている。

第一のセット：戦争とは、詭道つまり敵の意表をつくことをならいとする。
だから、じゅうぶんの力があってもないようにみせかけ、
兵を動かしていても動いていないようにみせかけ、
近づいていても遠くにいるようにみせかけ、
遠ざかっていても近くにいるようにみせかけるのである。

第二のセット：
利にさといものには誘いの手をのばし、
混乱しているものは一気に奪い取り、
充実しているものにはこちらも備え、
強いものは避け、

第三のセット：
怒りたけっているものは攪乱《かくらん》し、
謙虚なものは驕《おご》りたかぶらせ、
安楽にしているものは疲労させ、
団結しているものは分裂させる。*21

これらの三つのセットの中に見られるそれぞれ四つの手段は、詭道の核心を形成している。第一のセッ

トは欺騙《ぎへん》の最も基本的なタイプであり、主に誤った印象を相手に与えることを意図したものだ。ところが第二と第三のセットは、純粋な欺騙の形から離れ、戦争において実行されるべき積極的な反応と手法が含まれている。たとえば第二のセットは、戦争における特定の状況に対する反応を示しており、第三のセットのほうは、敵を打ち負かすためにつくり上げられる条件形成のプロセスを構成しており、これらは主に戦争における人的な要因や非合理性を土台にしたものだ。ここで指摘しておくべきは、第二、第三のセットが念頭に置いているのは、敵の直接的な打倒ではなく、勝利の条件づくりのほうであるということだ。これは孫子の「勝利の軍は、戦う前に、まず勝利を得て、それから戦う」という格言とも一致する。[*22]ところが本当に注目すべきなのは第三のセットである。これは人的な要因と非合理性を促進するだけでなく、潜在的な傾向を発見するプロセスを導き出し、その勢いを推進させ、それを極端なレベルまで到達させて、変換点に達した後にそれを利用して優位に立つことを提唱しているのだ。ほとんどの場合、このプロセスには逆の手段、しかも思いも寄らないものとして見られる手段が使われることが多い。たとえば右で示した第三のセットでは、孫子は怒り狂っている敵をもっと怒らせることを推奨《すいしょう》しており、敵が控えめな場合はさらに控えめにさせるよりも傲慢《ごうまん》にさせることを勧めている。このような論理が出てくる背景については、太公の言葉を参考にすると、よりよく理解できる。

そもそも強敵を攻めるには、相手が戦力を増強し、勢力を拡張するようにしむけます。強くなりすぎれば必ず折れ、拡張しすぎれば必ず欠けるものです。つまり、強敵を破るには相手の強さを逆用し、親密な相手を離間《りかん》するには親密であることを利用し、兵士の結束を崩すには兵士の弱点につけこむのです。[*23]

孫子とタオイストたちにとって、自然な傾向に反対するのではなく、むしろそれを助長するほうが常に好ましいということになる。すべての現象には破壊のタネがあり、その現象が過剰拡大するとその作用が発動するのであり、これは陰陽の働きと同じだというのだ。このような考えは紛争に対する中国哲学の土台を形成しており、当然ながら、弱者が強者を倒す方策もここから来ている。この問題については、以下のタオイストの戦略についての詳細な議論の部分で再び取り扱うことになる。

結果として、詭道は単なる「欺騙」だけの話ではない。第一セットから第二、第三セットに進むに従って、それがいわゆる「戦略的操作」的なものになっていくことがわかる。第一セットが単独で使われたとしても、その目的が単に騙したり誤解させたりすることだけにとどまらないことは明白だ。むしろ詭道は、敵を操作したりコントロールするという高い目標を狙っている。中国語では詭道の「詭」という言葉は、「奇妙、異常」、さらには「逆説的」という意味もある。したがって詭道というのは「奇妙で異常な道」のように、より広い意味で解釈できるのであり、これによって孫子に使われている「詭」という概念をさらに理解できるようになるのだ。

タオイストの方法論

右で説明した孫子の詭道の第三セットは、実質的に陰陽の作用や、弱者が強者に勝つことを狙う上で最も適した方策を示しているため、タオイストたちが一番注目していた手段であったことは当然と言える。詭道の活用については、タオイストの戦略のエッセンスを捉《とら》えた以下の文でも明らかである。

（あるものを）収縮させようと思えば、まず張りつめておかなければならない。弱めようと思えば、まず強めておかなければならない。衰えさせようと思えば、まず勢いよくさせておかなければならない。奪いとろうと思えば、まず与えておかなければならない。これが「明《ひかり》を微《かす》かにすること」とよばれる（道徳経：第三六章）。[*24]

この訳からわかるのは、方策《スキーム》を意図的（「計画的」）に練ることができ、これが戦略や計略の土台になるということだ。これによって弱者が強者に勝つための土台を形成するのが可能となり、「柔弱は剛強に勝つ」[*25]という言葉につながる。タオイストたちはこの論理《ロジック》を、自然を参考にしながら説明している。

活気に満ちたものにも、その衰えのときがある。これ（粗暴）は「道」に反することとよばれる。「道」に反することは、すぐに終わってしまう（道徳経：第三〇章）。[*26]

フランソワ・ジュリアン（François Jullien）によれば、中国の思想家たちは「不可避の結果」なるものを強調してきたという。[*27]彼らの考えの中では、勝利は強制や行動ではなく、必然的な流れを通じて獲得されるべきであったからだ。戦略家にとって最も重要な任務の一つが、情勢の勢いを増加させることによって自然な流れを促すことであり、必然の力によって敵が破滅に向かうのを助けるということだ。[*28]「自然な流れ」や「必然の結果」を追求する方策がタオイストの考え方として受け入れられたのは、自然の根本的な秩序が、あらゆることの究極の法則である道《タオ》と合致しているという考えが示されていたからだ。タオイストたちはこれを「反《はん》」（returning）の理論と呼んでいる。

「大」とは逝《い》ってしまうことであり、「逝く」とは遠ざかることであり、「遠ざかる」とは「反《かえ》ってくる」ことである（道徳経：第二五章）。[*29]

「反」の理論が道《タオ》における「自然」と同じような機能を果たしている様子を見れば、タオイストたちの「反対に見える方向に向かわせる手段を通じて自然な流れに勢いを加える」という、一見すると逆説的な戦略スキームも理解できるかもしれない。タオイストの戦略の背後にある内的な論理《ロジック》と方法論は、以下の文の中で最も簡潔に要約されている。

あともどりするのが「道」の動き方である。弱さが「道」のはたらきである（道徳経：第四〇章）[*30]。

陰陽の作用からもわかるように、「反」は、ものごとが一極に振れるとすぐに反対の方向に向かうという道《タオ》の動きと合致している。ところが道《タオ》の内的論理《ロジック》が理解できたとしても、それを自動的に使いこなせるようになるわけではない。それに効果を発揮させるためには、それなりのスキームが必要になってくるからだ。そしてこのスキームが「柔弱《じゅうじゃく》」である。だからこそそれは道《タオ》の機能、つまり「徳《とく》」（*De*）と呼ばれるのである（ちなみにここでの「徳」とは倫理的なものではなく「効果」というニュアンスが強く、正確には「獲得・実現」という意味になり、『道徳経』という名前はここから来ている）。したがって、道《タオ》が根本的な原則で、徳《とく》がその実践的な応用を示すように、「反」が根本的な原則で、「柔弱」はその応用を示しているのだ。そしてこれは、「反」と道《タオ》を表しているのだ。「反」の理論と「柔弱」のスキームの相互作用を把握することによって、われわれはタオイストたちの著作で繰り返し述べられている、目的と手段の逆説的な関係を読み取ることができるようになる。

「ねじ曲げられるものが完全に残る」。まっすぐであるためには、身をかがめよ。いっぱいになるには、くぼみがあるべきだ。（衣服の）ぼろぼろになったのが、新しくなるのだ。少ししかもたない人は、もっと多く得るだろうし、たくさんもつ人は、思いなやむばかりだ。それゆえに聖人は、（太初《はじめ》の）「一」をしっかり握り、天下のあらゆるものの規範となる（道徳経：第二二章）。[*31]

この部分は、本書の第一章で論考した、中国の戦略思想の三つのレベル（三等：道《タオ》・天地・将法）にもつながる。タオイストの戦略が逆説的に見えるのは、それを見るわれわれの中で、まだ天地のレベルから道《タオ》のレベルへとパラダイムシフトができていないからであり、反対のものをそのまま反対と見なして、それが一つの有機的で動的な全体（「一」）であることを見きれていないからだ。したがって「一」、もしくは道《タオ》というのは、タオイストたちの方法論を理解し、それを実践に移す上で必須のものとなる。道《タオ》を掲げることにより、賢者・聖人は目標達成のために矛盾する手段を導き出すのであり、複雑な状況に対処するための優位やその他の方法を提供することができるのだ。結果的に、老子や『道徳経』の編纂者たちが述べているのは、「物はそれを減らすことによって、かえってふえることがあり、それをふやすことによって、かえって減ることがあるものだ」（道徳経：第四二章）ということでしかない。[*32]ところがこれは戦略思想においては、近代の戦争と戦略の核心にある「手段と目的」という枠組みから完全に離れているという意味で、本物のブレイクスルーとなっているのである。

「水の比喩」と「状況・帰結アプローチ」

端的に言えば、戦略とは「望ましい結果を達成するために選択された方法や手段によって構成された、指示やその使用」と定義できる。[*33]この簡潔な定義が暗示しているのは、特定の手段の使用によって望ましい目標を達成する、ということだ。言い換えれば、これは暗黙的に「手段と目的の枠組み」を含んでいる。これこそが西洋の伝統的な戦略観である。フィリップ・ウィンザー（Philip Windsor）の言葉を借りれば、戦略思考は「戦略的な考えは**間接的**な結果ではなく、その本質からして**因果律的**なものであるという前提を土台としており、これはいまだにウェーバーの合理性のプロセスの一部」になっているという。[*34] 西洋ではこのような前提が改めて認識されることは少ない。なぜなら西洋の戦略家たちは、そもそもこの前提がなければ戦略的な思考そのものが成り立たないと考えているからだ。

ところが中国の戦略思想は「ブラック・スワン」、つまりめったにないものである。それは独自のシステムを持っていて、西洋の手段と目的の枠組みの合理性を超越したものだ。右で論じたように、中国の戦略のカギは、状況の勢い（即ち勢《せい》）の力に頼りつつ、その流れに従うというものだ。これは「あらかじめ理想的な状態を実現させるために、以前から計画してものごとを発生させる」というあらゆる可能性をも否定することになる。[*35] ジュリアンによれば、この二つの異なる論理から生まれる「効能」（efficacy）には、少なくとも二つのタイプがあるという。それは、(1)西洋人に馴染みのある「手段と目的」の関係性を強調したものと、(2)中国人に好まれる、状況と帰結の関係性を強調したものである。[*36] これらの「効能」についての二つのアプローチは、それぞれ「手段目的・合理性アプローチ」と「状況・帰結アプローチ」と名付けることができるだろう。ただし「目標や計画を念頭に置かずに行動する中国人はいない」とか「中国人の思考の中には因果律的な理由づけがない」と考えるのはそもそも荒唐《こうとう》無稽《むけい》であることから、このような分類は極めて大雑把な分け方であることだけはお断りしておきたい。

ジュリアンによれば、「状況・帰結アプローチ」は、中国の「効能」についての概念であり、これによって効果をどのように発揮すればいいのかを教えているという。つまり、目標は直接狙うものではなく、その帰結として関与すべきであるということだ。[*37] この概念は孫子の有名な「水」の概念と極めて近い関連性を持っている。孫子は自身の水の比喩《ひゆ》を、二つのパターンで使っており、双方とも「状況・帰結アプローチ」の台頭において重要な役割を果たしている。一つ目の使い方は、「勢」（潜在力、推進力、力の戦略的態勢、戦略的優位など）の概念の、比喩的な土台となっている。この典型が「いったんさえぎられた水が、はげしい流れとなって、石をも浮かべておし流すのは、勢いというものである」[*38]という言葉だ。ここには潜在力のイメージが含まれており、この概念には状況の流れや勢いに従うことによって得られる、戦略的優位・潜在性というものが示されている。孫子はこれよりもさらに重要な教訓を説明するために「そこで戦いに巧みな人は、戦いの勢いから勝利を得ようとするが、人の能力には期待しない」[*39]とこの比喩を使うのである。ここから示されるのは、何かを発生させるための最適な状況は（一つの帰結として）つくり出されなければならないのだが、それを強制すべきではないし、そもそも強制できないということだ。最適な状況をつくり上げることによって、のちに効果を発揮することになる戦略的優位・潜在性がつくり上げられるというのだが、孫子は後者のことを「形《けい》」（*hsing*：かたち、勢力の戦略的傾向）と呼んでおり、これを「勝利者が人民を戦わせるありさまは、ちょうど満々とたたえた水を千仞《せんじん》の谷底へせきをきって落とすようなもので、そうしたはげしい勢いを得ようというのが形、つまり態勢の問題である」[*40]と述べている。中国の戦略家たちが「形」と「勢」を組み合わせて「形勢《けいせい》」という一つの概念（従わなければならない「状況」や「出来事の流れ」と理解されることが多い）を使う理由はここにある。目の前の状況の要求以上に重要なことはあり得ないからだ。つまり状況のみが重要である、ということだ。[*41]「形」は適切な状況をつくり出すことであり、「勢」はつくり出される戦略的優位のことだ。「形」と「勢」という二重的な概念は、「状況・帰結アプローチ」のエッセンスを表しているのだ。

　したがって、「手段目的・合理性アプローチ」と「状況・帰結アプローチ」の最大の違いは、後者が達成されるべき結果というものを最優先のものとしては見ていない、という点だ。

何かが一つの効果という形で実現するためには、あることの「効果」として起こらなければならない。それは常に、行動に（直接）つながる一つのゴールを通じてではなく、一つの状況を変化させるプロセスを通じた効果の結果として達成されるべきものなのだ。[*42]

西洋の戦略家にとって、ここから出てくる直近の疑問は、なぜ最優先の効果よりも二次的な効果のほうが好まれるのかという点だ。ところが問題は、求められている効果が最優先かどうかという点ではない。むしろそれは、効果が実現するかどうか、という点なのだ。孫子の水の比喩に戻ると、問題はそこから得られる流れや勢いではなく、それよりも重要なのが、「不可避な結果」をもたらすことができるかどうかである。なぜなら時間と速度（状況）をうまく合わせることができれば、水は「はげしい流れとなって、石をも浮かべておし流す」ことができるからだ。あらかじめ練られた計画があり、しかも実践段階になると崩壊しがちな「手段目的・合理性アプローチ」とは違って、「状況・帰結アプローチ」は偶然を最小限に抑えるようにデザインされたものだ。状況が展開し始めたとたんにその流れを変えられないようにするものであり、帰結はあらかじめ決まっているために「それに従うしかない」ことになるのである。[*43]これを可能とするためには、

優れた将軍はこの流れの上流に手を入れる。つまり「状況が実際に形になってくる前」の時点から有利に働く要因を特定しておくのであり、こうすることによって、自らが望む方向に状況を決定できるのだ。累積した潜在的要因が自分の優位になることが明確になってくると、将軍は断固とした態度で戦闘に望むのであり、その成功は確実なものとなる。[*44]

この文の中に出てくる「上流」は、帰結となる「下流」(即ち勢)において望ましい効果を実現させるために、あらかじめ状況(形)を確立しておくことの必要性を意味している。そしてこれは、あらかじめ設定された目標に向かうための行動とは違うのだ(孫子の水の比喩を参照のこと)。ところが戦略には常に複数のプレイヤーが関わってくるため、「状況・帰結アプローチ」の本領は、敵たちがその計算の考慮に入れられた時だけに発揮される。これが、孫子の二つ目の水の比喩につながる。

孫子の二つ目の水の比喩では、水の勢いというものが強調されている。水には形がなく、常に順応しているからだ。この比喩は、あらかじめ決められた計画というものが将軍にとって最も避けなければならないものであることを強調するために使われている。

そもそも軍の態勢は水のありかたに似ている。水の流れは高いところを避けて低いところへ走る。軍の態勢も兵員装備の充実した敵を避けて、虚《すき》のある敵を撃つ。水は地形によって流れを決めるが、軍は敵情によって勝を決める。だから、軍には一定した勢いというものはなく、水には一定した形というものはない。巧みに敵情に応じて変化し、勝利を収めることのできるもの、これが神妙というものである(第六 虚実篇)。[*45]

この比喩の注目すべき点は、そこに手段と目的についての痕跡《こんせき》が一つもないことだ。要するに戦略が、敵との関係性のみから決定されるのである。状況が展開している時点では、いかなる計画も提示せず、そのため手段と目的から行動を想定するような必要はない。[*46] 水の比喩と「状況・帰結アプローチ」の観点から見ると、実際は「手段目的アプローチ」がどれほど「非戦略的」なものなのかがわかる。戦争というものは必然的に二つの敵対的な勢力同士の弁証法的プロセスであり、双方とも常に順応的なプロセスに従事しなければならないのだ。ところがこれは「手段目的アプローチ」ではほぼ不可能なものであり、いったん固定した計画が作成されてしまうと、他の考慮を行う余裕がなくなってしまう。そしてその計画と現実の間に大きな逸脱が起こってくると、新たな計画を作成する必要が出てくる。もちろん孫子も、自身の理論を考える際に「手段目的アプローチ」のようなことを考えていた可能性はある。

孫子の水の比喩は、おそらくこれまで存在した戦略理論の中で、最もその内容が凝縮されたものであろう。その中には多くの時代を超越した教訓が含まれているが、そこまで過剰に一般化されているわけでもない。さらに重要なのは、水の比喩は、あらゆる状況に当てはめられるモデルであり、異なる状況に対して無数の理論を使う必要がなくなるという点で優れていることだ。ここでは水のイメージを思い浮かべれば良いだけだからだ。タオイストたちがアイディアのインスピレーションを水のような「自然」から求め、実質的に自然を模倣《もほう》した比喩を使用する傾向があるのは、まさにこのようなシンプルさにある。

水の比喩が様々な状況にも当てはめられるのは、それが決して固定しない無数のパターンを生み出すことを示唆しているからだ。そのため、この比喩は「手段目的アプローチ」の最大の問題を解決できる、二つの可能性を秘めていることになる。一つは、戦略の実行中に一つのことに固執してしまうリスクを限定することができるという点だ。そしてもう一つは、単一の目的ではなく、多数の可能性を模索《もさく》する能力を提供できるという点だ。孫子の中心的なテーマの一つは、敵の形（**態勢**、パターン）を暴きつつも、味方の形は隠すというものだ。

そこで、開戦の前に敵情を目算して、損得の見つもりをたてておき、敵軍を行動させてみてその動向を見きわめ、敵の態勢をはっきりさせて、その撃破できるところと、できないところとを見ぬき、敵と小ぜりあいをしてみて、その戦力の充実したところと手薄なところとを察知する。

それゆえ、軍の態勢として最もよいものは、無形にゆきつくことである。無形であれば、深くはいりこんだ間諜《かんちょう》もうかがいみることができず、知恵すぐれた者もはかり知ることはできない（第六 虚実篇）。[*47]

ここで再び「手段目的アプローチ」や、それが土台としている「前もって決められた目標や計画」というものが、孫子の方策の実現にとってはむしろ非生産的なものであることが明確になる。現実的に見れば、たとえばものごとの流れが固まってくるに従って、効能というものは先細りしてくるものだ。実践面での計画を固めてしまえばしまうほど、それをマネージするのは困難になってくる。紛争が激化してその流れが進めば進むほど、われわれの行動は状況的に制約を受けやすくなり、必要となってくる「行動」や努力の量は上がる。[*48] こうなると、敵側にとっては相手の意図や、そこから出てくる行動への対抗策を特定することが容易になり、こちら側の計画は崩壊しやすくなってしまう。

それに対して中国の将軍は、将来実現しようとする計画や、それを現実化するための最適な手段とのつながりを決める、あらかじめ決められた目標につながる計画を、あえて詰《つ》めることはない。そもそも予測できない状況が現れる可能性が常にあるために、先に計画を立てることが常に可能となるわけではないのだ。むしろそういった計画には、迅速に順応できれば利を得ることができるような、特定の潜在性が含まれている。これからわかるのは、中国の将軍たちにとって、「理想」として先に設置されている「目的」のようなものは存在せず、むしろ状況の進展から最大限の有利を引き出そうとし続ける、ということなのだ。[*49] それと同時に、部隊が攻撃と防御の両方の配備のパターンを常に変化させることにより、詭動《マニューバー》が止まってしまったり、さらには敵にその固まった状況を少しでも察知されてしまうことを避けるようなことも可能になってくる。[*50] これは水の「無形」を真似することで達成できる。無形になれば、敵にとって見える「形」というものがそもそも存在しなくなるからだ。敵が特定の目標やゴールを見つけられなければ、そもそも対抗することさえ不可能になる。[*51]だからこそ孫子は以下のように述べているのだ。

「両軍入り乱れての戦闘に突入しても軍は統制を乱されず、混戦に混戦を重ねても軍は自在に動いて敗れることがない（第五 勢篇）。[*52]

さらに、あらかじめ決められたゴールというものに意識を集中させすぎる「手段目的アプローチ」とは違って、孫子の方策《スキーム》ではいくつもの、そして入れ替え可能な、帰結をもたらすことも可能になる。行動と戦略は、状況が要求しているものに完全に沿ったものであり、敵の行動に対処するものとして決定することができるからだ。つまり孫子が述べたように、「巧みに敵情に応じて変化し、勝利を収めることのできるもの、これが神妙《しんみょう》というもの」なのである。この文脈における「神妙」という言葉の使い方からわかるのは、このような理想的な戦略を実行できる将軍や戦略家が、神にも似たスキルを持っているということだけでなく、神・創造者がその後に起こることや可能性のすべてを創造する力を持っているという考えを強調していることだ。ひるがえってこれが暗示しているのは、水の比喩を土台にしたスキームは、あらゆる可能性を引き出すかもしれないということであり、これは事態が進展していく中で、チャンスを活用したり、あらかじめ決めたパターンに固執しないという、将軍自身の持つスキルに左右される。

西洋の著者たちは、当然ながら「手段目的アプローチ」から生じる問題に全く気づいていなかったわけではないし、多くの識者たちがそれらを克服するために、実に様々な方策を提案している。たとえばドイツが一九一八年に行った浸透戦術や、リデルハートの「激流拡大」理論などは、これらの問題を克服しようとした試みの一つであり、双方とも孫子の水の比喩を模倣したものだ。ところがこのような試みには「状況・帰結アプローチの土台」となっている「矛盾のない思考体系」が欠けているために、望ましい結果を生み出すという観点から見れば、常に失敗に終わる可能性が高いのである。

水の比喩から道《タオ》の理論へ

『道徳経』は孫子の水の比喩を受け継いだが、それを新たなレベルまで押し上げている。たとえば『道徳経』では、それが弱者による強者の倒し方を説明するための、理論的な土台として使われている。

天下において、水ほど柔らかくしなやかなものはない。しかし、それが堅《かた》く手ごわいものを攻撃すると、それに勝てるものはない。ほかにその代わりになるものがないからである。しなやかなものが手ごわいものを負かし、柔らかいものが堅いものを負かすことは、すべての人が知っていることであるが、これを実行できる人はいない（道徳経：第七八章）[*53]

孫子の水の比喩というのは、そもそも軍事的な目的のためにつくられたものであるため、タオイストたち（これ以降は「タオイスト」を孫子と同時代を生きていた老子自身ではなく、『道徳経』の編纂者たちを示す言葉として使用する）は、弱者が強者に勝つことを狙った理論をつくることや、軍事以外の分野に当てはめるために、このアイディアを修正する必要があった。したがって、タオイストたちは孫子の水の比喩について、二つの主な面、つまり「勢」と「不変の順応性」について、異なる意味合いを持たせ、大きな修正を行い、異なる使い方をしたのである。孫子によって始まったこの大きな流れは、中国の戦略思想の変遷と成熟における、一つの重要な分岐点となった。

『道徳経』から抜き出した右の文からもわかるように、孫子によって提唱された、水が溜め込む「勢」の力というイメージは、老子と『道徳経』の中でも高い評価を保っており、この水の無形と柔軟性が、固くて強いものを克服するのを可能にするとされている。ところが『道徳経』では、「勢」に直接言及している部分はたった一箇所しかない（第五一章）。つまり「勢」の概念はあえて軽視されているようなのだが、これは一体なぜなのだろうか？　最も手軽でわかりやすい説明として挙げられるのは、『道徳経』の編纂者たちが孫子から大きなヒントを得た事実を隠そうとしているという点だ。もちろんこの説明にはわずかな真実が含まれているのかもしれないが、それでもその理由のすべてを説明していることにはならない。実際のところ、「勢」だけでは弱者が強者を倒すことは不可能だからだ。すでに述べたように、「勢」は「状況・帰結アプローチ」と切り離せない概念である。好ましい状況を発生させるには、それをつくり上げなければならないものであり、「勢」というのは最終的な効果の発揮につながる戦略的優位のことなのだ。ところがこうなると、一つの重大な問題が発生する。もしアクター自身が弱ければ、そもそも自らにとって好ましい状況をつくり上げるための資源や力を初めから欠いていたり、効果を発揮するに足りる「勢」を貯めることができない、ということにもなりかねないからだ。そのため、『道徳経』の著者たちは、まずこの問題を解決する必要に迫られたのである。

弱者は常に「勢」を活用できるわけではないという事実に気づいた老子は、流れ落ちる水のように、意図的につくり出す必要がなく、自動的に継続して発展する「自然の勢い」というものがあるとしている。この自然の勢いは、その傾向をさらに助長させることによって促進できるという。たとえば孫子は「怒りたけっているものは撹乱《かくらん》し、謙虚なものは驕《おご》りたかぶらせ」と述べているが、軍事的な面から言えば、勝利の条件が整ったとしても、それを実現するためにはやはり軍隊を戦わせる必要が出てくる。ところが老子は、「自然の勢いはある頂点に達すると逆戻りする」という考えから、敵の自滅を待つことを提案している。

活気に満ちたものにも、その衰えのときがある。これ（粗暴）は「道」に反することとよばれる。「道」に反することは、すぐに終わってしまう（道徳経：第三〇章）。[*54]

武器があまりに強《かた》ければ勝つことがないであろうし、強《かた》い質の木は折れる（道徳経：第七六章）。[*55]

この文は、老子の「反」の理論を構成している。つまり「あともどりするのが『道』の動き方である。弱さが『道』のはたらきである」（道徳経：第四〇章）ということだ。この柔らかさが重要なのは、これによって成熟したり極限に至って「反転」してしまうことを阻止し、敵に柔軟性において勝るチャンスを大きくするからだ。

これらはすべて陰陽に関わる話だ。そして老子の戦略的方策としての陰陽の使用は、孫子から来ている可能性が非常に高い。結果として、タオイストたちは孫子の考えの中から三つの点を借りて融合させ、独自の陰陽論を生み出している。これらをそれぞれ紹介すると、一つ目が「勢」の概念（即ち適切な状況における自然な勢いの進展）、二つ目が自然な勢いを促進させることができるという考え（「怒りたけっているものは攪乱し、謙虚なものは驕りたかぶらせ」）、そして三つ目が、あらゆる矛盾が「丸い輪の上をどこまでもたどるように、とめどのないもの」という傾向を持つ、という点だ（これはまさに陰陽を表す太極図で示されている）。

戦闘の形態も、奇法と正法との二つの型しかないが、その組み合わせの変化はとてもきわめ尽くせるものではない。奇法と正法とが互いに生まれかわり合うそのありさまは、**丸い輪の上をどこまでもたどるように、**とめどのないものである。いったいだれがそれをきわめ尽くせよう（第五　勢篇）。[*56]

この三つの点が、「勢」の概念に関係している。というかそこに含まれていることは明らかだ。タオイストの方法論は、孫子の「詭道」の一種である可能性が高いため、『孫子兵法』のほうが『道徳経』よりも先に出たものであり、しかもタオイストたちが孫子のアイディアを採用したという主張には、さらに根拠があるように思える。実際のところ、「陰陽を戦略的方策として使った『創始者』は、孫子である」と主張しても言い過ぎではない。陰陽の戦略への応用や、その概念とそれに関連した言葉の使用は、孫子の頃にはまだ完全に体系的になっていたわけではなく、もし体系化されていたら孫子は（形而上学的・哲学的な意味での）陰陽や道《タオ》のような概念を使っていたはずだ。これが可能になったのは、『道徳経』の編纂者たちが孫子のアイディアを積極的に吸収して改良した後になってからなのだ。

タオイストの世界観

老子が目指していたのは、弱者が強者に勝つための方策《スキーム》であり、実際に彼が提唱していたのは「柔らかなものが剛《かた》いものに、弱いものが強いものに勝つ」方法（第三六章）[*57]であった。そして柔弱になることは、それに必要な二つの方法のうちの一つであった。『道徳経』は「天下において、水ほど柔らかくしなやかなものはない」と主張しているが、これは孫子の水の比喩の二つ目の意味である「不変の順応」というものと明らかな関連性を持っている。ところが一つ目の意味と同じように、この水の比喩は『道徳経』において大きな変化を遂げている。「勢」の概念が、弱者が勝者を倒すためのタオイストの方法論を構成する戦略的方策の一つとしての陰陽論に変化している間に、「不変の順応」というテーマはタオイストの世界観に発展しており、これは哲学的な面における、中国と西洋の戦略思想の間の大きな差を見せつけるものとなったのだ。

『道徳経』が孫子の水の比喩から借りた「不変の順応」という概念を理解するためには、以下の文を再検証する必要がある。

天下において、水ほど柔らかくしなやかなものはない。しかし、それが堅く手ごわいものを攻撃すると、それに勝てるものはない。ほかにその代わりになるものがないからである。しなやかなものが手ごわいものを負かし、柔らかいものが堅いものを負かすことは、**すべての人が知っていることであるが、これを実行できる人はいない**（第七八章）。*58

『孫子兵法』を読んだことのある人間であれば、この引用文に見覚えがあると感じるかもしれない。孫子によれば、『孫子兵法』の中には、誰もが理解できるようで実際はその作用を理解できない概念が一つだけあるという。それが「無形」だ。

敵軍の態勢に乗じて勝利を収めるのであるが、一般の人々にはそれはわからない。人々は、勝ち戦が決まったときの態勢こそわかるが、味方が勝利を決定づけた本当の理由はわからない。それゆえ、戦いの勝ち方には、二度のくりかえしはなく、相手の態勢に応じて無限に変化するのである（第六 虚実篇）。*59

無形という概念は、孫子の水の比喩のもう一方の意味を構成していることになる。水は無形の概念を表すためには最適なイメージであり、この比喩は、主にこの目的の達成のためにつくられたものであると言える。ところが『孫子兵法』全体にも言えることであるが、無形という概念は、軍事の分野に応用するための原則として提唱されたものだ。よって、この概念をより一般的な分野に応用させるためには、多くの修正が必要となったのである。結果として、『道徳経』の編纂者たちは水のイメージを捨てて、無形の概念を、最も重要な概念である道《タオ》へと大きく応用し直したのだ。

すでに『道徳経』の最初の章の中で、道《タオ》は「語りうるもの」ではないし「名づけうるもの」でもないと説明されている。[*60]そして無形という概念は、道《タオ》についての多くの説明において様々な形で再提示されている。たとえば道《タオ》は「むなしい容器であるが、いくら汲《く》み出しても、あらためていっぱいにする必要はない」（第四章）[*61]とあるし、これは見えず、聞こえず、つかめないので、推し量れないものである（第一四章）[*62]という。それらは「状《すがた》なき状、物とは見えない象《かたち》とよばれ、はっきりとはしないそれらしきものとよばれる」（第一四章）[*63]のであり、「とらえにくくておぼろげではあるが、そのなかには象《かたち》がひそむ。おぼろげであり、とらえにくいが、そのなかに物（実体）がある。影のようで薄暗いが、そのなかに精《ちから》がある。その精は何よりも純粋で、そのなかに信《しるし》（確証）がある」（第二一章）[*64]というのだ。これらの引用文から、無形の概念がタオイズムにどのように「移植」されたかが明確にわかる。このプロセスの中で、無形は軍事の分野における指針となる原則から、あらゆるものの究極の秩序である道《タオ》を表す、大きな特徴の一つへと移ってきたのであり、敵軍を打ち負かす手段から、新しい世界観へと変化したのである。

「道《タオ》は理解しがたいもの」であると同時に、そのイメージや実体、そしてエッセンスは存在するという考え方は、タオイストが動的《ダイナミック》な世界観、つまり世界は常に変化していると考えているという事実によって説明できそうだ。この絶え間ない流れの変動は、流れる水のイメージによって鮮やかに表現できるものであり、これこそがこの世界の現実の姿であると見なされる。[*65]世界には固まったルールは存在せず、特定の形やモデルにも拘束されていないのだ。道《タオ》についていくらか確実なことと言えば、それは「変化は不変である」ということくらいだ。李沢厚《りたくこう》（Li Zehou）は、道《タオ》がなかなか理解されないのは道《タオ》の不確実な性格によるものであり、これはまさに道《タオ》の実践における多様性と順応性の結果、孫子に由来する形で生じたものだと論じている。さらに李沢厚は、この道《タオ》の謎めいた性質は、孫子の「詭道」に関係があると主張している。[*66]このため、ジュリアンが述べたように、賢人や将軍たちが「世界の現実が常に生成発展しているために未来を形作るルールや規範は存在しない」ということを知ったとしても、彼らはそれを恐れる必要はないことになる。なぜなら彼らは、すでにそのような状況の中で自分を導くための「道具」やタオイスト・兵法家の世界観を手に入れているからである。[*67]これは西洋の最新のイデオロギーが「不確実性」や「乱気流」や「カオス」を懸念しているのとは実に対照的である。

無形の概念は、元来は軍事の分野への応用を意図したものであったが、軍隊の無形は将軍自身がそれを実行できるような心構えがないと達成できないという意味から、そもそも精神的・認識的な側面も持っている。『道徳経』の編纂者たちは、この精神的・認識的な面を把握しており、その意味を大きく発展させて、道《タオ》と現実を理解するための決定的な手段へと変えたのだ。道《タオ》の無形や、現実の常なる進化・生成というタオイストたちの世界観から導き出される最も重要な教訓は、現実というものが形を持たず、そこに様々な形を与えるのは人間であり、この形は精神的な構成物である、ということだ。このような単純化された形やモデルは、最初に世界を理解しようとする時点では有益なものかもしれないが、最終的には変化する現実の理解や、さらに重要なのはそれを何の歪《ゆが》みもなく見ようとする場合に、大きな障害となるだろう。これについて老子は、以下のように述べている。

人は地を規範とし、地は天を規範とし、天は「道」を規範とし、「道」は「自然」を規範とする（第二五章）。[*68]

この文の中で、「天」、「地」、そして「道《タオ》」は、それぞれのレベルのものを単純化したものとして見ることができる。まず道《タオ》は自然を直接真似ているという意味で、最も単純化の度合いが少ない。ところが老子が暗示しているように、人は「地」を真似ているというのは、その差が最も大きく、現実を表す意味ではかなり単純化された形やモデルを使っていることがわかる。このような「レンズ」を通して見てみると、世界をかなり歪めて表すことになり、変化の流れから出てくるダイナミズムは「必然の結果」となって意味をなさなくなってしまう。ところが老子はこの問題を解決する方法をすでに発見していた。

学問をするときには、日ごとに（学んだことが）増してゆく。「道」を行なうときには、日ごとに（することを）減らしてゆく（道徳経：第四八章）。[*69]

老子の考えでは、「いくら学んでも」個別の人間は道《タオ》に近づくことはできないという。なぜなら学習や（経験や知識という形で形成されることが多い）単純化したパターンやモデルを使用することは、現実の本当の把握を阻害するものであるからだ。老子はこのような精神的な構成物を使うのを避けるために、個人が毎日積極的に「減らして」いかなければならないと提案しており、これこそが「学習」とは反対の、道《タオ》を追求するための方法だというのだ。世界の本当の姿を把握するためには、虚心坦懐《きょしんたんかい》（即ち精神的な構成やモデルによる阻害を持たないこと）が使えるかもしれないというのである。[*70]

タオイストの世界観は、戦争と戦略にとって重要な暗示を含んでいる。戦いの決定的な性質は、戦争の現実と、抽象的な理論モデルとの間に必然的に存在するその距離感にあるからだ。戦いのエッセンスは、そのモデルを裏切るところにある。[*71] 戦争や戦いに関する理論の形成が極めて難しいのはまさにここにあり、これまでのほとんどの理論は、理論と実践の間のギャップを超えることができていない。西洋にとってこの弱点は、とりわけ大きな問題となる。これはプラトンにまでさかのぼる、しっかりと定義された明確なパターンに注目する、西洋の伝統だからだ。西洋ではあらかじめ設定した計画無しでは戦争を考えないものであるが、そうなるとその計画は、変化する状況と必然的に衝突することになる。[*72] この二つの問題は、まさに老子がタオイストの世界観――道《タオ》は無形であり現実は常に変化している――を導入することによって、指摘・解決しようとしたものなのだ。戦いの分野では、すでに長年認識されてきたものであるように、一つのことに固執するというものほど危険なものはない。つまりあらゆる可能性を秘めた状況の変化に対して、行為者が柔軟に対応しようとするのを妨げるようなルールや命令を設定することほど、最悪のものはないということだ。[*73] タオイストは道《タオ》という概念を採用することによって状況の変化にも対応できるようになったのであり、これによって、あらゆるモデルに取って代わる力を秘めた「変動モデル」への第一歩となったのだ。だからこそ老子は「柔弱（すなおさ）を保持することが（真の）強さとよばれる」（第五二章）と主張する。[*74] 結局のところ、無形という概念からタオイストの世界観への発展は、西洋の戦略思想には欠けていたり相容れなかったりする世界観と認識論を提供することによって、中国の戦略思想を完成させる手助けとなったのである。中国の戦略思想が軍事の領域を超越して他の分野にも拡大して行けた理由は、まさにここにあるのだ。

「後発制人」

右で説明されたようなタオイストの戦略思想の核心は、主に弱者が強者を倒すことを考える過程で形成されてきたものだ。ところが『道徳経』には、他にも戦略的なアイディアが含まれており、これが中国哲学にある他の概念と交わることによって、中国の戦略思想を特徴づけることになったと言える。これが「後発制人」（striking second : *hou fa zhi ren*）というアイディアだ。この英訳は、西洋の「先制」、つまり敵よりも先に攻撃する必要がある、という概念から来たものだが、そうなると「後発」というのは、西洋の人々にとってわかりづらいものとなりやすい。西洋的な概念では、この概念は全く意味不明だからだ。「後発制人」は西洋の「先制」的な概念とは大きく異なるものであり、より適切な訳としては「敵が攻撃した後に攻撃を開始することによって主導権を握る」というものであろう。

孫子は「後発」と「先発」のどちらが好ましいのかについてはほとんど何も語っていないのだが、以下の箇所では少しだけ触れている。

軍争のむずかしさは、曲がりくねった道をまっすぐな道に変え、不利な条件を有利なものへと転ずるところにある。そこで、まわり道をとるように見せかけ、敵を小利でつっておいて、その出足をひきとめ、**相手よりおくれて出発しながら先に戦場に到着する。**こうする者は、曲がりくねった道をまっすぐに変えるはかりごとをわきまえた者である（第七 軍争篇）。[*75]

この部分は孫子が「後発制人」を「支持」したものと解釈することができるかもしれないが、実際に孫子が強調しているのは「曲がりくねっているかまっすぐか」、「有利か不利か」は常に変化するだけでなく、両者の主体的な努力によっても変化する、ということだ。だからこそ、遅れて出発しながら先に戦場に到着することは可能となるのであり、孫子が『孫子兵法』の最初の章で詭道を紹介した直後に繰り返し強調しているのはまさにこのアイディアなのだ。われわれはタオイストたちもこの『孫子兵法』のアイディアを重要視して「後発制人」に傾き、詭道の考え方と共に精緻化させて、それを最終的にタオイストの弱者が強者に勝つための方法論にまで高めた、という事実を無視してはならない。たしかに弱者は強者に対して「後発」することしかできない。したがって、「後発制人」が実質的に中国の戦略思想の基本方針となったのは、タオイストたちによる改革の後なのだ。

状況・帰結アプローチや、戦闘開始の前に敵の「形」を把握せよという教えは、中国の戦略思想の基本方針を、別の方面から支持したものだ。両者とも孫子の原則の土台を構成しており、「勝利の軍は、戦う前に、まず勝利を得て、それから戦う」のである。ところが勝利に必要な状況をつくったり、敵の「形」を把握するまでには時間がかかるものであり、それを無理やり行うことはできない。だからこそ孫子は「勝利はわかっていても、勝機を無理につくり出すことはできない」と述べたのだ。[*76]言い換えれば、攻撃を行う前に、敵が「形」、そして弱点を暴露するまで待つべきであるということになる。

それゆえ、戦いをするうえで大切なことは、敵の意図をじゅうぶんに把握することである。一丸となって敵にあたり、千里のかなたにうってでて敵将をうちとる、こういう者を戦《いくさ》上手というのである。[*77]

こういうわけで、はじめはいわば処女のような風情を装えば、敵は油断して戸を開く。と、そこをいわば脱兎のごとくすばやく攻撃すれば、敵はもはやとうてい防ぎきれるものではない（第一一　九地篇）。[*78]

これらの所見から、中国の将軍や戦略家たちにとって「後発制人」が望ましい戦略であることがわかる。つまり「様子見」（wait-and-see）は、状況・帰結アプローチにとって不可欠なものであり、これは中国の戦略思想において積極的な目的を持っていることになる。あらかじめ決められた帰結を実現させるためには、状況が発展してきて機が熟すまでの時間が必要だからだ。将軍は決定された状況の流れを様子見する（先の状況を見越してそれが有利になるのを待つ）ことができる。[*79]将軍は「様子見」をしているように見えるかもしれないが、これは実際のところ「先を見越して待つ」ということである。したがって、毛沢東が自身の革命戦争／持久戦の理論を比較的容易に形成できたことは、極めて当然のことであると言える。毛沢東にとって革命戦争とは、敵を疲弊させて（ゲリラ戦を使いながら）時間を稼ぐことだけでなく、潜在力や条件が自分たちに有利になるまで蓄積する、ということでもあった。毛沢東の革命戦争についての三段階の理論によれば、これを達成できた瞬間に戦争を最終的な決定段階に進ませることが可能になり、敵を戦闘で打ち負かすことができるというのだ。この理論は、「弱者対強者」をはるかに大きなスケールで設定した、孫子のアイディアの再活用にすぎない。これに関した理論や原則は、孫子や他のタオイストの思想家たちによって昔から提案されていたのである。

さらに言えば、中国の将軍・戦略家たちに現実を把握させる上で、単純化したパターンやモデルを持たずに「現実は絶えず変化する」と教えるタオイストの動的な世界観の助けもあって、中国の戦略思想は、西洋のそれと比べて「戦略的予測」を持つという意味で有利となっている。さらにこのおかげで「後発制人」と「弱者が強者に勝つ」の力は高まって、決定的なものとなる。「弱者が強者に勝つ」と「後発制人」は、表裏一体の関係にある。この二つは、中国の戦略思想の有機的な構造から生み出されたものなのだ。

タオイストの国政術と大戦略

すでに論じたように、中国の戦略思想は、孫子の後に現れたタオイストたち（即ち『道徳経』の編纂者たち）によって完成したとされているのだが、この考え方は以下の二つの前提によって成り立っている。一つは、老子が『孫子兵法』から多くのアイディアを得ているというものであり、もう一つが、タオイストたちが、中国の戦略思想を軍事的なレベルから政治レベルまで引き上げたというものだ。以下の『道徳経』からの引用は、この二つの前提を明示したものだ。

国家を統治するには、正直にする。戦いを行なうには、人をだます。しかし、天下を勝ち取るのは、手出しをしないことによってである（道徳経：第五七章）。[*80]

本書の読者の方は、これが中国の戦略思想の四学派の中の主流派となる「権謀学派」を定義する際に使われていることにお気づきであろう。この学派は「芸文志」の中では、孫子も権謀学派に属していた。右の文が重要なのは、老子が「**奇**」と「**正**」という組み合わせの概念を採用しつつ、新しいやり方で応用していることを明示しているからだ。「奇」と「正」という概念は、そもそも軍の展開を示すために考慮されたものだ。

味方の全軍の兵士が、敵の出かたにうまく対応して決して敗《ま》けないようにさせることができるのは、奇法と正法の使いわけがそうさせるのである（第五　勢篇）。[*81]

ところがタオイストたちは「**奇**」と「**正**」を、どの状況で使うべきかという判断基準に変えた。彼らは国家の統治の際には「**正**」に当たる正直な正法だけを使うべきであるとしたのであり、戦争は「**奇**」に当たる騙《だま》しの分野だとした。なぜなら「こざかしい技術者が多ければ多いほど、見なれない品物がますますできてくる」（道徳経：第五七章）[*82]からであり、もし人々がそのようなものに影響され続ければ、「正しいものが、やがて邪悪にかわり、吉兆であったものが、やがて不吉にかわる」（第五八章）というリスクに晒《さら》されるからだ。[*83]これこそがタオイストたちが孫子の軍事的な弁証法を政治レベルまで高めたことの証拠である。さらに言えば、「国家を統治するには、正直にする。戦いを行なうには、人をだます」という考え方は（およそ紀元後一〇〇年の時点から）中国の戦略思想の土台として長年にわたって認められていた。つまり戦略思考は、軍事だけでなく、政治・大戦略志向であるべきだということだ。そしてこのような考え方は、タオイストたちの貢献がなければ実現しなかったものだ。

ところが、タオイストの国政術と大戦略のエッセンスは「国家を統治するには、正直にする。戦いを行なうには、人をだます」という部分にあるわけではない。むしろそれは老子の「よけいな手出しをせずに天下を勝ち取る」という言葉にある。「よけいな手出しをせずに」とは、漢字で「無事」(*wu shi*) と表記される。「無事」という概念には、無干渉・無介入という意味だけでなく、タオイズムの中心的な概念の一つである、無行動／何もしないという意味の「無為」(*wu wei*) という概念とも強い関係を持っている。

何もしないことによってこそ、すべてのことがなされるのだ。天下を勝ち取るものは、いつでも（よけいな）手出しをしないことによって取るのである。よけいな手出しをするようでは、天下を勝ち取る資格はない（道徳経：第四八章）。[*84]

この「非行動の概念」のさらにわかりやすい訳は「何もせず、やり残したことに手をつけるな」というものだ。[*85] これはタオイストの重要な教訓の一つであり、行動を避ける（行動すべきではないことを知る）ことは、望む目的を達成するための最適な方法であると暗示している。[*86] ところが『道徳経』の「非行動主義」は、社会の営みや世界の動きからの撤退だけでなく、個人レベルでもこの世界で成功するためにはどうすればいいのかを教えている。[*87] ジュリアンは、中国のこの「行動の効能」に対する懐疑的な態度の原因が、中国思想では行動至上主義が決して発展しなかったことにあるとしている。行動というものは、ものごとの流れに介入するものだが、そもそものような行動はものごとの流れの外にあるものであり、その流れを阻害してしまうものとなり、恥の原因や妨害のための余計な介入となってしまうという。よって、行動というのは目立つものであり、相手からの抵抗を必然的に発生させることになる。[*88] 結果として、国家の統治や天下の獲得など、いかなる大規模な長期活動においても、「行動至上主義者」は失敗する運命にあることになる。

天下（全中国）を手に入れ、それをどうかしようと欲するものたちが、休むひまもないのを私は見ている。天下は神聖な器である。どうにもしようがないものだ。何とかしようとするものはそれに損害を与え、それに固執するものは失ってしまう（道徳経：第二九章）。[*89]

簡単に言えば、帝国と天下は、行動によって目指す目標とはならないということだ。[*90] このような考えは、孫子の「勇功なき勝利」の獲得の原則に由来しているのかもしれない。

勝利を見ぬくのに、それが一般の人々にも見分けられる程度のものなら、それは最高にすぐれたものではない。戦いにうち勝って、天下の人々がりっぱだとほめるのでは、それは最高にすぐれたものではない。……むかしの戦《いくさ》上手といわれている人は、勝ちやすい態勢で勝った人である。したがって、戦上手が勝った場合には、知恵者としてももてはやされず、勇者のいさおしも口にされることはない。[*91]

劇的な勝利は、行動を起こして得た勝利と、欠点を共有することになる。なぜならこの二つは目立つものであり、必然的に（新たな）抵抗を発生させるからだ。もちろんこの二つは「失敗した行動」よりも価値は高いのだが、それが抱える欠点は、長期的にはそこから得られる利益を相殺することになる。

また、タオイストの国政術と大戦略についての教えは、システム的かつ戦略的な示唆を含んでいる。本書で繰り返し述べていることだが、孫子とタオイストたちは、戦争と世界を一つのシステムと見なしており、彼らは意図せぬ結果がしばしば壊滅的な打撃につながることを理解しているのである。よって、中国人は二次的な効果に対処するのを得意としていても、潜在的に有害な、意図せざる結果というものを避けようとする。さらなる行動や努力への取り組みは、意図せざる結果の原因となるからだ。さらに言えば、行動や努力への取り組みを常に続けるのは不可能だ。これは単なる「乱気流」を発生させるだけであり、システムに対して、さらなる秩序の乱れやカオスをもたらすだけだからだ。

暴風は朝じゅう吹きつづけることはなく、激しい雨が一日じゅう降りつづくこともない。だれが風や雨を起こすのか。それは天と地である。天と地でさえ（風や雨を）いつまでもつづけえないとすれば、まして人（のことば）はそうではないか。まことに、人が「道」に従った行動をするならば、（その結果は）「道」に似るであろう（道徳経：第二三章）。[*92]

暴風や激しい雨と同じように、人間の行動や努力というのは変則的であり、システム全体を混乱させるが長続きしない。言い換えれば、システム的な環境において、状況を改善するために行われるあらゆる継続的な行動や努力は、一時的であり、失敗から免れられないものだ。同時に、それはシステム全体を混乱させ、意図せざる望ましくない結果を生じさせる。政治と戦争の領域においては、意図せざる結果の可能性の一つとして挙げられるのが、恨《うら》みである。

深いうらみを（いだくもの同士を）和解させるとき、必ずうらみがあとまで残る。それでどうしてみごとなやり方といえようか（道徳経：第七九章）。[*93]

恨みのような予期せぬ結果は、修復するのに長い時間がかかるものであり、結果的に進歩を妨げるものだ。したがって、行動と介入を長期にわたって繰り返すと、この種の障害を招くことにつながる。戦略家にとって最も重要な任務は、意図せざるネガティブな結果を生じさせるようないかなる行動や介入をも制限し、逆流につながるようないかなるチャンスの発生をも阻止することだ。同じことは国家の統治にも当てはまるのであり、老子は「大きな国を治めることは、小さな魚を煮るのに似ている」（道徳経：第六〇章）[*94]と述べている。もしこの魚がハシで何度もつつかれてしまえば、身が崩れてしまうことになる、つまり小魚は単にいじられるだけで無駄になってしまうのだ。[*95]過剰な手段や行動は非生産的であり、システム全体の調和を混乱させるだけだ。それらは、暗黙の変化が起こるのを妨げてしまうのである。

では何も手出しせずに天下を取るというのは、どのようにして可能になるのだろうか？　ものごとの流れを通じて効果を発揮する状況・帰結アプローチの使用以外にも、タオイストの方法論から生まれた方策が存在する。これは外交や戦略の場面で最も応用が利くものだが、ややゲーム理論に似ていると言えるかもしれない。

雄《かた》さ（の力）を知りつつ、雌《よわ》さ（のまま）にとどまるものは、天下の（何ものをも受け入れる）谿《たにま》のようなものとなる（道徳経：第二八章）。[*96]

この文が伝えようとしているメッセージは、「謙虚」をはるかに越えたものだ。まず「雄」が優位、「雌」が劣位にあることを示している点についてはかなり明確だ。そして人間は、劣位よりも優位に立ちたいと思うものであることは一般的にも理解されている。ところが人間が優位を目指し、国家が覇権を獲得しようとすると、そこには激しい競争が起こり、そのほとんどが失敗することになる。だからこそタオイストたちは逆ではないとしても、別のアングルからこの現象を見るのである。つまり成功するためにはまず「雄」と「雌」の両方の立場を理解すべきだというのだ。ところがここで重要なのは、優位と覇権を目指すのを断念し、劣位の状態を維持（即ち雌《よわ》さのままにとどまる）しつつ、雄の側（即ち雄《かた》さの力を知りつつ）や、ゲームの構造そのものを知ることだ。劣位のままにとどまって、谷間のように謙虚でいることにより、個人や国家は他の人間や国家の感情と信頼をより簡単に勝ち取ることができるのであり、究極的には優位の達成や、覇権の獲得のチャンスが生まれてくるというのだ。われわれはここで中国の戦略思想というものが、その性質からして覇権を狙うのを諦めることまで含めた「純粋に」戦略的で、効果を基盤としたものであることがわかる。したがって、タオイストたちは「雌」の要素を持った新しい外交のアプローチを考え出すことができたのである。

大きな国は（川の）下流であって、天下の（すべての流れが）交わるところである。天下の牝《めす》（母）である。牝はいつでも静かであることで牡《おす》に勝つ。静かにしていることで（牝は）下位にある。ゆえに、大きな国が下位にあるならば、小さな国を併合する。小さな国が下位にあるならば、大きな国に併合される（道徳経：第六一章）。[*97]

もちろんこれは理想論的に聞こえるのだが、すでに権力政治や覇権政治という古い規範《きはん》から大きく離れたものであり、少なくとも大国と小国の両者にとって、望み通りの状態を生むものだ。

われわれは現代においても、タオイストの国政術と大戦略が広く使われている例を目にすることができる。たとえば中華人民共和国の元主席である胡錦濤《こきんとう》の、国内向けの政策である「不折騰」(*bu zhe teng*)、[98]つまり「いじくり回さず」は、「大きな国を治めることは、小さな魚を煮るのに似ている」という意味を含んでいるし、対外政策の分野では、鄧小平《とうしょうへい》の「韜光養晦《とうこうようかい》」(*tao guang yang hui*)[99]や胡錦濤の「平和的台頭」(peaceful rise) もこれと同じだ。このような概念は、最初にタオイストのアイディアを把握できないと、そもそも理解できないものだ。

まとめ

西洋における中国の戦略思想の研究は、もっと早くからそのアプローチを変えておくべきであった。たとえばこれまでの中国の戦略研究は『孫子兵法』に頼り切りであり、しかもそのやり方は極めて理論的なものだった。前章において、この問題を修正するために中国の戦略思想の土台の歴史的な観点を提供したわけだが、本章では中国の戦略思想についてのタオイストたちによる変革や、その最終的な完成に至るまでの道のりを辿ってきた。『道徳経』が兵書であり、さらにはそれが孫子のアイディアを発展させたものである、という事実を認識せずに中国の戦略思想を理解しようとすることが、いかに非現実的なことか、これでおわかりいただけたと思う。さらにタオイストの変革は、中国の戦略を人間の競争が含まれるあらゆる領域へと超越させる可能性を秘めており、「無制限戦争」に対する中国の考え方やその実践を、さらに強化している。これは、戦争を戦って勝利するための多くの斬新なアイディアの創出につながっており、戦略思想そのものに対しても、大きな貢献をしている。したがって、西洋が準備できているかどうかに関わりなく、西洋における中国の戦略思想研究は「ポスト孫子時代」に入る必要がある。もちろんこれは『孫子兵法』を破棄すべきであるということではなく、むしろ中国の戦略思想は、単に孫子の格言を引用して、歴史的な背景やその後の発展を考慮せずにはもう理解できないところまで来ているということだ。

　ところがタオイストの戦略思想は極めて特化されたものであり、多くの方策として結実しており、それが西洋にとってまた大きな問題となっている。たとえばタオイストの方法論や状況・帰結アプローチ、そしてタオイストの世界観のような構成要素や方策などは、西洋にとって文化的に馴染みのないものであり、文化的な行為や哲学、さらには論理体系などは、西洋のそれと相容れないものなのだ。よって、次の章では孫子と様々な西洋の戦略思想家たちとのつながりや、引き続き行われている中国と西洋の戦略思想の融合を調べることにする。そこでは孫子の思想の主なアイディアを、西洋の戦略思想のレンズを通して検証し、孫子の多くのアイディアを再生産した、いわば西洋の孫子の「後継者」たちの多くの考えを議論していく。

＊1　Ralph D. Sawyer, (trans.), *The Tao of War: The Martial Tao Te Ching*, Boulder, CO: Westview Press, 2003.
＊2　*Questions and Replies*, in *The Seven Military Classics*, trans. Sawyer, p. 330.［守屋洋ほか『司馬法』三〇四頁］
＊3　Mi (ed.), *Zhong Guo Jun Shi Xue Shu Shi*, Vol. 1, p. 463.
＊4　以下を参照のこと。Ho, *Three Studies on Suntzu and Laotzu*.
＊5　Li Zehou, *Zhong Guo Gu Dai Si Xiang Shi Lun*, pp. 85-97.
＊6　Sun Tzu, *Sun-tzu*, trans. Sawyer, p. 168.［兵とは詭道なり。：町田三郎訳『孫子』七頁］
＊7　Ibid.［能なるもこれに不能を示し、用なるもこれに不用を示し、近くともこれに遠きを示し、遠くともこれに近しきを示し。：町田三郎訳『孫子』七頁］
＊8　Michael I. Handel, *Masters of War: Classical Strategic Thought*, 3rd edn, London: Frank Cass, 2001, pp. 224-5.
＊9　Carl von Clausewitz, *On War*, ed. and trans. Michael Howard and Peter Paret, Princeton, NJ: Princeton University Press, 1984, pp. 202-3.［カール・フォン・クラウゼヴィッツ著、清水多吉訳『戦争論』（上）中央公論新社、二〇〇一年、二九二頁］

＊10 Li Zehou, *Zhong Guo Gu Dai Si Xiang Shi Lun*, p. 82.
＊11 Ibid., p. 83.
＊12 Ibid., p. 82.
＊13 Ibid., pp. 82-3.
＊14 Ibid., p. 83.
＊15 Ibid., pp. 83-4.
＊16 Sun Tzu, *Sun-tzu*, trans. Sawyer, p. 188.〔乱は治より生じ、怯《きょう》は勇より生じ、弱は強より生ず。：町田三郎訳『孫子』三三頁〕
＊17 Ibid., p. 168.〔実にしてこれに備え、強にしてこれを避け、怒《ど》にしてこれを撓《みだ》し、卑《ひ》にしてこれを驕《おご》らせ、佚《いつ》にしてこれを労し、親《しん》にしてこれを離《わか》つ。：町田三郎訳『孫子』七頁〕
＊18 Ibid., p. 188.〔勇怯は勢なり。強弱は形なり。：町田三郎訳『孫子』三三頁〕
＊19 Ibid., p. 187.〔戦勢は奇正に過ぎざるも、奇正の変は勝げて窮むべからざるなり。奇正の相《あい》生ずることは、循環の端《はし》なきが如し。孰《たれ》が能《よ》くこれを窮めんや。：町田三郎訳『孫子』三一頁〕（太字は引用者による）
＊20 Handel, *Masters of War*, p. 271.（太字は引用者による）
＊21 Sun Tzu, *Sun-tzu*, trans. Sawyer, p. 168. 別訳としては以下もある。Sun-tzu, trans. Ames, p. 105.〔兵とは詭道《きどう》なり。故《ゆえ》に、能なるもこれに不能を示し、用なるもこれに不用を示し、近くともこれに遠きを示し、遠くともこれに近きを示し、利にしてこれを誘い、乱にしてこれを取り、実にしてこれに備え、強にしてこれを避け、怒《ど》にしてこれを撓《みだ》し、卑《ひ》にしてこれを驕《おご》らせ、佚《いつ》にしてこれを労し、親《しん》にしてこれを離《わか》つ。其の無備を攻め、其の不意に出ず。：町田三郎訳『孫子』七頁〕
＊22 Sun Tzu, Sun-tzu, trans. Sawyer, p. 184.〔勝兵は先《ま》ず勝ちて而る後《のち》に戦いを求め、：町田三郎訳『孫子』二五頁〕
＊23 *T'ai Kung's Six Secret Teachings*, in *The Seven Military Classics of Ancient China*, trans. Sawyer, p. 58.（太字は引用者による）〔守屋洋編著『六韜・三略』プレジデント社、一九九九年、八六頁〕
＊24 Lao Tzu, *Tao Te Ching*, in Thomas Cleary (ed.), *The Taoist Classics, Volume 1: The Collected Translations of Thomas Cleary*, Boston: Shambhala, 1994, p. 26.〔将《まさ》に之《これ》を歙《ちぢ》めんと欲すれば、必ず固《しばら》く之を張る。将に之を弱めんと欲す

れば、必ず固く之を強くす。将に之を廃せんと欲すれば、必ず固く之を興《おこ》す。将に之を奪わんと欲すれば、必ず固く之に与う。是《こ》れを微明《びめい》と謂《い》う。：小川環樹訳『老子』中央公論新社、二〇〇五年、七五〜七六頁〕

＊25　Ibid.〔柔弱は剛強に勝つ。：小川環樹訳『老子』七五頁〕

＊26　Ibid., p. 24.〔物壮《ものさか》んなれば則《すなわ》ち老ゆ。是《こ》れを不道と謂《い》う。不道は早く已む。：小川環樹訳『老子』六四〜六五頁〕

＊27　Jullien, *A Treatise on Efficacy*, p. 39.

＊28　Ibid., p. 90.

＊29　Lao Tzu, *Tao Te Ching*, in Cleary (ed.), *The Taoist Classics*, Vol. 1, p. 21.〔大を逝《せい》と曰い、逝を遠《えん》と曰い、遠を反《はん》と曰う。：小川環樹訳『老子』五三〜五四頁〕

＊30　Ibid., p. 28.〔反《かえ》る者は、道の動なり。弱き者は、道の用なり。：小川環樹訳『老子』八五頁〕

＊31　Ibid., p. 20.〔「曲なれば則《すなわ》ち全し」。枉《ま》ぐれば則ち直なり。窪《くぼ》かなれば則ち盈《み》つ。敝《やぶ》るれば則ち新たなり。少なければ則ち得《え》、多ければ則ち惑う。是《ここ》を以て聖人は、一《いつ》を抱《いだ》いて天下の式《のり》と為《な》る。：小川環樹訳『老子』四七〜四八頁〕

＊32　Ibid., p. 29.〔物或《ものあるい》は之を損じて而《しか》も益《ま》し、或は之を益して而も損ず。：小川環樹訳『老子』八八〜八九頁〕

＊33　Colin S. Gray, *The Strategic Bridge: Theory for Practice*, New York: Oxford University Press, 2010, p. 18.

＊34　Philip Windsor, *Strategic Thinking: An Introduction and Farewell*, Boulder, CO: Lynne Rienner, 2002, p. 174.（太字は引用者による）

＊35　Jullien, *A Treatise on Efficacy*, p. 20.

＊36　Ibid., p. 40.

＊37　Ibid., p. vii.

＊38　Sun Tzu, *Sun-tzu*, trans. Ames, p. 120.〔激水《げきすい》の疾《はや》くして、石を漂《ただよ》わすに至る者は勢《せい》なり。：町田三郎訳『孫子』三二頁〕

＊39　Ibid.〔善く戦う者は、これを勢に求めて人に責《もと》めず。：町田三郎訳『孫子』三四頁〕

＊40　Sun Tzu, *Sun-tzu*, trans. Sawyer, p. 184.〔勝者の民を戦わしむるや、積水《せきすい》を千仞《せんじん》の谿《たに》に決するが若《ごと》きは、形《かたち》なり。：町田三郎訳『孫子』二七〜二八頁〕

＊41　Jullien, *A Treatise on Efficacy*, p. 177.

＊42　Ibid., p. 117.（太字は引用者による）

*43 Ibid., p. 40.

*44 Ibid. p. 42.（太字は引用者による）

*45 Sun Tzu, *Sun-tzu*, trans. Sawyer, p. 193.［夫《そ》れ兵の形は水に象《かた》どる。水の行《めぐ》るは高きを避けて下《ひく》きに趨《おもむ》く。兵の形は実を避けて虚を撃つ。水は地に因《よ》りて流れを制し、兵は敵に因りて勝を制す。故に兵に常勢なく、水に常形なし。能《よ》く敵に因りて変化して勝を取る者、これを神《しん》と謂《い》う。：町田三郎訳『孫子』四三～四四頁］

*46 Jullien, *A Treatise on Efficacy*, p. 33.

*47 Sun Tzu, *Sun-tzu*, trans. Sawyer, p. 193.［故にこれを策《はか》りて得失《とくしつ》の計を知り、これを作《お》こして動静の理を知り、これを形《あら》わして死生の地を知り、これに角《ふ》れて有余《うよ》不足の処《ところ》を知る。故に兵を形《あら》わすの極は、無形に至る。無形なれば、則ち深間《しんかん》も窺《うかが》うこと能《あた》わず、智者も謀《はか》ること能わず。：町田三郎訳『孫子』四一～四二頁］

*48 Jullien, *A Treatise on Efficacy*, p. 127.

*49 Ibid., pp. 38-9.

*50 Ibid., p. 135.

*51 Ibid., pp. 174-5.

*52 Sun Tzu, *Sun-tzu*, trans. Sawyer, p. 188.［紛紛紜紜《ぶんぶんうんうん》、闘乱して乱るべからず、渾渾沌沌《こんこんとんとん》、形円《まる》くして敗るべからず。：町田三郎訳『孫子』四九～五〇頁］

*53 Lao Tzu, *Tao Te Ching*, in Cleary (ed.), *The Taoist Classics, Vol. 1*, p. 46.［天下に水より柔弱なるは莫《な》し。而《しか》も堅強なる者を攻むるに、之《これ》に能《よ》く勝つこと莫し。其《そ》の以《もっ》て之に易《か》うる無きを以てなり。弱の強に勝ち、柔の剛《ごう》に勝つこと、天下知らざるは莫くして、能く行なうこと莫し。：小川環樹訳『老子』一四三頁］

*54 Ibid., p. 24.［物壮《さか》んなれば則《すなわ》ち老ゆ。是《こ》れを不道と謂《い》う。不道は早く已む。：小川環樹訳『老子』六四～六五頁］

*55 Ibid., p. 45.［兵は強ければ則《すなわ》ち勝たず、木は強ければ則ち折る。：小川環樹訳『老子』一四〇～一四一頁］

*56 Sun Tzu, *Sun-tzu*, trans. Sawyer, p. 187（太字は引用者による）［戦勢は奇正に過ぎざるも、奇正の変は勝げて窮むべからざるなり。奇正の相《あい》生ずることは、循環の端《はし》なきが如し。孰《たれ》か能《よ》くこれを窮めんや。：町田三郎訳『孫子』三一頁］

*57 Lao Zi, *Dao De Jing: A Philosophical Translation*, trans. Roger T. Ames and David L. Hall, New York: Ballantine Books, 2003, p. 133.［柔弱は剛強に勝つ。：小川環樹訳『老子』七五～七六頁］

＊58 Lao Tzu, *Tao Te Ching*, in Cleary (ed.), *The Taoist Classics*, *Vol. 1*, p. 46.［天下に水より柔弱なるは莫《な》し。而《しか》も堅強なる者を攻むるに、之《これ》に能《よ》く勝つこと莫し。其《そ》の以《もっ》て之に易《か》うる無きを以てなり。弱の強に勝ち、柔の剛《ごう》に勝つこと、天下知らざるは莫くして、能く行なうこと莫し。：小川環樹訳『老子』一四三頁］

＊59 Sun Tzu, *Sun-tzu*, trans. Sawyer, p. 193.［形に因《よ》りて勝を錯《お》くも、衆は知ること能わず。人みな我が勝の形を知るも、吾《わ》が勝を制する所以《ゆえん》の形を知ることなし。故に其の戦い勝つや復《くりかえ》さずして、形に無窮に応ず。：町田三郎訳『孫子』四二～四三頁］

＊60 Lao Tzu, *Tao Te Ching*, trans. D.C. Lau, Hong Kong: The Chinese University Press, 2001, p. 3.［道《みち》の道《い》う可《べ》きは、常《つね》の道に非《あら》ず。名《な》の名づく可きは、常の名に非ず。：小川環樹訳『老子』三頁］

＊61 Ibid., p. 7.［道は沖《ちゅう》なり、而《しこ》うして之《これ》を用うるに或《あるい》は盈《み》たず。：小川環樹訳『老子』一〇～一一頁］

＊62 Ibid., p. 20.［之《これ》を視《み》れども見えざる、名づけて夷《い》と曰《い》う。之を聴《き》けども聞こえざる、名づけて希《き》と曰《い》う。之を摶《とら》うれども得ざる、名づけて微《び》と曰う。：小川環樹訳『老子』三〇～三一頁］

＊63 Ibid., p. 21.［是《こ》れを状《じょう》無きの状、物無きの象《しょう》と謂《い》う。是れを惚恍《こっこう》と謂う。：小川環樹訳『老子』三〇～三一頁］

＊64 Ibid., pp. 31-3.［小川環樹訳『老子』四五～四六頁］

＊65 Jullien, *A Treatise on Efficacy*, p. 182.

＊66 Li Zehou, *Zhong Guo Gu Dai Si Xiang Shi Lun*, p. 96.

＊67 Jullien, *A Treatise on Efficacy*, p. 192.

＊68 Lao Tzu, *Tao Te Ching*, in Cleary (ed.), *The Taoist Classics*, *Vol. 1*, pp. 21-2.［人は地に法《のっと》り、地は天に法り、天は道に法り、道は自然に法る。：小川環樹訳『老子』五三頁］

＊69 Ibid., p. 31.［学を為すは日《ひび》に益《ま》す。道を為すは日に損ず。：小川環樹訳『老子』九六頁］

＊70 Chen Ku-ying and Bai Xi, *Lao Zi Ping Zhuan* 老 子 評 傳 [A Critical Biography of Lao Tzu], Nanjing: Nanjing University Press, p. 143.

＊71 Jullien, *A Treatise on Efficacy*, p. 11.

＊72 Ibid., p. 13.

＊73 Ibid., p. 180.

*74 Lao Tzu, *Tao Te Ching*, in Cleary (ed.), *The Taoist Classics, Vol. 1*, p. 33.〔柔を守るを強と曰う。: 小川環樹訳『老子』一〇二～一〇三頁〕

*75 Sun Tzu, *Sun-tzu*, trans. Sawyer, p. 197〔軍争の難きは、迂《う》を以て直《ちょく》と為《な》し、患《かん》を以て利と為す。故に其の途《みち》を迂にしてこれを誘《いざな》うに利を以てし、人に後《おく》れて発して人に先んじて至る。此《こ》れ迂直《うちょく》の計を知る者なり。: 町田三郎訳『孫子』四五～四六頁〕（太字は引用者による）

*76 Ibid., p. 183.〔勝は知るべし、而《しか》して為すべからずと。: 町田三郎訳『孫子』二三～二四頁〕

*77 Ibid., p.224.〔故に兵を為すの事は、敵の意を順詳《じゅんしょう》するに在《あ》り。并一《へいいつ》にして敵に向かい、千里にして将を殺す、此れを巧みに能く事を成す者と謂《い》うなり。: 町田三郎訳『孫子』九二～九三頁〕

*78 Ibid., p.224.〔是の故に始めは処女の如くにして、敵人、戸を開き、後は脱兎《だっと》の如くにして、敵人、拒《ふせ》ぐに及ばず。: 町田三郎訳『孫子』九二～九三頁〕

*79 Jullien, *A Treatise on Efficacy*, p. 72.

*80 Lao Tzu, *Tao Te Chin*, trans. Lau, p. 83.〔正《せい》を以《もっ》て国を治め、奇を以て兵《へい》を用う。事無を以て天下を取る。: 小川環樹訳『老子』一一一～一一二頁〕

*81 Sun Tzu, *Sun-tzu*, trans. Sawyer, p. 187.〔三軍の衆、必ず敵に受《こた》えて敗《はい》ならしむべき者は、奇正《きせい》是れなり。: 町田三郎訳『孫子』二九～三〇頁〕

*82 Lao Tzu, *Tao Te Ching*, trans. Lau, p. 83.〔人伎巧《ぎこう》多くして、奇物滋ます起こる。: 小川環樹訳『老子』一一一～一一二頁〕

*83 Ibid., p. 85.〔正しきは復《また》奇と為《な》り、善なるは復《また》妖と為る。: 小川環樹訳『老子』一一三～一一四頁〕

*84 Ibid., pp. 69-71.〔為す無くして而《しか》も為さざるは無し。天下を取るは、常に事とする無きを以てす。其《そ》の事とする有るに及んでは、以て天下を取るに足らず。: 小川環樹訳『老子』九六頁〕

*85 Jullien, *A Treatise on Efficacy*, p. 85.

*86 Ibid., p. 86.

*87 Ibid., p. 85.

*88 Ibid., pp. 51, 54-5, 86.

＊89　Lao Tzu, *Tao Te Ching*, trans. Lau, p. 45.〔将《まさ》に天下を取らんと欲して之《これ》を為《な》すは、吾《われ》其《そ》の已《や》むを得ざるを見る。天下は神器なり。為す可《べ》からざるなり。為す者は之を敗《やぶ》り、執《しゅう》する者は之を失う。：小川環樹訳『老子』六二～六三頁〕

＊90　Jullien, *A Treatise on Efficacy*, p. 88.

＊91　Sun Tzu, *Sun-tzu*, trans. Sawyer, p. 183.〔勝を見ること衆人の知る所に過ぎざるは、善の善なる者に非《あら》ざるなり。戦いに勝ちて天下善なりと曰《い》うは、善の善なる者に非ざるなり。……古《いにしえ》の所謂《いわゆる》善《よ》く戦う者は、勝ち易《やす》きに勝つ者なり。故に善く戦う者の勝つや、智名もなく、勇功もなし。：町田三郎訳『孫子』二四～二五頁〕

＊92　Lao Tzu, *Tao Te Ching*, trans. Lau, p. 35.〔飄風《ひょうふう》も朝《あした》を終えず、驟雨《しゅうう》も日を終えず。孰《た》れか此《こ》れを為《な》す者ぞ、天地なり。天地すら尚《なお》久しきこと能《あた》わず、而《しか》るを況《いわ》んや人に於《お》いてをや。故《まこと》に道に従事する者は道に同じ。：小川環樹訳『老子』四九～五〇頁〕

＊93　Ibid., pp. 113-15.〔大怨《たいえん》を和して、必ず余怨《よえん》有るは、安《いず》くんぞ以《もっ》て善と為《な》す可《べ》けん。：小川環樹訳『老子』一四四頁〕

＊94　Ibid., p. 87.〔大国を治むるは、小鮮を烹《に》るが若《ごと》し。：小川環樹訳『老子』一一七頁〕

＊95　Ibid., p. 89.〔小川環樹訳『老子』一一七頁〕

＊96　Ibid., p. 41.〔其《そ》の雄《ゆう》を知りて、其の雌《し》を守れば、天下の谿《けい》と為《な》る。：小川環樹訳『老子』六〇～六一頁〕

＊97　Ibid., p. 89.〔大国は下流なり。天下の交《こう》なり。天下の牝《ひん》なり。牝は常に静かなるを以《もっ》て牡《ぼ》に勝つ。静かなるを以て下《くだ》ることを為《な》す。故《ゆえ》に大国は小国に下るを以てすれば、則《すなわ》ち小国を取る。小国は大国に下るを以てすれば、則《すなわ》ち大国に取らる。：小川環樹訳『老子』一一八～一一九頁〕

＊98　これは北部の中国人によって使われる表現だ。胡錦濤は二〇〇八年一二月一八日に開催された第一一期全人代の第三回全体大会で行った演説の中で使ったものだ。演説のハイライトについては以下を参照のこと。http://news.xinhuanet.com/english/2008_12/18/content_10525417.htm

＊99　この訳には問題がある。韜光養晦を直訳すれば「能力を隠して埋もれておく」という意味になるが、アメリカ人は二〇〇二年版の中華人民共和国軍事力年間報告書において「能力を隠して時間を稼ぐ」と訳してからこの表現を使い続けている。この表現が時間的な要素を含んでいるかは怪しく、その代わりに「その光を隠す」や「目立たないようにする」という訳語を当てる人もいるくらいだ。

第四章　孫子を読み解く

マイケル・ハンデルによれば、「『孫子兵法』は誰でも最初は簡単に読めると勘違いしてしまいがちだが、深く理解しようとすればするほど、難しい本であることがわかる」という。[*2] 西洋では孫子の中でも最も有名な格言のいくつかがよく引用されるが、西洋の読者たちは孫子の書物全体を理解することは極めて難しいと感じることが多いようだ。この原因の一つは、その翻訳のされ方にある。ところがより重要なのは、『孫子兵法』にある多くの漢語や概念が、英語に正確に訳すことができないという点にある。さらに大変なのは、『孫子兵法』の哲学的な土台となっているタオイズムについての理解が欠けていることが挙げられる。ジェレミー・ブラック (Jeremy Black) が述べているように、西洋の読者たちは孫子の著作における逆説《パラドックス》の使用に混乱させられることが多く、しかもこれは誤った解釈や誤解につながることが多い。[*3] 前章までの議論では、中国の戦略思想における逆説や矛盾の使用について、読者の理解を深めることが狙われていたが、幸いなことに、孫子のほとんどのアイディアは、タオイズムに言及することなく理解と説明可能なものばかりである。

よって本章の目的は、中国の戦略思想を中国哲学についての前提的な知識を必要とせずに理解できることを示すことにある。こうすれば、西洋の読者たちや実践的な分野に近い西洋の戦略家たちに、孫子の著作を参照しやすくなるからだ。孫子が述べようとしていた本来の意味を明らかにするために、本章では『孫子兵法』で使われている概念を、クラウゼヴィッツ、リデルハート、ボイド、そしてワイリーのような、西洋の戦略家たちの研究に言及しながら説明する。同時に、これらの西洋の著作やその中に含まれている戦略的概念を、その他の中国の著作と幅広く比較しながら議論していく。

クラウゼヴィッツと孫子：戦争の複雑さについての視点

クラウゼヴィッツの『戦争論』と比べると、『孫子兵法』は格言や金言をまとめたもので、読者がその状況や使い方に合わせて取捨選択できるものである、と受け取られることが多い。そしてどちらかと言えば、『戦争論』の分析的・理論的に精緻化された「一貫した戦略マニュアル本」のような議論が行われているわけではない。ところがこのような孫子の表層的な理解は、主に『孫子兵法』に含まれている隠された前提についての無理解が原因だ。『孫子兵法』は、さらに教訓的で処方箋《しょほうせん》的な文章で綴《つづ》られたアントワーヌ・アンリ・ジョミニの『戦争概論』とは明らかに異なるものなのだが、孫子をジョミニ的なレンズ（即ち戦争のルールや原則の追求という点）から見てしまうと、それはまるで詩を科学のように扱ってしまうことにもなりかねない。

ところが西洋での一般的な受け取られ方とは反対に、『孫子兵法』は実際のところ、戦いにおける勝利に必要な条件についての重要な戦略的教訓や、戦争の広範な複雑性も効果的に管理する方法を含めた、一つの「マニュアル本」なのである。一般的なルールとして、後者の目標〔複雑性の管理〕を達成できる行為主体《アクター》は、常に勝利を手に入れることができるものだ。このような問題についての孫子のアイディアを理解するための一つの方法は、『孫子兵法』をクラウゼヴィッツの「三位一体」を参照にしながら読み解くことであろう。

クラウゼヴィッツはいわゆる「奇妙な三位一体」というアイディアを提案したのだが、これはまさに戦争の複雑性を説明するためであった。この三位一体は、以下のような要素によって構成されている。

盲目的自然衝動と見なし得る憎悪・敵愾心といった本来的激烈性、二つに戦争を自由な精神活動たらしめる蓋然性・偶然性といった賭の要素、三つに戦争を完全な悟性の所産たらしめる政治的道具としての第二次的性質、以上三側面が一体化したことを言うのである。

　これら三側面のうち、第一のものは主として国民に、第二のものは主として最高司令官とその軍隊に、第三のものは主として政府にそれぞれ属している。[*4]

　これら三つの要素は、言い換えれば「情熱」「チャンス」「理性」ということになるだろう。そこからクラウゼヴィッツは、これらのそれぞれの要素を、人間によって構成される三つの行為主体《アクター》、つまり「国民」「軍隊」「政府」へとつなげている。[*5] この三位一体の説得力を増すために、ヴィラクレスとバスフォードは、この三つの要素を三種類の力に分類している。

実はクラウゼヴィッツの三位一体は「国民、軍隊、政府」という話からはほど遠いものであり、むしろ以下の三つのカテゴリーの要素によって構成されたものだ。それは**不合理的な力**（暴力的な情熱・憎悪・敵愾心といった本来的激烈性）、**非合理的な力**（人間の考えや意図による力、これは摩擦や蓋然性・偶然性といった賭けの要素）、そして**合理性**（理性の下の戦争・政治的道具）である。[*6]

　クラウゼヴィッツの「三位一体」の代わりとなるこれらのカテゴリーの使用は、元の議論を曲解してしまうリスクを抱えることになるが、それでもヴィラクレスとバスフォードの概念——不合理的な力、非合理的な力、そして合理性——の応用範囲の広さは、多種多様な紛争を分析する場合にも使える可能性があることを意味している。さらに言えば、クラウゼヴィッツの三位一体の要素をこのように再解釈するという作業は、戦略の一般理論を考える際に必要となる、孫子の思想の細かいニュアンスを理解するための「レンズ」を提供しているのであり、これは本章の目指す目的にとっても極めて重要だ。

孫子の著作の中には、クラウゼヴィッツの三位一体に使われているものと同じような概念が多く含まれている。孫子とクラウゼヴィッツは両人共に同じテーマ〔戦争〕を扱っているため、戦争における複雑さについては似たような分析を行い、しかも同じような包括的なアプローチを使っている。これはまさに当然のことと言えよう。クラウゼヴィッツと孫子が違うのは、たとえば『戦争論』のような分析的な議論が、『孫子兵法』には明らかに欠けている点などである。ところが後者を周到に読んでいくと、孫子もこの三位一体の要素を使って戦争に関する分析的なアイディアをいくつも提供していることが明らかとなる。結果として、クラウゼヴィッツの三位一体は、概念的な枠組みや孫子のアイディアの示唆と、本当の勝利というものを理解する上で、重要な役割を果たせることになる。

この枠組みに当てはめて考えてみると、『孫子兵法』の第一章「計篇」と第二章「作戦篇」は、戦争の政治的・経済的、そして兵站《へいたん》的な面を考慮しているという点で、クラウゼヴィッツの三位一体における三つ目の「理性」(もしくは合理性)と最も関係が近いと言える。クラウゼヴィッツの三位一体の一つ目の要素である「情熱」(不合理性)は「保存」の原則、つまり孫子の第三章「謀攻篇」で議論されていることに最も近い。この章では、まさに「盲目的自然衝動と見なし得る憎悪・敵愾心といった本来的激烈性」が検証されている。孫子の最も知られたいくつかの格言は、まさにこの章に存在するのであり、これには「戦わないで敵兵を屈服させることこそ、最高にすぐれたことなのである」や「最上の戦争は、敵の策謀《さくぼう》をうち破ること」が含まれる。*7 また、軍事行動や戦闘について焦点を移していく『孫子兵法』の第四章から第六章までは、クラウゼヴィッツの三位一体の二つ目の要素である「チャンス」（非合理性）に当てはまると見なすこともできる。より正確に言えば、これらの章は、戦争におけるチャンスや蓋然性、それに戦争が引き起こす全般的な不確実性などを考慮しているのだ。

三位一体的な分析：孫子の場合

クラウゼヴィッツが三位一体を論じた時の意図は、そもそも「分析のための枠組み」をつくり出すところにあった。ところが『戦争論』には、戦争における複雑性、とりわけ不確実性とチャンスに対処するための——実践的かどうか微妙なものもあるが——いくつかの方策が書かれている。戦争の三位一体を定義するため、クラウゼヴィッツは三つの要素の一つとして「不確実性」を挙げたのであり、「自由な精神活動たらしめる蓋然性・偶然性」として、これが戦いの実行や結末に一つの影響を与える、としたのである。[*8]このクラウゼヴィッツの言う「自由な精神活動」とは、実質的に「軍事的天才」と同義語として使われている。この三位一体の要素の間に適度なバランスを達成するための実践的な手段として、クラウゼヴィッツは「この困難な［三つの要素のバランスの維持という］課題をどのように解決すべきであるか、それについては戦争の理論についてと題する章［第二部］において考究してみたい」と述べている。[*9]この第二部、もしくはクラウゼヴィッツの戦争の理論についての章の最大の焦点は「天才」であり、ここからクラウゼヴィッツが「チャンスと蓋然性」——そして広義には「摩擦」——というものを、戦争の複雑性に直面した場合の最大の課題として捉えていたことが明らかになる。したがって、クラウゼヴィッツは「軍事的天才」という概念を、摩擦を克服するための理論的な補完物として紹介したのであり、天才を、戦争を闘う軍隊という組織を摩擦という抵抗をものともせずに動かす、指揮官の知性と意志力そのもの、としたのだ。[*10]

戦争における摩擦や不確実性を減少させる役割への注目は、当然ながら戦争の実行においては致命的に重要となる。しかし彼の三位一体の外にある（軍事的天才という）概念の導入は、その効能においては限定的な役割しか果たせていない。なぜならクラウゼヴィッツは「天才」という概念を、実質的には「すぐにわかりやすくて様々な状況にも当てはめられるような要素」として想定してしまったからだ。残念ながら、戦争や戦略のほとんどの研究者たちにとって、まさにクラウゼヴィッツが示した「軍事的天才」というのは、解釈次第でどうにでもなるものだ。ダニエル・モラン（Daniel Moran）の言葉を借りれば、「その動機となるエネルギーがどこから発生するのかが謎であり、体系的に処方できるものではない」のである。[*11]

クラウゼヴィッツと同じように、孫子も戦争の複雑性を問題視しており、そのための対処法を大きなテーマとして掲げている。ところがクラウゼヴィッツと対照的に、孫子はこの問題の対処法を、クラウゼヴィッツの三位一体の中には存在しない、いわば「外来的」な「天才」のような概念を使わずに示している。これが可能となった理由の一つとして、もちろん孫子が三位一体的な概念をそもそも提示しなかったことや、それと共に、クラウゼヴィッツのような物理的な比喩を使わなかったために制約がなかったことなどが挙げられる。たとえば孫子は、クラウゼヴィッツのように三位一体の関係を「三つの引力のように相引き合っている間に」ある磁石のオブジェクトのような動きをするものであるとわざわざ説明する必要はなかった。[*12]つまり孫子は、「三つの引力」が三つの別々の実体である、という前提にとらわれていなかったのだ。逆に言えば、このようなイメージは、クラウゼヴィッツの三位一体にとっての深刻な制約となる。戦争がこのように理念〔モデル〕化されたことによって、かえって三位一体の分析を発展させられなくしてしまったからだ。その一方で、孫子はその三つの要素を、戦争の複雑性の自らの理解に任せて、自由な解釈を行っている。バスフォードはこの違いについて、以下のように指摘している。

三位一体のうちの二つの要素――感情と理性――は、人間の頭の中にある**内的**な力であり、三つ目の要素――チャンス・蓋然性――は、人間の頭にとっては**外的**なものである。ここでの最大のポイントは、感情と理性［即ち不合理性と合理性］は共に人間の意図の問題でありながら、チャンス・蓋然性のほうは、われわれの意図を強制的に押し付けなければならないし、それが実現しない場合もある、現実の［非・合理的な］世界の具体的な実像を表している。*13

戦争は究極的には「チャンス」の領域にあるもの、つまり戦争の「カオス」なのだが（即ち「三つの引力のように相引き合っている間にあって」）、それでもランダムに起こる現象というわけではない。むしろ戦争のカオスは「決定論的カオス」と見なすことができ、これはシステムに対する多数のインプットによって決定されるカオスの一形態だというのだ。クラウゼヴィッツの三位一体から言えば、戦争のカオスは三つの要素によって決定されるものであり、そのうちの二つは「人間の頭の中にある内的な力」であるため、そこから「人間をコントロールできれば、システム全体（即ち戦争）をコントロールできる」と結論づけることもできる。これと同じ論理に従えば、**われわれは戦争を完全に複雑系のシステムではなく、人的な要素が支配的な複雑系のシステムと捉えることができるのだ。**東西の戦略家たちは、互いに人間の要素が抱える複雑性というものを認識していたにもかかわらず、中国の戦略思想は、戦争が非合理的な力にたちまち巻き込まれてしまうことを長期にわたって理解していた点が異なる。*14戦争における合理・非合理な力の作用についての理解があった結果として、孫子はクラウゼヴィッツと比べてそこまで予測不可能なものではないと見ていたのであり、同時に摩擦を克服する「軍事的天才」のような外的な概念や、戦争の全般的な不確実性（チャンスや蓋然性以上のもの）のような概念を導入することも避けられたのだ。この問題についての孫子の議論は、自身の戦略思想全般の核心を成すものだが、これはこれまでの戦争における摩擦と不確実性に対するアプローチに、革命を起こす潜在性を秘めたものだ。実質的に孫子のシステムは、味方側の不確実性を減少させるだけでなく、敵の不確実性を増加させることを意図したものであり、孫子の著作はこのような思考の枠組みを理解してから初めて全体的に理解できるようなものなのだ。

必然の勝利

孫子が戦争における不確実性を克服するために最初に提案している方法からわかるのは「勝利の達成のためにはあらゆる手段を使うべきだ」とする彼の姿勢である。たとえば孫子は「戦争をはじめたなら、それが長びけば軍を疲弊させ、鋭気をも挫《くじ》き、城攻めにでもなれば、戦力は尽きはててしまい、だからといって長期にわたる軍の露営は、国家の財政をはなはだしく損《そこな》う」（第二 作戦篇）と述べている。[15] 戦争には常に経済的な損失がつきまとうものであることから、このような孫子の警告は、単なる常識程度のものでしかないように見える。ところが彼はその後の箇所で「戦争による損失を熟知《じゅくち》しない者は、戦争のもたらす利益についても知悉することはできない」（第二 作戦篇）と述べている。これを言い換えれば、戦争の経済的コストは、敵のリソースを消耗戦で消耗させる戦略の一貫として、有利に使うことができるということだ。[16] 孫子が呉《ご》（孫子が将軍として仕えた国）の王に対して、三倍の国土を誇る宿敵であった楚《そ》国との戦いにおいて推奨したのは、まさにこのようなアイディアであった。孫子は王に対して、軍を三分割し、それぞれに持久戦や決戦を避けるよう指示することを進言している。この長期的な嫌がらせ作戦には、物理的な目標があっただけでなく、敵の指揮系統を分断し、互いへの不信感や不和を醸成し、楚のリーダー層に「呉の脅威に対抗できない」と感じさせることが目論《もくろ》まれていたのだ。[17]

敵の消耗を狙う孫子の戦略に注目すべき点は、少なくとも二つある。第一に、西洋の決戦についての過剰な強調や、戦略の「軍事化」は、西洋の戦略思想や戦いにおける、計略やその他の非軍事的手段の使用の減少につながったことだ（ただし意図的かどうかわからないが、アメリカはソ連に対して「消耗」戦略を実践し、これによって経済的崩壊と国家の消滅を引き起こしたとも言える）。このような非軍事的手段に対する注目の欠如は、目的達成において回避可能な武力紛争を故意に引き起こしてしまったのであり、より非暴力的な手段によって達成することができたかもしれない目標を、わざわざエスカレートさせて暴力を使用するように仕向けてしまったのである。

第二に、孫子の戦略は戦争における、いわゆる「非線形的」なもの（摩擦やカオス）を、あらゆる手段を使って「線的」なものにしようとする強い傾向を持っている点だ。戦争における最も非線的な要素は戦闘によって発生するものであり、あらゆる勢いや危険、そして不確実性というものが、その他の戦争の状況よりもはるかに大きな役割を果たすことになる。孫子によれば「両軍入り乱れての戦闘に突入しても軍は統制を乱されず、混戦に混戦を重ねても軍は自在に動いて敗れることがない」（第五 勢篇）[*18]のだが、この部分は、戦争における複雑性の度合いや、それを管理することの重要性というものを強調している。もちろんこのような状況下で自分の軍隊を確実に指揮統制でき、しかも無敵でいられるリーダーのような存在は保証できないのであり、だからこそ戦争が「両軍入り乱れての戦闘」や「混戦に混戦を重ね」る前に戦争のその他の要因をあらかじめコントロールしておかなければならないということになる。この場合、孫子は見過ごされがちな「物的な面」を最大活用し、それを敵に対して決定的に使用するべきであると提案している。孫子は理想的な勝利として、「敵に勝っていよいよ強さを増す」（第二 作戦篇）と「戦わないで敵兵を屈服させることこそ、最高にすぐれたこと」（第三 謀攻篇）の二つを挙げているのだが、これらを戦略的に狙うべきだというのだ。[*19]

大戦略レベルの「作戦篇」（第二章）から戦略レベルの「謀攻篇」（第三章）に移った後、孫子は戦争の遂行において使用される様々な戦略行動を挙げて、それぞれ分析している。「最上の戦争は、敵の策謀をうち破ること、その次は敵と他国との同盟を阻止すること、その次が実戦に及ぶことで、最も拙劣なのが城攻めである」（第三 謀攻篇）。[*20] ところがこれら四つのオプションの中で、孫子はなぜ最後の「城攻め」が最も損失が大きく時間のかかるものなのかを説明している。[*21] こうなると、この順番は「攻撃にかかるコスト」という面だけで判断されているものであるという印象を与えることになる。ただしこのランク付けは、疑いなく最後の二つのオプション（実戦や城攻め）には当てはまるものであるが、なぜ軍事行動ではない「策謀をうち破ることと同盟を阻止すること」が好ましいオプションとなるのかについては、ほとんど説明できていない。実際のところ、作戦篇でも明らかなように、孫子の「勝利」の定義は「敵に勝っていよいよ強さを増す」ということなのだ。したがって右に紹介した四つのオプションは、コストだけの考慮でランク付けされたものとして解釈してはならない。四つの攻撃法を同じテーブルに並べることによって、孫子は「勝利につながる効果」という面からそれぞれを比較しているのだ。孫子はこのアプローチを通じて「戦わないで敵兵を屈服させること」を理想として見るのではなく、確実な勝利を獲得するための最大のカギとして考えるように強調している。

二番目の「敵と他国との同盟を阻止すること」という意味は理解しやすいが、最初の「敵の策謀《さくぼう》をうち破ること」というオプションは理解し難いものだ。結局のところ「同盟の阻止」もしくは「城攻め」さえも「策謀」と見なすこともできるからだ。この部分の孫子の英訳版は、どれもほぼ似たような意味で訳されているのだが、原文には「敵の策謀をうち破ること」には「計略によって攻撃する」という意味も含まれている。この解釈は、それが収録されている篇のタイトルである「謀攻」(*mou gong*) に沿ったものであり、これにも「計略によって攻撃する」という意味が含まれているのだ。訳の解釈がどのようなものであれ、「計略」が孫子の戦略思考の中心にあることは明らかだ。「計略」とは、「兵法家のいう勢であって、敵情に応じて変化するものであるから、戦争前からあらかじめこうだと伝えることのできないもの」（第一計篇）である。ところがこの三通りの攻撃を伴《ともな》う計略を比較することによって、われわれは計略の本質や、なぜそれが好ましい戦い方になるのかをより深く理解できる。[*22] 以下、それを具体的に見ていこう。

孫子の「後継者」であるリデルハートは、「最上の戦争は、敵の策謀をうち破ること」という孫子の主張を土台として、以下のように述べている。

「戦争の真の目的は敵側支配層の心にあり、その軍隊という身体に当るものにあるのではない。勝利と敗北の間のバランスは心理的印象のほうに傾くものであり、物理的打撃についてはそれが間接的であった場合にのみ、そのほうへ傾くものである」[*23]

「真の勝利は、自軍の損害を最小限にしつつ、敵に対しその目的の放棄を強制するにある。そのような結果が得られたならば、その上戦勝を得ても真の利益にはなり得ない、……そういう企図は、**不必要な敗北の危険を起す恐れがあり……**」[*24]

言うなれば、戦争で勝つには実質的に敵国の「支配層の心」に影響を与えることが決定的になるのであり、この目標において軍事行動は、間接的な効果しか持たないということだ。「そのような結果が得られたならば、その上戦勝を得ても真の利益にはなり得ない」のである。二つのそれぞれ異なるアプローチの方向性（即ち敵支配層の心に影響を与え、軍事行動だけ実行する）は、紛争の本質に大きなインパクトを持っている。なぜなら「敵の策謀をうち破ること」は、ほとんど個人の感覚についての問題であるのに対して、「実戦に及ぶこと」と「城攻め」は、集団心理への働きかけだと言えるからだ。敵国のリーダー個人の心理への働きかけのほうが、単に効果が大きいだけでなく、もしリーダーたちの考えを変えることに注力できれば、コントロールの難しい戦闘員や民衆たちの集団心理をわざわざもてあそぶようなリスクを冒すことは無意味になる。

したがって、中国の戦略思想は戦争によって発生する非合理的な勢いや、そこから生じる結果というものに、早くから着目し、深く理解していたことになる。参戦者というものは、戦いが進むにつれて合理的な行動から逸脱《いつだつ》していくものであるが、合理性と非合理性は、そもそも一人の人間、もしくは少数の人間の思考の中に備わっているものであり、大枠では予測可能なものだ。それでも（軍隊や国民のように）集団的なレベルになると、非合理的な勢いは人間の思考の外の存在となり、クラウゼヴィッツの言う「偶然性や蓋然性」に近い性質を帯びてくる。こうなると、個人レベルの非合理的な力よりは予測が難しくなる。「偶然性や蓋然性」（非合理性）が「理性」を上回ってしまい、クラウゼヴィッツが三位一体の分析の中で示しているように、三位一体の中で非合理性が支配的な要素になると、戦争は再び複雑性を高め、ますます予測不可能なものとなり、孫子のような人間を通じたシステムの制御のやり方は効かなくなる。このような例から、われわれはなぜ孫子が軍事行動を戦争における不確実性の中で最大のものとして捉え、そしてなぜ孫子が戦争を、実力行使の血塗られた戦闘ではなく、常にマインド・ゲームとして捉えようとしていたのかがよくわかる。

右のリデルハートの二つ目の引用は、孫子がなぜ「実戦や城攻め」ではなく「敵の策謀をうち破ること」と「敵と他国との同盟を阻止すること」を好むのかを、別の角度から説明している。「敵の策謀をうち破ること」と「敵と他国との同盟を阻止すること」というのは「自軍の損害を最小限にしつつ、敵に対しその目的の放棄を強制」することにつながり、その反対に軍隊を戦闘で戦わせて「不必要な敗北の危険を起こす」ことは無意味であることになる。なぜならそのようなコントロールのための最初のステップは、不必要なリスクを避けることにあるからだ。軍を戦闘で戦わせることになると、地形や、すでに触れたような「集合的な非合理的な勢い」から生じる不確実性というものに、われわれは自動的に対処しなければならなくなる。「城攻め」を仕掛けることになると、要塞や敵軍と人民による堅い抵抗から生じる、さらなるリスクに対処しなければならなくなるのだ。これについて孫子は「もともと兵士の心情というものは、包囲されれば抵抗し、戦う以外に方法がないとわかれば奮戦し、いよいよせっぱつまれば将軍の命令に従順になるもの」（第一一　九地篇）だと述べている。[*25] これは、軍事行動のパラドキシカル・ロジックを鮮《あざ》やかに示しており、軍が積極的、もしくは破壊的に行動しようとすればするほど、かえって相手の抵抗に直面することになり、それが究極的には非生産的なものにつながるということだ。孫子は他の中国の哲学者と同じように、その「意図」ではなく「結果」に注目していた。[*26] これによって、なぜ孫子が「戦いに巧みな人は、戦いの勢いから勝利を得ようとするが、人の能力には期待しない」（第五　勢篇）[*27]と述べていたのかがよくわかる。人は戦略的状況が整えば、強制せずとも行動を起こす。したがって、巧みな戦略家は守りにおいても自軍や部下たちをまとめるような戦略的状況をつくろうとするものであり、その反対に、攻めにおいては相手にそのような戦略的状況をつくらせないよう、あらゆる努力をするものだ。

「敵の策謀をうち破ることと他国との同盟を阻止すること」は、非軍事的な手段であることに加えて、平時と戦時の両方に実践できるものだ。ここから示唆されているのは、戦略の実行が戦時に限るものでないとすれば「攻撃者」のほうに行動の自由がある、ということだ。ところが「策謀をうち破ること」と「同盟を阻止すること」の二つを最終的に区別しているのは、前者が実質的に戦争のすべての面に効果を及ぼそうとしているという点だ。「戦争の軍事化」と「戦略の戦術化」というプロセスのおかげで、われわれは戦争における非軍事的な分野にある無数のチャンスを、見つけたり再発見するのが困難になっているのである。戦争の全領域が活用できるのであれば、ある計略や戦略が気づかれず、そして対抗されずに、効果を上げるチャンスは増大する。同じような意味で、まだ見逃されている点やギャップが多いおかげで、われわれにはほとんど抵抗を受けずに勝てるような戦い方を容易に見つけられるはずだ。戦略というのは文字通り「対抗されるべきもの」であるのだが、孫子は「すぐれた戦略というのは認知されず、したがって対抗できないものである」と示唆していたのである。

孫子は勝利の達成のためとして、計略や外交のような、非軍事手段の使用を常に勧めている。ところが彼の勝利の確実性を上げようとするスキームは、これだけでは終わらない。これに関する点については、あまり目立たない文の一節に記されているためか、ほとんど気づかれていない。

だれもうち勝てない態勢とは、守備にかかわることである。だれでも打ち勝てる態勢とは、攻撃にかかわることである。守備につくのは戦力が足りないからで、攻撃するのは余裕があるからである（第四 形篇）。[*28]

一見すると極めて常識的なことが書かれているように見えるこの一文には、孫子の戦争における勝利の確実性を最大化するための戦略の、重要な方策の一部が書かれている。この概念については、中国の偉大な皇帝の一人（唐の太宗《たいそう》）と彼の将軍（李靖《りせい》）による、戦争と戦略、それに『孫子兵法』についての対話が記されている、『李衛公問対』の中で議論されている。

守るとは、わざと劣勢を示して敵に攻撃させることであり、攻めに転ずるのは、優勢を示して敵を守りにつかせることであるが、そのあたりのことがよく理解されていないのである。こちらが劣勢であることを見せてやれば、敵は必ず攻めて来る。だが、どこを攻めてよいのかわからない。逆に、優勢であることを示してやれば、敵は必ず守りに入る。だが、どこを守ってよいのかわからない。[*29]

もちろん孫子の元の言葉は「自明なことを述べただけ」と思われることが多いが、太公と李靖はこれを全く別のアングルから読み解いており、戦略家は攻撃と防御に対して「冷徹な」心構えを持たなければならないとしている。ここで重要なのは、右で議論されている「劣勢」と「優勢」は、軍隊の本当の強さとはあまり関係がないという点だ。それらは単に、敵の認識に影響を与えるための態勢づくりというだけであり、これによって敵は「守備につくのは戦力が足りないからで、攻撃するのは余裕があるからである」という従来の規範《きはん》から離れられず、最初に準備した計画から逸脱してしまうことになる。言い換えれば、この計略は、作戦・戦術レベルにおける「敵の策謀をうち破ること」に相当する。これこそが孫子が教えている、敵を「コントロール」してさらに予測可能にさせるための方策である。より抽象的なレベルで見れば、これは中国の戦略思想の弁証法的動因となる「陰陽」の働きを示しており、これによってわかるのは、その反対のものを考慮しなければいかなる概念も全体の半分しか示せない、ということだ。

「彼を知り己れを知れば」

「彼を知り己れを知れば百戦して殆《あや》うからず」（第三 謀攻篇）という格言は、『孫子兵法』の中でも最もよく知られた格言である。これは情報戦（ＩＷ）の理論的な土台や、「軍事における革命」（ＲＭＡ）においてもカギとなる考えを提供している。ところが「この格言と情報優越や情報支配のような概念の間には強い関係がある」という考えは、西洋におけるこれまでの孫子のアイディアの誤った受容につながる恐れも出てくる。もちろんこの格言はインテリジェンスについて述べている、とも言えるが、孫子が本来意図していた意味を理解せずに、「情報戦」という観点だけから見てしまうのは、かなり問題だ。もしこの格言がインテリジェンスと敵についての情報収集の重要性を述べているものであれば、それは単なる「自明の理」を述べたものにしかすぎない。さらに言えば、孫子のインテリジェンスについての考えは「用間篇」というタイトルのついた、第一三章の中で詳しく議論されている。

もちろん孫子はインテリジェンスのタイプを分類しているのだが、その中でもとくに強調したのは、戦争における文化的なインテリジェンスの役割だ。

むかし、殷王朝が勃興《ぼっこう》したとき、伊摯《いし》が間諜として夏の国に入りこんでいた。周王朝が勃興したとき、呂《りょ》牙《が》が間諜として殷の国に入りこんでいた。だから、聡明な君主や賢明な将軍だけが、はじめてすぐれた知恵者を間諜に仕立て、偉大な功績をなしとげることができるのである（第一三 用間篇）。[*30]

伊摯は殷《いん》（商）王朝の代表的な高官であり、太公《たいこう》や太公望《たいこうぼう》として知られる呂牙《りょが》（『六韜《りくとう》』の著者であると考えられている）は、周王朝の最高司令官であった。両人共に仕える国を変える前には敵国の政府に仕えており、彼らが持ち込んだ情報は、夏《か》・殷王朝の崩壊に貢献している。孫子のインテリジェンスについての議論が「文化面でのインテリジェンス」を含んだものであるにもかかわらず、「間諜こそ戦争のかなめとなるものであり、全軍が行動の頼りとするものである」（第一三 用間篇）[*31]という主張には、やはり無理がある。良いインテリジェンスだけでは「百戦」を避けるには十分ではないからだ。ただし「彼を知り己れを知る」ことによって、これを避けられる可能性はある。この格言の本当の意味を示した箇所は、第七章になってからやっと出てくる。

敵軍の士気を阻喪《そそう》させ、敵将のどぎもを抜くことさえもできるのである（第七 軍争篇）。[*32]

われわれはここまできて、孫子が軍と指揮官にとって何が最も重要だと考えていたのかを、ようやく知ることができる。それは相手の「氣」（qi）と「思考」である。もちろん「氣」と「思考」というのは、手にとって見ることのできるものではないが、それらは孫子が最も重要視する「情報」と「インテリジェンス」を構成しているのだ。「彼を知り己れを知れば」は、『李衛公問対』の中で、最も明晰な解説がなされている。

敵の心を攻めるとは、『孫子』の言う敵を知ることであり、自軍の気を充実させるとは、これまた孫子の言う己を知ることに通じます。*33

唐の皇帝である太公は、このアイディアをさらに発展させている。

わたしは軍を率いて戦場に赴《おもむ》いたとき、まず敵味方双方の心の状態がどうなのかを比較検討して敵の情況を知るようにした。また、どちらの気がより充実しているかを比べて、そこから自軍の情況を把握するようにした。このように、敵を知り己を知ることは、兵家にとってもっとも大切なことである。*34

「彼を知り己れを知れば」の重要性は、「自己認識」と「敵についての情報収集」だけにとどまるわけではない。ここでの「知る」とは、敵の意図、特徴、そして思考パターンだけでなく、敵軍の精神状態を解釈する重要性を強調しているのだ。他の孫子の格言と同様に、この格言も、孫子が戦争を「敵の思考を攻撃するほうが他の攻撃よりもはるかに好ましい」とする、いわば「マインド・ゲーム」として捉えていることを鮮やかに示している。

「彼を知り己れを知れば」というのは、決して個別に捉えるべきではないし、その本当の意味を解釈することは、その他の勘違いを解消するのにも役立つ。たとえば以下の格言は、ここでの「彼を知り己れを知れば」の解釈の延長線上で捉えないと、誤解を招きやすいことがわかる。

> むかしの戦上手は、まずだれもうち勝つことのできない態勢をととのえたうえで、敵がだれでもうち勝てるような態勢になるのを待った。だれもうち勝つことのできない態勢をつくるのは、味方の側のことであるが、だれでもうち勝てる態勢になるのは、敵側のことである……だれもうち勝てない態勢とは、守備にかかわることである。だれでも打ち勝てる態勢とは、攻撃にかかわることである（第四 形篇）。[*35]

孫子はここで「敵が弱さを晒《さら》すのを待つ」ことや、「負けない態勢は守りにある」と述べているが、この箇所を文字通りに解釈すれば、「中国人は戦争において受動的かつ防御的な姿勢をとる傾向を持っている」というイメージにつながりやすい。ところが「彼を知り己れを知れば」には、心理学的な意味があることがわかると、そこから今までとは完全に異なる結論を導き出すことも可能になる。攻撃と防御に対する孫子の分析には、かなり心理学的・非軍事的な土台が存在するために、「だれもうち勝てない態勢とは、守備にかかわることである。だれでも打ち勝てる態勢とは、攻撃にかかわることである」という主張は、単なる物理的な面における攻撃と防御のことを言っているわけではなく、戦争の心理学的な面のことを述べているということがわかる。これについて、李靖は以下のように述べている。

> 攻めるとは、敵の城や陣地を攻めるだけでなく、敵の心を攻めることでもあります。守るとは、城壁を高くし陣地を堅固にするだけでなく、自軍の気を充実させて情勢の変化を待つことでもあります。[*36]

そして太宗は、以下のように結論づけている。

『孫子』の言う『負けない態勢をつくる』とは、己を知る〔気を維持する〕者のことを言います。また、『敵の崩れるのを待つ』とは、敵を知る〔心を攻める〕者のことを言います。[37]

このような読み方に従えば、「だれもうち勝てない態勢とは、守備にかかわることである。だれでも打ち勝てる態勢とは、攻撃にかかわることである」という言葉は、単に「彼を知り己れを知れば」の一種であることになる。結果として、「敵が脆弱性を晒す」のに必要な「待つこと」とは、単に物理的な軍事的攻撃を行うチャンスを待つことよりも「敵の思考を把握する」という意味合いが強い。もしリーダーが自軍の「氣」を効果的に管理し、敵に読み解かれないようにすれば、常に敵の思考を「伐《う》つ」チャンスを持つことになるだろうし、その状況が熟すまで待つことができるようになる。「それゆえ、戦いに巧みな人は、絶対不敗の態勢にたって、敵の敗れる機会をのがさずとらえる」[38]のである。このために孫子は「勝利の軍は、戦う前に、まず勝利を得て、それから戦うのであるが、敗軍はまず戦ってみて、そのあとで勝利を見いだそうとする」（第四 形篇）[39]と説明したのだ。

「彼を知り己れを知れば」に関連する概念

己れを知る
- 「氣」〔spirit〕を保つ
- まず誰でも打ち勝てる〔不敗〕状態にする
- 不敗は自らによる
- 不敗は守りにある

彼を知る
- 敵の思考を攻める
- 敵が脆弱性を晒すのを待つ
- 敵に脆弱性がある
- 敵の脆弱性は攻撃すれば生じる

ジョン・ボイドはこの点をよく理解しており、これによって孫子とクラウゼヴィッツの間にある二つの大きな相違点を発見した。一つ目は、クラウゼヴィッツが敵を「主戦」に導き出すべきであると説いていたのに対して、孫子は戦闘が行われる前に敵を崩壊させておくべきだとした点である。二つ目は、クラウゼヴィッツは指揮官がどのように摩擦を減らすべきなのか（「不敗になること」と同じ）に焦点を当てていたが、孫子のように敵の摩擦をいかに最大化すべきかについて（「敵の脆弱性」を見つけてつけ込むこと）は探求しなかった点だ。[*40] 言い換えれば、クラウゼヴィッツは「己れを知っている」かもしれないが「彼を知らない」のである。したがってクラウゼヴィッツは、自分の理論の中に欠けている「彼を知り」を補うため、必然的に「軍事的天才」という独自の概念に多くを頼らざるを得なくなった。ボイドは「孫子は敵の失敗を誘おうとしているが、クラウゼヴィッツは自分が失敗しないようにしていた」と述べているが、孫子の「彼を知り己れを知れば」は、その両方を同時に達成しようとしていたのである。[*41]

「敵の司令となる」

孫子は、戦争を精神的な面と物理的な面に区別しただけでなく、「敵の心を攻める」や「敵の認識を操作する」ことのほうが、実際の戦闘よりも重要度が高く、しかもこのような活動は、戦闘前や戦闘中に行うことができると考えていた。そもそもリーダーは、自らが守備的な位置にあったり、戦争が膠着《こうちゃく》状態に陥っている時も、敵の心に対する「コントロール」を強め、より有利な戦闘状況をつくり出すために、敵に対して心理的な「攻め」を行うことが可能だ。戦争を心理的な面と物理的な面に分けることによって、リーダーは「敵を打ち倒すチャンスを逃すことなく、敗れることのない態勢」を確立する余裕を得ることができるというのだ。

ところがこのような方策は、決して東洋だけに限ったものではなく、西洋においてもとりわけ目新しいというわけではない。たとえば一八〇五年の「アウステルリッツの戦い」におけるナポレオンの動きや、一九四〇年のセダンでのドイツ軍の動き、そして一九九一年の湾岸戦争におけるアメリカ軍の「左フック」など、これらすべてが実際の戦闘の前に「敵の心を攻める」や、「認識に影響を与える」段階があったことを示している。とくに最後の二例は、いわゆる「間接的アプローチ」の典型として触れられることが多く、このおかげでわれわれは「間接的アプローチ」と通常兵器による「直接的アプローチ」の違いを追求しなければならないかのような、誤った印象を与えている。これはまさに「奇」を、「正」よりも重要なものとして扱ってしまうような間違いと同じだ。

ところがすでに本書でも論じたように、「奇」と「正」は、二つで一つの全体を構成している概念であり、どちらか片方の要素だけを見るべきではない（本書の第五章を参照のこと）。「奇」と「正」のエッセンスは、「正」よりも「奇」を追求することにあるわけではなく、むしろ「機に応じて正にも奇にも変化するので、敵はいずれとも見定めることができません。ですから正でも奇でも勝ちを収めることができるのです」という境地に達することにある。[*42] 孫子も常に強調しているように、「奇・正」の核心は「敵の心を攻める」ことにあるのであり、そこで狙われているのは、常に心理学的なものだ。もしリーダーが敵の心象に影響を与え、しかも自らの意志を隠すことができれば、そのリーダーが選んだプロセスは自然と「間接的アプローチ」になるはずだ。

孫子の説く、実際の戦闘の前に行われるべき精神的な段階の強調は、まるで彼が「勝利の達成のためには本物の暴力的な紛争よりも、心理学、マインド・ゲーム的なものを好む傾向を強く持っていた」というように受け取られがちだ。ところが孫子がこれらの要素を強調した理由については、彼が生きた時代背景まで考えないと理解できない。当時は技術革新はほとんど起こっておらず、戦う者同士がほぼ似たようなテクノロジーを共有していたことを考えると、孫子が当時好んでいた傾向が初めてよく理解できるようになる。つまり、すべての戦闘において勝利を保証できるような新兵器や戦術がほとんど登場しなかったおかげで、当時の戦略家たちには、選択できる戦術の数は限定されていたし、戦闘前から有利な状況をつくることも難しかったのだ。そのような条件下で戦闘に入るということは、偶発性が増すということであり、しかもその戦闘も、双方に決定的な勝利をもたらさない、ただの殺し合いに陥ってしまうことになりかねない。これこそが孫子の言う「敗軍はまず戦ってみて、そのあとで勝利を見いだそうとする」ということである。そしてこれこそが、戦闘前、もしくは戦場の外で、あらかじめ有利な状況をつくっておくことの重要性である。もちろん軍は戦闘において従来通りの戦術を使うかもしれないが、敵を自分の「コントロール〔司命〕」下に置くことができるリーダーは、容易に勝利を得られる可能性が高くなる。

戦争において「敵の心を攻める」ことから得られる大きな有利についてさらに理解するためには、われわれはまず戦争において、孫子が目指していた「究極の目標」というものを振り返る必要があるだろう。一般的な認識とは違って、孫子の主な狙いは「戦闘と戦争に勝つこと」ではなく、「天下の支配」（即ち全土、つまり中国大陸を、一国の支配下に置くこと）である。このためにはその目標の獲得まで、多くの敵との戦闘や戦争に次々と勝つことが求められる。もちろん孫子は特定の戦争に勝つことの重要性をしっかりと理解していただけでなく、その戦争に勝つことによってそれ以降の戦争にどのようなインパクトを与え、長期的な目標の達成につながるのかを考慮しようとしている。言い換えれば、孫子は一つの戦争によって獲得した有利な立場も、別の戦争における不利には必ずしもつながらず、「天下の支配」の実現を阻止することにはならないことを証明しようとしていた。おそらくこのような考えがあったおかげで、孫子は以下のような言葉を残している。

勝利を見ぬくのに、それが一般の人々にも見分けられる程度のものなら、それは最高にすぐれたものではない。戦いにうち勝って、天下の人々がりっぱだとほめるのでは、それは最高にすぐれたものではない。だから、人々は細い毛を持ちあげたからとて力持ちとはいわず、太陽や月が見えたからとて目利《き》きとはいわず、雷鳴のとどろきが聞こえたからとて耳がさといとはいわない。むかしの戦《いくさ》上手といわれている人は、勝ちやすい態勢で勝った人である。したがって、戦上手が勝った場合には、知恵者としてももてはやされず、勇者のいさおしも口にされることはない。だから、彼が戦えば必ず勝つにきまっているのである。勝つにきまっているというのは、彼が勝利のための手はずをととのえたとき、すでに破綻《はたん》を示して敗れている敵に勝っているからなのである。それゆえ、戦いに巧みな人は、絶対不敗の態勢にたって、敵の敗れる機会をのがさずとらえるのである。だから勝利の軍は、戦う前に、まず勝利を得て、それから戦うのであるが、敗軍はまず戦ってみて、そのあとで勝利を見いだそうとするのである（第四 形篇）。[*43]

この箇所は、従来論じられてきたような「勝利」とは正反対の考え方を示している。孫子は「すぐれた」勝利は「当然の」勝利でなければならず、「細い毛を持ちあげ」るようなものであり、「太陽や月が見え」るようなものであり、「雷鳴のとどろきが聞こえ」るようなものである、と論じている。それは誰もが勝つと知っているような平凡なもので、それを誰もが「最高にすぐれたもの」とは思わないようなものでなければならない、というのだ。ところがこのようなことは本当に可能なのだろうか？　われわれはその文の中に一つのヒントを見つけることができる。それは、「勝つにきまっているというのは、彼が勝利のための手はずをととのえたとき、すでに破綻《はたん》を示して敗れている敵に勝っているから」なのだ。「必然の勝利」や「すでに破綻を示して敗れている敵に勝つ」という概念には、孫子の「敵の心を攻める」と明らかな関係性がある。戦争を精神面と物理面に区別し、勝利が決せられる分野は精神面であると見なすことによって、「必然の勝利」が得られた時に行動し、「すでに破綻を示して敗れている敵に勝つ」ことができるのだ。すでに精神面で戦いの結果が出ているのであれば、通常の戦術的・戦略的な手段（たとえば数的優位）を使えばいいだけだ。これだと「一般の人々にも見分けられる程度のもの」を越えることはなく、誰もこのような勝利を「すぐれたもの」とは思わなくなる。

ネガティブ・フィードバックの制御

「勝利を簡単なもののように見せることが、有利につながる」というアイディアが最も重要なのは、潜在的な敵が、「勝利を得たのはそもそも容易だったからだ」と誤った印象を得る可能性がある点だ。こうなれば、敵はその紛争から何も学べなくなり（もしくは学ぶ速度や〔ボイドの〕「情勢判断」のプロセスが遅くなり）、勝利のチャンスは、何度戦闘を行っても減ることはない。孫子はここでも「目に見える有利というものは一時的なものであり、いずれは対抗されることになる」と示唆している。たとえば有利な点を使えば使うほど、その効果を発揮できる期間は短くなる。結果として、戦闘で勝利を確実なものにするためには、精神的な面での努力、つまり目に見えない、ありとあらゆる時と場所と状況に応用できる方策を考えなければならない、ということだ。

　サイバネティクスの専門用語を使えば、簡単で当然とも言える勝利を得るための孫子の戦略の中心には、敵の「ネガティブ・フィードバック」のループ、もしくは機械やシステムの「操縦」メカニズムをコントロールすることにある。ネガティブ・フィードバックのループとは、自らのパフォーマンスの情報を機械に伝えることにより、その行動とそこから予期される現実とのギャップを埋めようとするものだ。[*44]「簡単で当然の勝利」という印象を相手の中につくり出し、戦争・戦闘の精神面で勝利するためには、敵のネガティブ・フィードバックを遅れさせたり、歪《ゆが》めたり、奪ったりすることが必要になり、これによって相手の現実認識と情勢予測のギャップを、その後の戦争の流れの中で広げておくことができるのだ。結果として、相手は計画の段階から使用可能なツールの数が限定されたままになる。端的に言えば、これは敵の進化・発展を制限するための手段である。もちろん敵の進化・発展をいつまでも制限しておくことは不可能であるが、少なくともその進行のペースをコントロールすることは可能だ。

　ところが敵を打倒する際に、同じ戦術を使い続けたり、不必要な（というか必要以上の）手段を使ってしまえば、これは抗生物質を使い過ぎてしまうことと同じだ。このアナロジーをさらに使えば、耐性バクテリアの抵抗力をさらに進化させてしまうようなものだ。しかも学ぶのは目の前の敵だけでなく、潜在的な敵たちもそれを見て学ぶことになる（バクテリアも抵抗力をつけたものが増殖する）。歴史にはこのような事例があふれている。ナポレオンが負けたのは、敵たちが彼のトリックを学んで見破ったからであり、第一次湾岸戦争におけるアメリカの最新兵器の使用も、結局は敵がそのテクノロジー面での優位に対して急速に順応している。そしてアルカイダに対するアメリカの執拗《しつよう》な追求は、そのテロ組織の急速な分散と進化に寄与したのである。孫子の格言はたしかに古代の戦争という背景の中から発展させられたものだが、それでもまだ今日の世界の状況にも当てはまるものであり、多くの紛争の中でも、とりわけ長期戦としての「グローバルなテロとの戦争」(Global War on Terror: GWOT) にも応用できる。軍事的衝突は、広範な、長期的な紛争の中のほんの一瞬の出来事であるため、長期的な流れの中で勝利を収めるためには、国家の実力の行使そのものを制限したり、それを適度に隠しておくことが必要となってくる。

当然ながら「容易で当然の勝利」というのは、戦略レベルにおける一つの大きな原則でしかない。そもそも、すべての敵に対して「容易で当然の勝利」を収めることができるわけではないからだ。だからこそ孫子は、作戦・戦術レベルにある別の概念として「無形」というものを発展させたのである(第六 虚実篇)。

「**形**《かたち》」(*Hsing*) というのは「無形」という概念の土台にあるものだ。「**形**」は戦闘において決定的な重要性を持っている。なぜなら敵の意図と計画を把握する能力を与えてくれるものが、この「**形**」という抽象的な概念だからだ。「**形**」と「**勢**」(英語では正確に翻訳できない概念だが) という二つの言葉には(もし正確に把握できれば)、敵と対峙した際に最も重要な抽象概念が含まれることになる。言い換えれば、戦場で戦う人々にとって最も重要な任務の一つは、敵の「**形**」を評価しつつ、自軍の「**形**」を隠したり、見えづらくすることにあるのだ。それを孫子は「敵にははっきりした態勢をとらせ、味方は態勢をあらわさな(い)」(第六 虚実篇)[*45]という言葉で説いている。

もちろん「**形**」の正確な意味を英訳しようとした試みは、無数にある。たとえばソーヤー版はそれを「フォーム」(form) としたり、「シェイプ」(shape)、「軍隊の配備」(military deployment)、そして「軍の配置の傾向」（disposition of force to configuration）のような言葉を当てている。[*46] ところが、「形」の意味を最も良く表しているのは「パターン」（pattern）や「システム」（system）だ。この訳は『孫子兵法』の中で繰り返される、「規模の大きいほうや強いほうが常に勝つわけではない」というアイディアと一致している。つまり、戦闘や戦争の究極の結果を決定する最高度のレベルには、まだ他の指標や要素があるということだ。これについて孫子は以下のように述べている。

わたしの考えでは、越《えつ》の国の兵士がどれほど多くても、勝利の足《た》しにはならない。たとえ敵がいかに多かろうとも、じゅうぶんに力をだしては戦えないようにさせることができるからである（第六 虚実篇）。[*47]

モンゴル人たちはほとんどのケースにおいて、敵よりも数的には劣っていたのだが、それでもいくつもの圧倒的な勝利を収めている。この理由は、モンゴル側のほうが敵よりも優れた「システム」を持っていたからであり、彼らのシステムの土台にあったパターンは、後者にはそもそも理解不能だったからだ。アンドリュー・イリチンスキー（Andrew Ilichinski）は、この現象に完全に当てはまるような説明を行っている。「数的優位こそが勝敗における決定的な要素である」と見る人々は、「量」こそが世界の問題を説明する際の最も根本的な要素であると見がちだ。ところが孫子やモンゴル人たちは、「パターン」を基本的な要素として見ていたのである。イリチンスキーは、われわれは前者から後者の世界観へのシフトを体験している、と主張している。[*48]

孫子は二五〇〇年以上前にこのような世界観を、自身の「無形」という概念を使って表現した。西洋における孫子の最高の「後継者」となるジョン・ボイドは、現代の西洋の言葉を使って、孫子の「無形」の概念を解明している。

（逆説的だが）小規模な組織のほうが、その規模でも強さでも優る相手を避けたり無効化できた理由はここにある。彼らは大規模な敵の目から見て「システム」と把握されるのを、何とかして避けることができたからだ。あらゆる競争的な状況の中では、「相手からモデル化されてしまえば、まったく戦略を使っていないのと同じことになり、負けにつながる」ということが示されることになりそうだ。[*49]

「新しい科学」からもたらされた言葉によって、孫子の「無形」という概念の本来の姿がついに西洋で暴かれたことになる。「無形」になるためには、「大規模な敵の目から見て〝システム〟となるのを避け」たり、自らのシステムの土台のパターンを相手に気づかれないようにしなければならないのである。ところがこれは「敵からすべてを隠すべきである」ことにはならない。これについては孫子が以下のように述べている。

敵軍の態勢（形）に乗じて勝利を収めるのであるが、一般の人々にはそれはわからない。人々は、勝ち戦が決まったときの態勢（形）こそわかるが、味方が勝利を決定づけた本当の理由はわからない（第六 虚実篇）。[*50]

この部分からわかるのは、「形」には二種類あるということであり、一方は、手に取ることのできるもの（「勝ち戦が決まったときの態勢こそわかるが」）で、もう一つは、手に取ることのできないもの（「味方が勝利を決定づけた本当の理由はわからない」）だということだ。従来使われてきた訳、つまり「フォーム」や「軍の配置の傾向」などは、前者の「手に取ることのできる形」に属するものだ。これらは敵が常に気づいたり学んだりすることができるような要素だ。後者の「手に取ることのできない形」は、システムレベルの「フォーム」に当たるものであり、柔軟性や順応性、つまり一つのシステムや組織（たとえば軍隊）の競争力を決定づけるものだ。軍がより柔軟で順応であればあるほど、敵はそれを「モデル化」することが難しく、理解しづらい存在になる。なぜなら彼らは、通常の軍のような予期されそうな行動をしない（「敵の目から見て「システム」となるのを避けることができた」）からだ。恒常的な「形」を持たない軍がなぜ強く、しかも敵に動きを読まれづらくなるのかを示すために、孫子は再び「水」の比喩を使っている。

そもそも軍の態勢（形）は水のありかたに似ている……水は地形によって流れを決めるが、軍は敵情によって勝を決める。だから、軍には一定した勢いというものはなく、水には一定した形というものはない（第六 虚実篇）。[*51]

孫子の「無形」という概念では、「形」というものを物理的な「フォーム」ではなく、システムレベルで捉えているため、「無形」の軍に対して、優れたインテリジェンスやテクノロジーの優位を使って対抗しようとしても無駄だということになる。なぜならそのような対抗法は、そもそも物理的な「フォーム」への対処しかできていないからだ。

それゆえ、軍の態勢として最もよいものは、無形にゆきつくことである。無形であれば、深くはいりこんだ間諜《かんちょう》もうかがいみることができず、知恵すぐれた者もはかり知ることはできない（第六 虚実篇）。[*52]

さらに言えば、物理的な「形」のほうだけに注目してしまうと、敵に騙されやすくなってしまう。なぜなら物理的な「形」と本物の「形」との間にはつながりがなく、ほとんどの場合は、それが敵側を利することになってしまうからだ。同じ軍の配備が二回使われたとしても、「無形」の軍隊の本当の「形」は、常に同じものとして考えてはならない。なぜなら「戦いの勝ち方には、二度のくりかえしはなく、相手の態勢（形）に応じて無限に変化する」からである（第六　虚実篇）。[*53]

一見すると、「無形」という概念は「容易で当然の勝利」という目標とは無関係のように思える。ところがこの両者には、敵のネガティブ・フィードバックのループの制御が必要となる。「容易で当然の勝利」を狙う戦略には、敵（そして潜在的な敵）にほとんど何も学ばせないようにする、ネガティブ・フィードバックの制御が含まれる。こうすることによって、戦略レベルにおける情勢判断や、学習プロセスを遅らせるのだ。その一方で、「無形」という概念は、敵側にこちらの行動パターンをモデル化されるのを阻止することによって、ネガティブ・フィードバックを制御するのだ。「戦いの勝ち方［は］……相手の態勢（形）に応じて無限に変化する」ものであるために、敵側が状況を理解したと思った時（即ちネガティブ・フィードバックを受け取った時）には、そのフィードバックはすでに遅れており、実効的な有用性を失ってしまっているのだ。ボイドの言葉を使えば、「無形」の概念には「敵の摩擦や不確実性を増加させ、行動を起こそうとする状況を拒否して麻痺させる」というアイディアが含まれている。[*54]こうすれば相手を、完全ではないとしても直接的に混乱させることができるからだ。

「容易で当然の勝利」と「無形」の概念は、敵が享受《きょうじゅ》しているあらゆる優位を、最初に機先を制されてからでも無効化するための、二つのアプローチを形成している。言い換えれば、孫子の戦略は全般的に、その紛争がネガティブ・フィードバックが含まれる二者の対立という性質を持っている限りにおいては、すべての状況に応用可能なものとして考えられている。これについて、孫子は以下のように述べている。

戦いに巧《たく》みな人は、絶対不敗の態勢にたって、敵の敗れる機会をのがさずとらえるのである（第四 形篇）[*55]

孫子の「敵のネガティブ・フィードバックの制御」という考え方は、ボイドの有名な「ＯＯＤＡループ」という概念に影響を与えている。このループでは「紛争における勝利のカギは、敵の思考の内部や意思決定プロセスに入り込むこと」が主張されているが、これはまさに孫子の言う「敵の策謀をうち破ること（敵の心を攻める）」を具現化したものであると言える。また、「ＯＯＤＡループの最も素晴らしい点は、負けた側が状況をほとんど把握できないところだ」というものや、「敵に古くて役に立たない情報を与え、当惑して混乱させ、何も機能できなくする」という考えは、まさに敵のネガティブ・フィードバックの制御を目論む、孫子の考えが鮮やかに現れている。[*56]

ポジティブ・フィードバックの制御

孫子における敵のネガティブ・フィードバックのループを「攻める」ことについての理解は、孫子の最も知られた格言のいくつかにみなぎっている。ところが孫子は、戦争におけるポジティブ・フィードバック（positive feedback）の役割についても強調している。ネガティブ・フィードバックが一つのシステムを均衡状態に導く働きをすることからわかるように、敵のネガティブ・フィードバックのループにおける情報の流れを制御しようとする孫子のやり方（「容易で当然の勝利」と「無形」）では、敵がその均衡状態を確立するのを遅らせるか、阻止したりすることが狙われている。その一方で、ポジティブ・フィードバックのループは、一つのシステムの均衡状態を崩すような働きをする。結果として、もしネガティブ・フィードバックのループが寸断されたり操作されたりすれば、ポジティブ・フィードバックのループは統制が利かなくなり、そのシステムの崩壊につながり、悪循環をつくり出すのだ。[*57] 当然ながら、孫子はネガティブ・フィードバックを制御することだけで敵（システム）の崩壊を誘っているわけではない。ポジティブ・フィードバックを制御することによって、こちらから相手の情報の悪循環を発生・増幅させることも説いているのだ。これについて孫子は、以下のように説明している。

それゆえ、戦いをするうえで大切なことは、敵の立場に立ってその意図を把握し、術中に陥ったふりをして調子を合わせることである。一丸となって敵にあたり、千里のかなたにうってでて敵将をうちとる、こういう者を戦上手《いくさじょうず》というのである（第一一　九地篇）。[*58]

孫子の説く敵のポジティブ・フィードバックの制御のための主な手段は、「敵の立場に立ってその意図を把握し、術中に陥ったふりをして調子を合わせること」である。敵の計画がスムーズに実行されているかのようにこちらが行動することによって、敵は「すべてが計画通りに進んでいる」と勘違いすることになり、敵はその後の戦争の流れの中で、ますます自分の都合のいいようにばかり考えるようになる。敵が自らの希望的予測に基づいた考えにとらわれ、本物の「現況」というものに対応できなくなると、「一丸となって敵にあたる」ことができるようになる。そうなると「千里のかなたにうってでて敵将をうちとる」ことも可能となるのだ。

孫子の「敵のポジティブ・フィードバックの制御」は、「われわれは騙《だま》されるのではなく、自らを騙すだけだ」という考えを土台にしている。[*59] これは過去に数多く発生した、インテリジェンスの破滅的失敗にも当てはまるものだ。たとえば、スターリンはナチスがソ連侵攻を考えていることを信じようとはしなかったし、九・一一のテロ攻撃などもその典型だ。戦争における成功の本当のカギは、敵が自らを意図的に騙そうとする点にあることが多い。つまり知覚・認識がすべてであり、結果的にはその知覚・認識を操作することに、戦略のエッセンスがあるのだ。[*60] この点について、ボイドは「そのような戦略の本当のインパクトは、リソースの消散や、**自己充足的・自殺的な預言を創造させ**、真実と信頼を破壊するところにある。そして混乱と秩序の崩壊を最大化させ、組織の回復力、順応性、中心的価値、そして対応力を破壊するのだ」と述べている。[*61] 戦略の最大のカギについて、孫子は以下のような指摘をしている。

　黙々と敵情に対応した行動をとりながら、決戦し、勝敗を決める（第一一　九地篇）[*62]

孫子のアプローチは、「戦争における最重要課題は主導権を握ることにある」とする従来のものとは、大きく異なるものだ。むしろ孫子は、戦争と戦略における主導権という概念の妥当性について、疑問を呈している。これは現代のほとんど（とりわけ西洋）の軍隊が、主導権というものを、戦争における永遠の真実ではないとしても、最も根本的な原則としていまだ見なしている点とは対照的だ。ところが孫子のロジックに従えば、片方が「直感的」に主導権を握ろうとしても、もう一方は主導権を（一時的に）明け渡すことによって「敵の立場に立ってその意図を把握し、術中に陥ったふりをして調子を合わせる」のだ。そして主導権を先に握った側は、それを握るまでの時点で、すでに敵に対して自らの意図や情報のほとんどを見せてしまうことになる。したがって、「主導権を握ること」を戦争の一つの原則として無意識に受け入れている軍隊というのは、孫子の戦略を実践している相手の餌食《えじき》になってしまいやすい。現代の軍隊が、ゲリラや反乱軍などに「何もできずにいる」原因の一つはここにある。孫子にとって、最大の目的は「敵のコントロール」にある。そしてこの目的の達成を助けるもの（これには主導権を明け渡すことも含まれる）は、それがいかなるものであっても妥当なものと見なすべきだというのだ。敵のコントロールが確保できれば、あとはとどめを刺すチャンスを待つだけになる。これについて孫子は「はじめはいわば処女のような風情を装《よそお》えば、敵は油断して戸を開く。と、そこをいわば脱兎《だっと》のごとくすばやく攻撃すれば、敵はもはやとうてい防ぎきれるものではない」（第一一 九地篇）と述べている。[63]

「敵のポジティブ・フィードバックを制御する」という考えは、孫子の別の大きな教訓にもつながっている。これについて『李衛公問対』では、「軍事行動においては、敵をいかにこちらの作戦に乗せるかが重要でありまして、たんに攻撃を防ぐだけではあまり意味がありません」と述べられている。[64] さらに言えば、孫子の目的が敵の抵抗（紛争）を避けることにあるとしたら、敵を強制することは逆効果を招くことにもなりかねない。孫子は敵をコントロールすることを強調しているが、これはそのようなコントロールが、敵と直接対峙する必要性を大きく減らしてくれるからだ。これは「戦わずして人の兵を屈する」ことを可能にする、一つの重要な方策だ。「敵のコントロール」という原則の影で、孫子は戦争の実践面における最も重要な事実の一つを教えている。それは「戦争の本質は紛争的なものであったとしても、戦争において使われる手段までが紛争的である必要は何もない」ということだ。

コントロールの理論

李靖《りせい》は、孫子の思想についての最も有名な批評家の一人であると同時に、その実践者でもあるのだが、自分なりの『孫子兵法』の中心的なアイディアの解釈として、「古来、兵法書は千言万語を書きつらねてきましたが、その要点は、『人を致して人に到されず』――いかに主導権を握って戦うかに尽きています」と述べている。[65] 西洋の孫子の「後継者」の中で、孫子の考えを最も理解していたのはボイドであることは疑いのないところだ。ところが彼の理解は「敵を混乱させる」という枠を越えることはほとんどなかったと言ってよい。これに対して、ワイリーは**「戦争の目的は、敵をある程度コントロールすることにある」**と正しく指摘している。[*66] ワイリーは、この言葉のほうがより普遍性を持っており、クラウゼヴィッツの「戦争における軍隊の狙いは敵軍の打倒にある」とする教えも含んだものであると主張している。また彼はリデルハート（孫子のもう一人の「後継者」だ）が、このテーゼを「間接的アプローチ」という自らの理論の土台に使っていたことに気づいている。[*67] ところがワイリーは、自分が孫子のアイディアを再生産していたことに気づいていない。ただしこれはワイリーの責任ではなく、むしろそれまでの『孫子兵法』の訳者たちに責任があると言えるのだが。

まとめると、孫子の理論は「コントロールについての一般理論」である。それは二つの部分から成り立っており、まず一つ目は、全体的に複雑な戦争をいかにコントロールすればいいかを検証している。二つ目は、敵のコントロールについて考えている。孫子は戦争が「複雑系」であり、そこにはダイナミックな人間の要素が存在し、この人間の要素をコントロールすることによって、システム全体（即ち戦争）をコントロールすることが可能であると理解していた。これはワイリーの見方と非常に似通っている。たとえばワイリーは**「戦争における究極の決定権は、銃を持ってその場（戦場・現場）に立っている男が握るということだ**。この男は戦争の決定力であり、彼こそが支配力である」と述べている。[*68]

敵のコントロールに関して言うと、孫子は「彼を知り己れを知る」こと、そして正確には「敵の心を攻めること」の必要性を強調している。「敵の策謀をうち破ること」（謀を伐つ）と「戦わずして人の兵を屈する」というのは、敵のコントロールの達成における、二つの究極の到達点である。ここでもワイリーは、孫子と似たようなことを強調している。

> 我々が戦略計画を練る初期の段階では、敵の考えのパターンとその考えの元になっている想定というものを、

かなり注意深く分析する必要があるということだ。**もし敵側の理論を無効化することができれば、我々は敵の行動をまったく役立たずにすることができる**。このような検証が行われれば、コントロールの確立をする際に決定的になる、何か重要なことを発見できるかもしれない。[*69]

この文の中の「敵の考えのパターンとその考えの元になっている想定というものを、かなり注意深く分析する」という部分は、明らかに孫子の「敵の心を攻める」であり、「敵側の理論を無効化すること」は「敵の策謀をうち破ること」という言葉と似通っている。

戦争が実際の軍事衝突に発展してきた際に、相手に対するコントロールを維持する方策として、孫子は相手のネガティブ・フィードバックとポジティブ・フィードバックを狙うことの必要性を強調している。この点に関して言えば、孫子の考えを最もよく捉えていたのは、やはりボイドであった。実際のところ、ワイリーとボイドが共に孫子と近い考えにそれぞれ独自に到達したという事実は、ハンデルが主張する「戦略の基本的な論理《ロジック》は普遍的なものである。純粋に『西洋』や『東洋』だけの戦略的アプローチなるものは存在しない」という言葉を確認するものだ。[*70] 戦略の一般理論の最も重要な役割の一つは、このようなはっきりと明言されなかった戦略の普遍的な論理《ロジック》を解明することにある。

コントロールは、究極的には確実性をもたらすことができるのであり、この確実性は勝利につながる。戦争の中心にあるのは人間であり、彼らの心こそがコントロールの対象なのだ。つまり戦争は、人間をコントロールすることで、コントロールできることになる。

次の章では、何人かの西洋の戦略思想家が、孫子の思想を再発見・再生産し、そのアイディアを西洋の戦略思想の枠組みの中にどのように取り入れていったのかを詳しく見ていくことにする。

＊1　本章の元になった論文は以下で発表したものである。*Comparative Strategy*, 27, 2, pp. 183-200.
＊2　Handel, *Masters of War*, p. 21.
＊3　Jeremy Black, *Rethinking Military History*, London: Routledge, 2004, p. 89.
＊4　Clausewitz, *On War*, p. 89.〔クラウゼヴィッツ著『戦争論』上巻、六七頁〕
＊5　Edward J. Villacres and Christopher Bassford, "Reclaiming the Clausewitzian Trinity," *Parameters*（Autumn 1995), pp. 9-19.〈http://www.clausewitz.com/CWZHOME/Trinity/TRININTR.htm〉
＊6　Ibid.
＊7　Sun Tzu, *Sun-tzu*, trans. Sawyer, p. 177〔戦わずして人の兵を屈するは善の善なる者なり……上兵は謀を伐ち、: 町田三郎訳『孫子』一六～一八頁〕;Clausewitz, *On War*, p. 89.〔クラウゼヴィッツ著『戦争論』六七頁〕
＊8　Clausewitz, *On War*, p. 89.〔クラウゼヴィッツ著『戦争論』六七頁〕
＊9　Ibid.〔クラウゼヴィッツ著『戦争論』六八頁〕
＊10　Daniel Moran, "Strategic Theory and the History of War," Paper（2001), p. 8.〈http://www.clausewitz.com/CWZHOME/Bibl/Moran-StrategicTheory.pdf〉
＊11　Ibid.
＊12　Clausewitz, *On War*, p. 89.〔クラウゼヴィッツ著『戦争論』六八頁〕
＊13　Christopher Bassford, "Teaching the Clausewitzian Trinity," Jan. 2003.（太字は原文ママ）〈http://www.clausewitz.com/CWZHOME/Trinity/TrinityTeachingNote.htm〉
＊14　Christopher Coker, *Waging War without Warriors? The Changing Culture of Military Conflict*, London: Lynne Rienner, 2002, p. 115.
＊15　Sun Tzu, *Sun-tzu*, trans. Sawyer, p. 173.〔其《そ》の戦いを用《おこ》なうや、久ければ則ち兵を鈍《つか》れさせ鋭《えい》を挫《くじ》き、城を攻むれば則ち力屈《つ》く。久しく師を暴《さら》さば則ち国用足らず。: 町田三郎訳『孫子』一一頁〕
＊16　Ibid.〔用兵の害を知らざる者は、則ち尽く用兵の利を知ること能わざるなり。: 町田三郎訳『孫子』一一～一二頁〕
＊17　Ibid., pp. 110-11.
＊18　Ibid., p. 188.〔紛紛紜紜《ふんぷんうんうん》、闘乱して乱るべからず、渾渾沌沌《こんこんとんとん》、形円《まる》くして敗るべからず。: 町田三郎訳『孫子』四九～

五〇頁〕

＊19 Ibid., pp. 174, 177.〔敵に勝ちて強を益《ま》す……戦わずして人の兵を屈するは善の善なる者なり。：町田三郎訳『孫子』一四頁、一六～一七頁〕

＊20 Ibid., p. 177.〔故に上兵は謀《ぼう》を伐《う》ち、其《そ》の次は交《こう》を伐ち、其の次は兵を伐ち、其の下《げ》は城を攻む。：町田三郎訳『孫子』一六～一八頁〕

＊21「櫓《おおたて》や城攻めの装甲車を作り、またその他の攻め道具を準備するのは、三ヵ月もかかってはじめてでき、……これこそ力で攻めたてることの弊害である」Ibid.〔櫓《ろ》・轒轀《ふんおん》を修め、器械を具《そな》うること、三月にして後《のち》成る……此《こ》れ攻の災《わざわ》いなり。：町田三郎訳『孫子』一七～一八頁〕

＊22 Ibid., p. 168.〔此れ兵家の勢〔勝ち〕にして、先には伝うべからざるなり。：町田三郎訳『孫子』七～八頁〕

＊23 B.H. Liddell Hart, *Strategy*, 2nd rev. edn, New York: Meridian, 1991, p. 204.〔B・H・リデルハート著『戦略論』上二二四頁〕

＊24 Ibid., p. 43.（太字は引用者による）〔B・H・リデルハート著『戦略論』上四七頁〕

＊25 Sun Tzu, *Sun-tzu*, trans. Sawyer, p. 223.〔故に兵の情は、囲まるれば則ち禦《ふせ》ぎ、已むを得ざれば則ち闘《たたか》い、逼《せま》られば則ち従う。：町田三郎訳『孫子』八八～八九頁〕

＊26 Coker, *Waging War without Warriors?* p. 115.

＊27 Sun Tzu, *Sun-tzu*, trans. Sawyer, p. 188.〔故に善く戦う者は、これを勢に求めて人に責《もと》めず。：町田三郎訳『孫子』三四頁〕

＊28 Ibid., p. 183.〔勝つべからざる者は守《しゅ》なり。勝つべき者は攻《こう》なり。守は則《すなわ》ち足らざればなり、攻は則ち余りあればなり。：町田三郎訳『孫子』二三～二四頁〕

＊29 *Questions and Replies*, in *The Seven Military Classics*, trans. Sawyer, p. 352.〔守るの法、要は敵に示すに足らざるを以《も》ってするに在《あ》り。攻むるの法、要は敵に示すに余りあるを以ってするに在るなり。敵に示すに足らざるを以ってすれば、則《すなわ》ち敵必ず来たりて攻む。これはこれ敵、その攻むる所を知らざる者なり。敵に示すに余りあるを以ってすれば、則ち敵必ず自ら守る。これはこれ敵、その守る所を知らざる者なり。：守屋洋ほか訳『司馬法』三八三、三八五頁〕

＊30 Sun Tzu, *Sun-tzu*, trans. Ames, p. 171.〔昔、殷《いん》の興るや、伊摯《いし》、夏《か》に在《あ》り。周の興るや、呂牙《りょが》、殷に在り。故に惟《ただ》明

主賢将のみ能《よ》く上智を以て間者と為《な》して、必ず大功を成す。：町田三郎訳『孫子』一〇六～一〇七頁〕

＊31 Ibid.〔此れ兵の要《かなめ》にして、三軍の恃《たの》みて動く所なり。：町田三郎訳『孫子』一〇六～一〇七頁〕

＊32 Sun Tzu, *Sun-tzu*, trans. Sawyer, p. 198.〔故に三軍も気を奪うべく、将軍も心を奪うべし。：町田三郎訳『孫子』四九～五〇頁〕

＊33 *Questions and Replies*, in *The Seven Military Classics*, trans. Sawyer, p. 353.〔それその心を攻《せ》むるとは、所謂彼《いわゆるかれ》を知る者なり。吾《わ》が気を守るとは、所謂己《おのれ》を知る者なり。：守屋洋ほか訳『司馬法』三八六、三八八頁〕

＊34 Ibid.〔朕かつて陣《じん》に臨《のぞ》んで、先《ま》ず敵の心と己の心と孰《いずれ》か審《つまびら》かなるかを料《はか》り、然《しか》る後《のち》に彼得て知るべし。敵の気と己の気と孰か治まれるかを察し、然る後に我得て知るべし。ここを以って彼を知り己を知るは、兵家の大要なり。：守屋洋ほか訳『司馬法』三八七、三八八頁〕

＊35 Sun Tzu, *Sun-tzu*, trans. Ames, p. 115.〔昔の善く戦う者は、先《ま》ず勝つべからざるを為《な》して、以て敵の勝つべきを待つ。勝つべからざるは己《おの》れに在《あ》るも、勝つべきは敵に在り。……勝つべからざる者は守《しゅ》なり。勝つべき者は攻《こう》なり。：町田三郎訳『孫子』二三～二四頁〕

＊36 *Questions and Replies*, in *The Seven Military Classics*, trans. Sawyer, p. 353.〔それ攻むる者は、その城を攻めてその陣を撃つのみに止《とど》まらず、必ずその心を攻むるの術あり。守る者は、その壁《へき》を完くしその陣を堅くするのみに止まらず、必ずや吾が気を守り、以って待つことあり。：守屋洋ほか訳『司馬法』三八六、三八八頁〕

＊37 Ibid.〔孫武の所謂、先ず勝つべからざるを為すとは、己を知る者なり。以って敵の勝つべきを待つとは、彼を知る者なり。：守屋洋ほか訳『司馬法』三八七、三八八頁〕

＊38 Sun Tzu, *Sun-tzu*, trans. Sawyer, p. 184.〔故に善く戦う者は不敗の地に立ち、而《しか》して敵の敗を失わざるなり。：町田三郎訳『孫子』二五頁〕

＊39 Ibid.〔是《こ》の故に勝兵は先《ま》ず勝ちて而る後《のち》に戦いを求め、敗兵は先ず戦いて而る後に勝を求む。：町田三郎訳『孫子』二五～二六頁〕

＊40 Robert Coram, *Boyd: The Fighter Pilot Who Changed the Art of War*, Boston, MA: Little, Brown & Co., 2002, p. 332.

＊41 Ibid.

＊42 *Questions and Replies*, in *The Seven Military Classics*, trans. Sawyer, pp. 324-5.〔善く兵を用うる者は、正ならざるな

く、奇ならざるなく、敵をして測るなからしむ。故に正もまた勝ち、奇もまた勝つ。：守屋洋ほか訳『司馬法』二八八～二九〇頁〕

＊43 Sun Tzu, *Sun-tzu*, trans. Ames, pp. 115-16.〔勝を見ること衆人の知る所に過ぎざるは、善の善なる者に非《あら》ざるなり。戦いに勝ちて天下善なりと曰《い》うは、善の善なる者に非ざるなり。故に秋毫《しゅうごう》を挙《あ》ぐるを多力と為《な》さず。日月を見るを明目《めいもく》と為さず。雷霆《らいてい》を聞くを聡耳《そうじ》と為さず。古《いにしえ》の所謂《いわゆる》善く戦う者は、勝ち易《やす》きに勝つ者なり。：町田三郎訳『孫子』二四～二五頁〕

＊44 Christopher Coker, *The Future of War: The Re-Enchantment of War in the Twenty- First Century*, Oxford: Blackwell, 2004, p. 34.

＊45 Sun Tzu, *Sun-tzu*, trans. Sawyer, p. 192.〔人に形《かたち》せしめて我に形なければ、：町田三郎訳『孫子』三九～四〇頁〕

＊46 Ibid., pp. 192-3.

＊47 Ibid., p. 192.〔越人《えつひと》の兵は多しと雖《いえど》も、亦奚《またなん》ぞ勝に益《えき》せんや。敵は衆《おお》しと雖も、闘うことなからしむべし。：町田三郎訳『孫子』四〇～四一頁〕

＊48 Andrew Ilichinski, *Land Warfare and Complexity, Part II: An Assessment of the Applicability of Nonlinear Dynamic and Complex Systems Theory to the Study of Land Warfare*（*U*）, Alexandria, VA: Center for Naval Analyses, 1996, pp. 52-3.

＊49 Chet Richards, *Certain to Win: The Strategy of John Boyd, Applied to Business*, Philadelphia, PA: Xlibris, 2004, p. 48.（太字は原文ママ）

＊50 Sun Tzu, *Sun-tzu*, trans. Sawyer, p. 193.〔形に因《よ》りて勝を錯《お》くも、衆は知ること能わず。人みな我が勝の形を知るも、吾《わ》が勝を制する所以《ゆえん》の形を知ることなし。：町田三郎訳『孫子』四二～四三頁〕

＊51 Ibid.〔夫《そ》れ兵の形は水に象《かた》どる。……水は地に因《よ》りて流れを制し、兵は敵に因りて勝を制す。故に兵に常勢なく、水に常形なし。：町田三郎訳『孫子』四三～四四頁〕

＊52 Ibid.〔故に兵を形《あら》わすの極は、無形に至る。無形なれば、則ち深間《しんかん》も窺《うかが》うこと能《あた》わず、智者も謀《はか》ること能わず。：町田三郎訳『孫子』四二頁〕

＊53 Ibid.〔其の戦い勝つや復《くりかえ》さずして、形に無窮に応ず。：町田三郎訳『孫子』四二～四三頁〕

＊54　以下を参照のこと。Boyd, *Patterns of Conflict*.

＊55　Sun Tzu, *Sun-tzu*, trans. Sawyer, p. 184.［故に善く戦う者は不敗の地に立ち、而《しか》して敵の敗を失わざるなり。：町田三郎訳『孫子』二五～二六頁］

＊56　Coram, *Boyd*, pp. 334-5.

＊57　以下を参照のこと。http://en.wikipedia.org/wiki/Positive_feedback

＊58　Sun Tzu, *The Art of War*, trans. Cleary, p. 161.［故に兵を為すの事は、敵の意を順詳《じゅんしょう》するに在《あ》り。幷一《へいいつ》にして敵に向かい、千里にして将を殺す、此れを巧みに能く事を成す者と謂《い》うなり。：町田三郎訳『孫子』九二頁］

＊59　Hammond, *The Mind of War*, p. 186.

＊60　Ibid., p. 181.

＊61　Ibid., p. 186.（太字は引用者による）

＊62　Sun Tzu, *Sun-tzu*, trans. Sawyer, p. 224.［践墨《せんもく》して敵に随《したが》いて以て戦事を決す。：町田三郎訳『孫子』九二～九三頁］

＊63　Ibid.［是の故に始めは処女の如くにして、敵人、戸を開き、後は脱兎《だっと》の如くにして、敵人、拒《ふせ》ぐに及ばず。：町田三郎訳『孫子』九二～九三頁］

＊64　*Questions and Replies*, in *The Seven Military Classics*, trans. Sawyer, p. 349.［兵は人を致すを貴《たっと》ぶ。これを拒《ふせ》がんと欲《ほっ》するに非《あら》ざるなり。：守屋洋ほか訳『司馬法』三七二頁］

＊65　Ibid., p. 337.［千章万句は、人を致して人に致されずに出《い》でざるのみ。：守屋洋ほか訳『司馬法』三二七、三二九頁］

＊66　J.C. Wylie, *Military Strategy: A General Theory of Power Control*, New Brunswick, NJ: Rutgers University Press, 1967, p. 79.（太字は原文ママ）［J・C・ワイリー著、奥山真司訳『戦略論の原点』芙蓉書房、二〇〇七年、八五頁］

＊67　Ibid., p. 82.［ワイリー著『戦略論の原点』八八頁］

＊68　Ibid., p. 85.（太字は引用者による）［ワイリー著『戦略論の原点』九一頁］

＊69　Ibid., p. 102.（太字は引用者による）［ワイリー著『戦略論の原点』一一〇頁］

＊70　Handel, *Masters of War*, pp. xvii, 3.

第五章　西洋における孫子の後継者たち

前章では、西洋における何人かの孫子の「後継者」たちを紹介してきた。バジル・リデルハートやJ・C・ワイリー、そしてジョン・ボイドなどである。これらの戦略思想家たちが孫子の「後継者」と呼ばれる理由は、彼らのアイディアの中に孫子の思想の特定の要素が含まれるだけでなく、彼らが西洋の戦略を再定義したり、その理論を組み直すことによって、孫子の思想、さらには中国の戦略思想全体を、西洋の戦略思想にとって馴染みのあるものにしたからだ。本章では、孫子の「後継者」であるリデルハートとボイドの二人をさらに掘り下げ、中国側の視点から再検証していく。この二人の思考の形成を詳しく見ていくと、彼らがいくつかの中国的な要素を、西洋の戦略思想の主流的な考えに意識的・無意識的にかかわらず取り入れたことによって、それが西洋の戦略思想のさらなる発展や修正のための道を開いたことがわかる。また本章は、西洋世界における中国の戦略思想に対する新たなアプローチや、その理解の方法についても提案をしている。

『孫子兵法』が最初に西洋に紹介されたのは一七七二年だが、その後の一五〇年間はほとんど注目されることはなく、一九一〇年にライオネル・ジャイルズがさらに正確な英訳版を発表した後でも、その状況はほとんど変わっていない。結局のところ、西洋の戦略思想に『孫子兵法』が最初にインパクトを与えたのはリデルハートの著作であった。リデルハートは一九二七年の春に孫子を初めて読んだのだが、[*1]その二年後に、孫子のいくつかのアイディアを自身の「間接的アプローチ」の考えに取り入れており、『歴史上の決戦：歴史研究』（*The Decisive Wars of History: A Study in History*）で提示した（これはのちにベストセラーとなった『戦略論』の元となった本である）。つまりリデルハートの研究は、中国と東洋の戦略思想を、西洋の戦略思想の中に統合させるための道を開いたのだ。[*2] その後、ボーフル、ワイリー、そしてボイドなどを含む何人かの戦略思想家たちがリデルハートの理論を賞賛し、さらに発展させている。ここで重要なのは、孫子のアイディアが与えた戦略思想の進展は、中国の国際社会における二つの重要な動きと一致しているという点だ。一つは毛沢東の台頭であり、もう一つは冷戦の始まりである。とりわけ後者は、古典的な戦略思想を時代遅れにしてしまい、安全保障と戦略を理解するための新たな思考の枠組みが必要とされる状況をつくった。孫子、さらには中国の戦略思想が西洋で影響力を持ち始めた背景には、このような文脈《コンテクスト》があったのだ。

バジル・リデルハートによる孫子の再発見：「間接的アプローチ」

リデルハートは西洋において孫子を再発見した最初の人間の一人であり、なぜ彼が孫子のアイディアについて理解があったのか、その理由は非常に明白になっている。[*3] リデルハートは孫子を読む前から、攻撃の「拡大的急流」（Expanding Torrent）システム――ここで目論まれているのは攻撃において自動的で継続的な漸進浸透を戦闘部隊によって獲得すること[*4]――というものを思いついていたのだが、ここでは明らかに孫子の「水の比喩《ひゆ》」が見てとれる。彼のアイディアの中で最も知られている「間接的アプローチ戦略」（the strategy of the indirect approach）は、孫子を最初に読んだ翌年の一九二八年に登場しており、これが一九二九年に出版された『歴史上の決戦』において広く応用されている。[*5] のちにその改定版として出版された『戦略論』では、最初に『孫子兵法』から一四個の格言が引用されている事実があることは注目すべきであろう。結果として、「間接的アプローチ」は西洋の戦略思想の発展における一里塚となったとも言えるのであり、これは中国と西洋の戦略思想を統合しようとした、最初の体系的な試みを体現したものだ。「間接的アプローチ」は「あまりにも単純化されたもの」であり、さらには「単なる同義語反復《トートロジー》だ」という批判とは対照的に、この概念そのものは、その言葉から連想されるような単一的なものではない。むしろこれはいくつかの関連する概念を含むものであり、さらに正確に言えば、その関連した概念は、孫子から借りたものが多いのである。

その著作の最初で、リデルハートは「間接的アプローチには、物質的なものと心理的な面の両方が含まれている」と述べている。ただし一般的にリデルハートはこのような考え方を、そもそも初めから物理・地理的な領域から思いついていたと考えられている。

あらゆる時代を通じて戦争に効果的な戦果を収めることは、敵の不用意に乗じて敵を衝くことを確実ならしめるように間接的なアプローチ（接近）を行なわない限り、ほとんど不可能であるという印象であった。この間接性は物質的には大体いつもの程度に必要であるが、心理的には常に必要とされる。戦略上では、目的に対する最も遠い径路がしばしば最短径路となる。[*6]

リデルハートの「間接的アプローチ」と「直接的アプローチ」を並列するやり方は、孫子の「奇・正」という二重的な概念を真似したものである。ところがこの並列は、いわゆる「迂直《うちょく》の計」から学んだ可能性が高い。

軍争のむずかしさは、曲がりくねった道をまっすぐな道に変え、不利な条件を有利なものへと転ずるところにある。そこで、まわり道をとるように見せかけ、敵を小利でつっておいて、その出足をひきとめ、相手よりおくれて出発しながら先に戦場に到着する。こうする者は、曲がりくねった道をまっすぐに変えるはかりごとをわきまえた者である……相手にさきんじて遠い道のりを近道に変えるはかりごとをわきまえている者は、勝つ（第七　軍争篇）。[*7]

「迂直の計」は、軍事作戦のための間接的アプローチと見なすことができるし、この軍事作戦の面に限って言えば、理論的で理解し難い箇所はそのほとんどが無視されている。ところがリデルハートはさらに間接的アプローチの理論的土台を論じており、これが孫子の「奇・正」のアイディアとつながっている。

前章でも触れたが、リデルハートの間接的アプローチは、それを強調するが故《ゆえ》に、従来の「直接的アプローチ」よりも積極的に追求すべきものとして論じているような、誤った印象を読者に与えている。これは「正」よりも「奇」だけを強調するようなものだ。ところが中国の戦略思想では、「奇・正」は一つのまとまった概念を構成しているものであり、それぞれを個別に考慮すべきものではない。このような誤解は、『孫子兵法』の原文、つまり「すべて戦争というものは、正法をもちいて敵を受けとめ、奇法でうち勝つものである」（第五　勢篇）という部分を読めばよくわかる。[*8] この部分だけ取り出して読めば、リデルハートがなぜ最初の半分である「正」を無視しようとしたのかがわかりやすい。なぜなら「正」は敵を受け止める際に使われ、勝利は「奇」を通じて達成されるからだ。こうなると、たしかに「奇」のほうが重要であるように感じられる。そしてリデルハートの本の冒頭に引用されている孫子の言葉の選択を見ればわかるように、彼は「奇・正」の本当のエッセンスを強調する「すべて戦争というものは、正法をもちいて敵を受け止め、奇法でうち勝つものである」という重要な区別を無視した可能性も見えてくる。

戦闘の形態も、奇法と正法との二つの型しかないが、その組み合わせの変化はとてもきわめ尽くせるものではない。奇法と正法とが互いに生まれかわり合うそのありさまは、丸い輪の上をどこまでもたどるように、とめどのないものである。いったいだれがそれをきわめ尽くせよう（第五 軍争篇）。[*9]

リデルハートは明らかに「奇」と「正」の相互補完的な部分を強調する文言を不採用にしている。この理由の一つとして考えられるのは、彼自身が中国の陰陽論の考えを理解するだけの知識を持っていなかったという点だ。この直接的な結果として、「奇」とはサプライズをつくり出し、敵のギャップを見つけ出すための、単なる一つの手段として使われるもの、という考えが生まれたのだ。ところがこうなると、そもそも「戦《いくさ》に巧みな者は、機に応じて正にも奇にも変化するので、敵はいずれとも見定めることができません。ですから正でも奇でも勝ち収めることができる」[*10]という「形」をつくって活用すべきだ、という孫子のアイディアから離れてしまう。さらに加えて、本の冒頭で引用されているその他の孫子の格言である「軍の態勢（形）も兵員装備の充実した敵を避けて、虚《すき》のある敵を撃つ」（第六 虚実篇）[*11]や、「旗さしもののよく整った軍隊は、まともに迎え撃たないし、堂々たる陣だての軍には、攻撃をしかけない」（第七 軍争篇）[*12]などは、いずれも「正ではなく奇を追求すべきである」と教えているような印象を読者に与えていることは間違いない。このようなリデルハートの読み違えは、多くの人々に「間接的アプローチとはそもそも同義語反復的《トートロジー》だ」と思わせる最大の理由となってしまっている。

幸いにも、リデルハートには「奇・正」の誤読を補完できるような、孫子について正しい解釈をできている部分がある。自身で強調しているように、間接的アプローチは「物質的には大体いつもの程度に必要であるが、心理的には常に必要とされる」ものである。「間接性」には二種類あることを認識している点や、心理的な面が最大のカギを握るという主張は、間接的アプローチの理論的なポテンシャルを増大させ、孫子の本来のアイディアに近づけさせている。リデルハートが引用している孫子の格言の中で、彼が最もインスピレーションを受けたのは「人々は、勝ち戦が決まったときの態勢（形）こそわかるが、味方が勝利を決定づけた本当の理由はわからない」（第六 虚実篇）[*13]であると考えられている。前章でも議論されたが、この格言の中の二つの「形」は、それぞれ異なるものだ。一つ目の「形」は戦闘前に知られているものであったり、戦闘において使用されることによって明らかなもの（勝ち戦が決まった時の形）であり、二つ目は戦争が終ったあとでも理解できなかったり、分析さえ不可能なもの（「味方が勝利を決定づけた本当の理由はわからない」）である。二つ目の「形」は、何かをモデル化せず、敵の目から「システム」として見えないようにすることによって獲得できることになる。これはまさに孫子の「無形」の概念のエッセンスそのものだ。この二つの「形」のアイディアから着想を得たリデルハートは、一つ目の「手に取れるもの」を物理的なものと解釈し、二つ目の「目に見えないもの」を心理的なものであると解釈したのだ。結果として、リデルハートは「無形」の概念の理論的な土台の一つとなる「奇・正」の概念にある循環性や、相互補完性という意味合いをほぼ無視してしまったのだが、その概念を勝利における間接的アプローチの心理的な面に結びつけることによって、単純化することに成功したのである。ところがこれをリデルハート自身の「発明」と見なすことはできない。なぜなら敵の認識を操作しつつ自らの意図を隠す、つまり「敵の心を攻める」というのは、常に孫子の考えの中心的なテーマであったからだ。

リチャード・スウェイン（Richard Swain）は「結局のところ、間接的アプローチのアイディアは同義語反復であると認めざるを得ない」と指摘している。[*14]リデルハートの軍事理論家としての継続的な価値を認めて書いてきた著者が、このような部分的な評価しかできていないことは、非常に残念である。ところが本書の分析を読めば、このような評価がなされるのは、西洋において「奇・正」の背後にある哲学的な土台、つまり陰陽についての理解が欠けている点に主な原因があることに気づくはずだ。この文化的な壁のおかげで、リデルハートは「**奇・正**」という二重的な概念の潜在力に気づけなかったのであり、それを西側の読者たちにうまく伝えることができなかったのだ。それでもリデルハートが相対しつつも相互補完的な陰陽（**奇・正**）のダイナミックな働きや、その相互作用に全く気づかなかったわけではないし、むしろ気づいていた証拠は無数にある。たとえばリデルハートが、クラウゼヴィッツやその後継者たちが「集中」の概念を完全に誤解していたと批判している場面では、彼が戦略の基本についてかなり深いレベルまで理解していたことが証明されている。

フォッシュやその他のクラウゼヴィッツの弟子たちが十分につきとめ得なかった真実は、**戦争においてはあらゆる問題やあらゆる原則が二面性を持つことである**。それゆえ、この二面性の問題と取組むためには、よく計算した折衷案が必要とされる。戦争は、コインのように二つの面を持っている。そ間の問題であるという事実から不可避的に結果するのであって、攻撃する反面において警戒しなければならないという必要が彼我双方に課されるのである。その結果として、効果的に打撃を加えるためには敵の警戒心を払拭しなければならない。敵が分散状態にある場合に限り、われは効果的な兵力集中を実施することができる。そして通常この集中を確実に実行するためには、自方の兵力を広く配分しておかねばならない。このように、**一見逆説のようではあるが、「真の集中は分散の産物」である**。*15

このような理解のレベルでも、中国の戦略思想における弁証法的一元論や、二元的一元論（即ち陰陽論の前提）を再現することは全くできていないのだが、それでも西洋の多くの戦略思想家とは違って、リデルハートはこれを逆説的だとは全く考えておらず、むしろ当然のことと見なしていた。これはリデルハートが生きていた時代から考えれば驚くべきことであり、現代の西洋でも非常に珍しいケースであると言える。また、彼の主著である『戦略論』の中には、あまり目立たないが、実は直接的アプローチと間接的アプローチの「循環性」とを正確に理解していたことが示されている箇所がある。たとえばヒトラーが『我が闘争』で掲げた目標を達成するための計画や手段を自ら暴露していたことや、その演説についての議論の中で、リデルハートはヒトラーが以下のことに気づいていたと分析している。

「人間は自分の目で見ていながら何が正しいかを見逃し易いこと」、「秘密はしばしばあらわに見せつけられているものの中に発見できること」、「**場合によっては最も直接的なアプローチが最も予期されない路線になり得ること**」などについての認識であり、それらは言い換えれば「大部分のことについて非常に開けっ放しにして見せるので、それらの間に問題となる少数事項が介在していることさえも疑わせないという点に秘匿の芸術がある」ということである*16

実際のところ、リデルハートがどこまで「**奇・正**」を正確に理解し、彼の理解が孫子の影響によるものかを判断するには、いくつかの例を見るだけではかなり難しい。それでも確実に言えるのは、間接的アプローチは単なる同義語反復《トートロジー》的な概念ではない、ということだ。これはリデルハートが中国において最も知られた西洋の戦略家の一人であるという理由からもよくわかる。もしそれが同義語反復《トートロジー》的であるならば、そもそも「**奇・正**」の家元である中国人たちがリデルハートを読み、間接的アプローチを真剣に学んでいるという事実を説明できないからだ。おそらく彼らは、西洋と現代の軍事史の解釈を行っているリデルハートの『戦略論』を、孫子を単純化した、そのアップデート版と見なしているのであろう。西洋と中国における間接的アプローチの受け取られ方の違いからわかるのは、西洋では大衆的にこの概念を適切に理解するための哲学的枠組みや、そのために必要とされる用語が欠けている、という点だ。ワイリーの言葉を応用すれば、知的ディシプリンとしての戦略論における不完全な用語は、「間接的」という中心的な概念についての議論を制限してしまうものなのだ。[*17]

状況・帰結アプローチ[*18]

「クラウゼヴィッツを批判するチャンスを決して逃さ」ず、しかもクラウゼヴィッツの「主戦」[*19]というアイディアに対して深い敵意を持っているリデルハートのような戦略思想家にとって、「勝利の軍は、戦う前に、まず勝利を得て、それから戦うのであるが、敗軍はまず戦ってみて、そのあとで勝利を見いだそうとするのである」（第四　形篇）[*20]という孫子の重要な格言に感化されたのは、ごく当然のことであろう。この格言が印象的なのは、前半と後半が、中国と西洋の戦略思想のそれぞれ典型的な考え方を体現していることであり、しかも両者にとって、相手側のやり方は想定外のものと考えられているという点だ。それでも第一次世界大戦後になると、西洋では勝利をより確実に、しかもコストを低く手に入れられるような、それまでとは異なる新たな戦略モデルが求められるようになった。リデルハートにとってこのようなモデルは、効能について根本的に異なる概念を推奨する、中国の戦略思想の中に見出すことができると感じられたのだ。したがって、西洋がそれまで採用していた「目的手段アプローチ」ではなく、「状況・帰結アプローチ」を発見できたのは、実はリデルハートの個人的な好みか、彼のクラウゼヴィッツへの憎悪のおかげでもあったと言える（第三章を参照のこと）。

フランソワ・ジュリアンによれば「状況・帰結アプローチ」とは、効果をどのように引き出し、しかもそれを直接狙わずに、それが関与の帰結として出てくるようにするのかを教える、中国特有の「効能《エフィカシー》」についての概念である。[*21]したがって戦略を仕掛ける側は、直接的な目標を通じて一つの効果を上げることではなく、まず最初に状況を発生させるための適切な条件をつくり出さなければならないという。戦略的な観点から言えば、西洋のやり方では戦争における唯一の正しい狙いや、戦略の唯一の目標は、敵軍を戦闘によって破壊することになる。リデルハート自身はこのようなやり方、つまり「目的手段アプローチ」に強く反対している。なぜならこのアプローチの大きな弱点は「それは、その上さらに将帥らを駆って、有利な好機の作為を行わずしてしゃにむに戦闘を求めさせるに至った」という点にあったからだ。そして中国式の「状況・帰結アプローチ」は、それとは別のやり方があることを示していたのである。[*22] リデルハートもこれに気づいており、以下のように述べている。

戦闘は戦略の目的にとって諸手段のうちの一つであるに過ぎない。戦闘に訴えることが適している状況においては、そうすれば通常最も迅速に効果を収めることができるが、状況がそれに適していない場合に戦闘手段に訴えることは拙劣である。[*23]

「主戦」が唯一の目標であったとしても、戦略の唯一の狙いは、この戦闘を最も有利な形で戦うことにしなければならないのである。そして状況が有利であれば有利であるほど、それに釣り合う形で戦闘は少なくなるのだ。[*24]

もちろんこれらはどこまで論理的で思慮深いものかはわからないが、リデルハートの発言は西洋の規範《きはん》からの逸脱《いつだつ》を示しており、フィリップ・ウィンザーによると、西洋の戦略思考は「いまだに戦略的思考というものはそもそも因果律的なものであり、帰結的なものではないという想定の上に成り立っている」のだ。[*25] 実際のところ、リデルハートが発見したのは、戦闘を完全に異なる形で遂行する新しいパラダイムなのだが、ほとんどの人々はその違いに気づいていない。

真の目的は戦闘を求めるというよりはむしろ有利な戦略的状況を求めることである。この有利な戦略的状況というのは状況そのものだけで軍事的解決が生み出されるほどのものか、さもなければその戦略的状況と戦闘を結合すれば軍事的解決に至ることが確実であるほどでなければならないのである。言い換えれば、「攪《かく》乱《らん》」（dislocation）が戦略の目的である。「攪乱」の結果として敵の崩壊又は戦闘における敵粉砕の容易化が起るであろう。敵の崩壊のためには一部において戦闘手段を必要とするかも知れないが、しかしそれは戦闘の性格を持つということではない。[*26]

「主戦」を通じて敵軍を破壊する、という考えとは違って、リデルハートのパラダイムは実質的に「戦闘の性格」を共有していない。そしてこのエッセンスとは「『**攪乱と戦果拡張**（又は戦果の利用）の双方を解決しなければならない』ということである。その一つである『攪乱』がまず行なわれ、実際の打撃としての攪乱（これは比較的単純な行動である）に引続いて『戦果拡張』が行なわれるのである。まず好機を作為しないかぎり、敵を効果的に打撃することはできない。また、敵が受けた打撃から立直らない間に、この引続いて起った好機を利用しない限り、その打撃の効果を決定的ならしめることはできない」[*27]というものだ。明らかに「状況・帰結アプローチ」に由来するこのようなスキームは、間接的アプローチに不可欠な要素を構成しており、結果的にこれがいわゆる「詭動戦《きどうせん》」（maneuver warfare）の基礎となっている。リデルハートは「状況・帰結アプローチ」を悟《さと》ることで、国家目標を、物理的な行動を全く伴わない「純粋」な戦略だけで達成できる可能性[*28]に気づいたのだ。これはまさに孫子の言う「戦わないで敵兵を屈服させることこそ、最高にすぐれたこと」[*29]である。ここからリデルハートは、軍事的手段が大戦略の目的達成のための一つの手段でしかないという考えにたどり着いている。そしてここから「大戦略の理論」という新たな知的冒険に向かったのである。

大戦略

あえて言う必要はないかもしれないが、大戦略は、その概念が確立する以前から、長年にわたってあらゆる時代のあらゆる支配者やリーダーたちによって形成され、実践されてきたものだ。ところが西洋ではリデルハート以前の大戦略についての体系的な研究はほぼ皆無であり、リデルハートの研究でさえも、包括的なものからはほど遠い状態であり、彼が亡くなった一九七〇年までほとんど進展していない。この長年にわたる研究の遅れや、さらにはこの概念の西洋における長期にわたる欠如は、中国人たちを本気で悩ませている。なぜなら中国の戦略論は常に大戦略的な志向を持っていたからであり、軍事戦略は常に政治と大戦略に従うべきものであると心の底から信じられていたからだ。中国の戦略的視点からすれば、総力戦や、戦略の唯一の目標は戦闘であるという見方などは、ほぼ「ばかげた考え」に近い状態である。リデルハートが生きている時代には、たしかに大戦略の概念の発展の機が熟し、さらにはシーパワーの理論がリデルハートにインスピレーションを与えた可能性があった。それでも「リデルハートの大戦略の研究にとっての最大の動機づけとなったのは孫子である」と信じるに足る理由は豊富に存在する。

リデルハートの大戦略の概念は、少なくとも三つの点で、かなり中国的であると言える。第一に、この概念は間接的アプローチを戦術レベルから大戦略のレベルまで拡大したものだという点だ。第二は、この概念が孫子の「戦わないで敵兵を屈服させることこそ、最高にすぐれたことなのである」という格言を、理論的な土台にしているという点だ。第三に、この概念にある平和志向の考え方は『孫子兵法』のそれと完璧にフィットするという点である。

トニー・コーン（Tony Corn）によって指摘されているように、リデルハートは一九三四年までに、間接的アプローチを戦争のすべてのレベルに当てはめて考えるような研究を行っており、これらは戦術レベルを扱った『アラビアのロレンス』（*Lawrence of Arabia*）、作戦レベルを扱った『ナポレオンの亡霊』（*The Ghost of Napoleon*）、戦略レベルを扱った『歴史上の決戦』（*The Decisive Wars of History*）、そして大戦略のレベルを扱った『イギリス流の戦争方法』（*The British Way in Warfare*）として結実している。[*30] つまり間接的アプローチは、リデルハートの戦略思考の中の最大のカギとなったのである。当然ながら、その他のレベルの研究に移るに従って、彼の中には孫子からの影響が次第に浸透していくことになる。リデルハートの文章の中には、自身の考えを、あるレベルから別のレベルへと単純に応用していった様子が窺《うかが》える部分がある。

対手国政府の戦争遂行能力のアキレス腱を発見し、それを貫通することが、大戦略の目的でなければならない。次いで、戦略は、敵の軍隊の機構内部における結節部の突破につとめるべきである。敵の強い所に対してわが方の力を用いることは、得られるべき効果に比して不釣合にわが力を弱めることになる。[*31]

ここで明らかなように、リデルハートは大戦略のレベルと戦略のレベルに対して、同じ原則を応用して分析している。そしてその原則は、「軍の態勢も兵員装備の充実した敵を避けて、虚《すき》のある敵を撃つ」（第六　虚実篇）という、孫子の「虚実」という概念を元にしている。これはまさに、間接的アプローチの理論的土台となっているのだ。

リデルハートの間接的アプローチから大戦略レベルへの進化的な発展は、「戦わないで敵兵を屈服させることこそ、最高にすぐれたことなのである」という孫子の格言（第三 謀攻篇）によるものかもしれない。リデルハートがこの格言を明白に受け入れているという事実は、「戦略の完成は何も酷烈《こくれつ》な戦闘を起すことなく事態を決着に持込むということであろう」という彼自身の言葉にもよく現れている。これはまさに、孫子の格言の直接的な援用だからだ。[*32] この格言が注目に値するのは、それがリデルハートに対して戦争の二つのレベルにおける、二つの要素に影響を与えたからだ。一つ目は、それがリデルハートに「戦いの領域」においても、深刻な戦闘を行わずに軍事戦略だけで決着をつけることができる、と気づかせた点だ。この格言の新たな応用性に気づいたリデルハートは、それを大戦略のレベルに応用できるかどうかを早速探り始めている。

このような無血勝利が例外的なものである一方、その稀少性は、戦略及び大戦略の面における潜在能力の表徴としての価値を減ずるよりもむしろ高めている。[*33]

ここで先ほどの孫子の格言の、二つ目の要素が導き出される。これは非軍事的な手段によって戦争の目的を達成することを意味するものであり、これによってリデルハートは、西洋の戦略論を大戦略のレベルまで高めることになったのだ。

軍事的手段が大戦略の目的にとって諸手段のうちの一つの手段——これは外科医の場合の各種器具のうちの一つの器具に等しい——に過ぎないのと全く同様に、戦闘は戦略の目的にとって諸手段のうちの一つであるに過ぎない。[*34]

戦力は、大戦略の諸要具の中の一つにしか過ぎない。大戦略は、経済的圧迫の力や外交的圧迫の力や貿易上の圧迫の力や敵の意志を弱化させるという相当大切な道徳上の力などを考慮に入れ、かつそれらを適用しなければならない。[*35]

したがって、リデルハートの大戦略の研究はたしかに完成からはほど遠いものであったにもかかわらず、それは「戦略の非軍事化」の道を切り開いたのであり、西洋の戦略思想を根本的に変化させたのである。そしてそのきっかけとなったのが、孫子の有名な格言である「戦わないで敵兵を屈服させることこそ、最高にすぐれたこと」である可能性が高いのだ。これは西洋に対して、過剰に軍事志向の戦略思想から抜け出すために必要とされていた、一つのインスピレーションや刺激を与えたのである。

リデルハートは自身のアイディアを、戦略から大戦略のレベルへと次々に移し替えて議論したのだが、それを何も考えずに応用したわけではない。たとえば彼は「大戦略は戦略を支配するべきものであり、大戦略の諸原則は戦略の分野で大いに行なわれている諸原則に対して背馳《はいち》する場合が多い」[*36]と考えていた。戦術レベルからボトムアップ式に大戦略レベルまで進化させる中で、西洋の戦略思想には二つの問題があると感じたのである。一つは平和に関する問題であり、もう一つは倫理・道徳についての問題である。実際のところ、この二つは同じコインの裏表の関係にあるのであり、リデルハートも以下のように指摘している。

「戦略」は単に軍事上の勝利に関する問題であるのに対して、「大戦略」はより長期的な見方の上に立っている。それは、「大戦略」は平和を勝ち取る問題であるからである。[*37]

戦略は、それが主に「騙しのアート」に関するものであるために、倫理・道徳問題とは正反対に位置するものである。ところが大戦略は、倫理・道徳問題と合致することが多い。なぜなら大戦略とは、目指すべき究極の状態を念頭において採るべき方向性を示すものだからだ。[*38]

リデルハート以前の西洋においては大戦略の概念が長期的に欠如していたため、これが「戦略思想は軍事中心的なものであるべきである」という誤解につながり、結果として、本質的に非倫理・道徳的なものになってしまった。このような理由から、西洋では軍事戦略と大戦略の調和が図られることはなかったのである。リデルハートは「大戦略は単に各種の要具を結合するのみでなく、また**将来の平和状態に害を及ぼさないよう**――すなわちその安全保障及び繁栄のため――それら要具の使用法を規整すべきである」と述べているが、これは遅きに失した発言と言えよう。[*39] このようなシンプルな規定や調和のことを、『孫子兵法』では「**全**（*quan*）の原則」と呼んでいる。

したがって兵法に優れたものは、他国の軍を戦闘を行わずに服従させたり、他国の都市を攻撃せずに攻略するし、他国を長期的な戦闘を行わずに破壊できるということになる。つまり「常に自国を完全な状態に保持しておいて、天下に覇権《はけん》を争うわけで、したがって軍隊を疲弊させることもなく、まるまる利益を受けとることができるのである。これが謀《はかりごと》で攻めることの原則」となる（第三 謀攻篇）のだ。[*40]

この格言は、戦争において得たものを維持するためには、戦いによって発生する被害を最小限に押さえることが重要であることに注目するよう促している。これこそが、平和を勝ち取るための最大のカギだというのだ。リデルハートはこの教えを、近代の文脈《コンテクスト》に置き換えて復活させている。

戦略爆撃が戦後状況に対し残す悪影響の甚しいことも、さらに明白である。

修復の困難な膨大な規模の荒廃状態の陰に隠れて存在しているのは、明白には見えないが、しかし物質的荒廃よりはおそらくさらに永続的な社会的・精神的影響である。[*41]

孫子を越えた議論として、リデルハートは以下のように明白な証言をしている。「戦争における目的は、あなた自身の観点から見ても、よりよい平和状態に達することであろう。それゆえ戦争の遂行にあたってはあなたの希望する平和状態を常に念頭においておかなければならない」。[*42]ところが勝利の意味の定義についての議論になると、「戦前よりも戦後の平和状態、それも自国民の平和状態が良くなるというのが真の意味の戦勝である」[*43]と述べており、これは孫子の「これこそ敵に勝っていよいよ強さを増す方法というものである」（第二作戦篇）[*44]という格言を思い起こさせるだけだ。

結局のところ、リデルハートと孫子の考えを明確に区別することは、かなり困難かもしれない。なぜならリデルハート自身が「この古典には、私が二〇冊以上の本を書いても論じられないほど多くの戦略や戦術の原理が説かれている」[*45]と認めているからだ。ところがこのような問題があるにもかかわらず、彼の孫子の再発見や、その多くのアイディアの借用は、西洋の戦略思想の議論を永遠に変えてしまったのであり、ボーフル、ワイリー、そしてボイドのような、西洋の戦略思想の色合いは濃くないが、普遍的で応用度の高い考えを持つ人々の著作に、大きな影響を与えたのである。

ジョン・ボイド：アメリカの孫子

リデルハートは「間接的戦略」という概念の中に孫子の教えを要約しようとしたが、この試みは客観的に見ても「ささいな成功」という程度のものであり、単純化のしすぎであったり、同義語反復的《トートロジカル》として批判されることが多い。ところがリデルハート、さらには孫子に大きな影響を受けたジョン・ボイドは、たしかにリデルハートの足跡を追ったが、その戦略論を直接受け継いだわけではない。リデルハートと同様に、ボイドは当時の軍事ドクトリンとその実践は根本的に間違っていたとして、孫子の考えを西側の戦略思考にほぼ完全に取り入れようとした。ところが彼はそれを再構築して合理化し、西洋の様々な科学理論を使って、東洋の思想を近代化させたのである。

自身の紛争や戦いについての中心的なアイディアが記されている「紛争のパターン」（*Patterns of Conflict*）という一九三ページのプレゼン資料があるが、この中でボイドはまず孫子の話から始め、次に読者を二〇世紀の話題に誘ってから、最後に孫子に戻って話を終えている。[*46] 要するに、このプレゼンは、ボイドが考える「孫子の視点」から見た、軍事史の分析（と言ってもかなり偏見のあるものだが）なのだ。そしてボイドは冒頭の部分で、孫子の扱っていた「テーマ」や、その戦略論を重要視していることを明確にしている。

テーマ

・調和と信頼
・義と繁栄
・不可思議と不可解
・騙し（詭道《きどう》）と屈服
・速度と流動性
・分散と集中

・奇襲とショック

戦略

・敵の強さ、弱点、動きのパターン、そして意図を暴くために、組織と傾向を徹底的に調べよ。
・敵の計画と行動を操作するために、外的環境の認識を形成すること。
・最上の戦争は、敵の策謀をうち破ること、その次は敵と他国との同盟を阻止すること、その次が実戦に及ぶことで、最も拙劣なのが城攻めである。
・**奇法**と**正法**の両方をすばやく使い、強点を相手の弱点に向かって思いがけない形で打ち込め。

そしてボイドが示した「望ましい帰結」というのは、「戦わずに敵兵を屈服させること」と「長期戦を避けること」なのだ。[*47] このような孫子を要約したような形の教訓は、本気で孫子を読み込まないと出てこないものであることは明白だ。ボイドの伝記を書いたロバート・コラム（Robert Coram）によれば、ボイドはこれ以上ないほど孫子の「弟子」としての資格が十分だったという。その証拠に、ボイドは『孫子兵法』の英訳を七種類持っており、それぞれの本の中の文章には下線が付けられ、余白にはおびただしいコメントが書かれていたという。ボイドが最も好んでいたのはサミュエル・グリフィス（Samuel Griffith）の訳であり、のちに出たトーマス・クリアリー（Thomas Cleary）の訳も気に入っていたという。『孫子兵法』はボイドにとって、何度も繰り返し読み直すという意味で「ロゼッタ石」となったのである。コラムによれば「**戦争の理論書の中で、ボイドがほぼ完璧だと感じたのは孫子だけである**」という。[*48] 彼の孫子への強い尊敬の念は、「アレクサンダー大王やハンニバル、ベリサリウス、チンギス・ハーン、そしてタメルランなどは、孫子の中でもとりわけ「奇・正」や、戦闘の前に敵を崩壊させておくべきであるという考えと一致した行動をとっている」という、やや誇張した主張にもつながっている。しかもボイドは、西洋のアプローチに対する孫子のアプローチの優秀さを示すために、「戦闘の前に敵を崩壊させておくべきである」とする「東の司令官」と、「直接的に戦闘に勝て」と教える「西の司令官」とを対比させているのだ。*49

また、ボイドに対して、二〇世紀の新たな二つの強力な戦いの様式――電撃戦とゲリラ戦――の両極の間に横たわる、深い亀裂の間に橋渡しをするための理論的な土台を与えたのは、やはり孫子であった。ボイドによれば、電撃戦とゲリラ戦は、すべてのレベルにおいて、国家、もしくは政権の中に浸透し、政治、経済、そして社会的な構造の組織体を弱体化・粉砕化するものであるという。同時に、外交や心理学、そしていくつもの内密の活動を通じて、潜在的な同盟国を引き剝《は》がし、来るべき攻撃の前に、狙った敵を孤立化させるのだ。孫子式のこのようなプログラムを実行するために、電撃戦やゲリラ戦では、以下のようなことが行われる。

・相手、そして相手の側に付きそうなあらゆる仲間を、徹底調査して試したりする。これこそ相手の強さ、弱さ、動き、そしてその意図を暴くために行われるもの。
・不信感を醸成し、不和のタネを植え付け、相手とその同盟国たちの世界観に影響を与えるために、内部の決定的な意見の違いや、矛盾、摩擦、懸念などにつけ込む。これによって、
・「精神面での混乱、矛盾した感覚、優柔不断、パニック」の雰囲気をつくり出す……
・相手の計画や行動を、操作、もしくは阻む。
・いざとなった時に同盟国たちがその敵を助けることを、たとえ不可能であったとしても、困難にす

る。

ここでの最大の目的は「外的な政治や経済、そして軍事的な圧力を合わせて、相手に降伏を迫る」ことであったり、「相手を弱体化させ、その後に行われる軍事的な攻撃に対する抵抗力を最小化させる」ことにある。[*50] この二つの対照的な戦い方の相互的な概念の土台や、ボイドの「士気・精神・物質」的な紛争の土台は、孫子の視点を通さなければ見えてこないのである。

「ボイドの著作における本物の概念の父――と言っても古代の人間だが――として考慮されるべき存在」が孫子であるのは明白だが、[*51] 孫子の考えに手を加え、その妥当性を示し、現代にもその考えが通用するものとした、いわば「助産婦」的な役割を果たしたのは、やはり毛沢東である。ところがボイドの思想における毛沢東の役割は、ほぼ完全に無視されている。なぜなら『勝敗の言説』（*A Discourse of Winning and Losing*）という論文の中では、毛沢東はたった一度しか言及されていないからだ。

毛沢東はソ連の革命的なアイディアの下で強力な現代の（ゲリラ）戦争を創造するために、孫子のアイディアと、古典的なゲリラ戦略と戦術、そしてナポレオン式の機動的な作戦を合成したのである。

そしてその結果として生まれたのが、以下のものである。

現代のゲリラ戦は、「総力戦」のための全体的な政治、経済、社会、そして軍事的な枠組みである。[*52]

ボイドは毛沢東の戦争方法に、新たなゲリラ戦のやり方を見ただけでなく、現代戦の新たな戦い方、つまり「総力戦」の全く新しい形を見出したのだ。「第四世代戦」(the Fourth Generation Warfare)の支持者たちが、毛沢東をその最初の実践者、もしくは「第四世代戦の父」と見なしているのは、まさにこの点にある。[*53] 第四世代戦の定義を考えれば、これはたしかに正しい。なぜなら第四世代戦の狙いは、使用可能なネットワーク——政治、経済、社会、そして軍事——をすべて使い、敵の政治意志決定者たちに対して、自分たちの戦略目標は得られる利益に対してリスクがあまりにも高く、そもそも達成不可能である、と思い込ませることにあるからだ。[*54] これこそがボイドの思考の核心にあるものだ。なぜなら彼は、同時多発的な脅しの使用と、多重レベルにおける攻撃を強調したからであり、これはまさに孫子が二五〇〇年前に提案したものだからだ。さらに重要なのは、毛沢東の戦争方法が、ボイドの提案する本物の大戦略的・効果ベース思考のアイディアについての、数少ない知的源泉となっている点だ。そしてこれはボイドの主張する「士気・精神・物質的紛争」と「大戦略」の考えの土台となっている。

ボイドが毛沢東の戦争方法についてそれほど入れ込んでいないという事実は、おそらく彼が西洋の戦略思考の枠組みから孫子のものへとまだ十分に移り切れていなかったからだ、と議論することもできよう。ボイドの理論の解釈をした代表的な人物の一人にフランス・オシンガ(Frans Osinga)がいるが、彼は孫子が、精神、士気、そして物質的な面にまで広がる、無数の戦略・戦術レベルの要素を提唱していたことに気づいている。そしてこれは、敵の「同盟の質」のような、大戦略レベルの要素と組み合わせることによって敵を崩壊させるために使われる、というのだ。[*55] ところがボイドに「物質・精神・士気」という戦争の三つの領域についての**確固とした**概念を教えたのは、ルーデンドルフが一九一八年に採用した浸透戦術のインパクトを分析した、J・F・C・フラー(J. F. C. Fuller)だった。ボイドは「紛争のパターン」(*Patterns of Conflict*)の中で、これを自らの紛争における「三つの様相《モード》」を説明するための材料として使ったのである。[*56] この三つの様相をそれぞれ説明すると、敵の物質的力の破壊(戦闘力)、精神面でのプロセスの混乱（思考力）、そして敵の抵抗の意志の崩壊（忍耐力）となる。さらにフラーは、この三つの領域で作用している力は、それぞれ独立した形ではなく、シナジー的な形で融合的に働いているとつけ加えている。[*57] フラーの「戦争の三つの領域」という概念は、孫子の枠組みとほぼ似通っているのだが、根本的に異なる分野が一つだけある。それは、フラーの概念が本質的に作戦レベルのものであり、高かったとしても戦略レベルまでしか行っていないという点だ。それに対して孫子のものは大戦略レベルにあり、システムレベルのものだ。よって、ボイドの研究の関心が主に軍事レベルのものであったことを踏まえつつ、現代戦を戦う上で毛沢東の戦争方法が効果的であると気づいていたにもかかわらず、彼は実質的にフラーの概念に従うような軍事作戦や戦闘の考えに戻らなければならなかったのだ。

　ボイドは、毛沢東の戦争方法が実質的に孫子の考えを近代化したものであるという事実を完全には見抜けなかったようである。結果として、ボイドは「士気・精神・物質面での紛争」という考え方を「?と?の戦略的ゲーム」（*The Strategic Game of ? and ?*）というブリーフィング用のスライドの中で拡大しようとしたにもかかわらず、その成果はあまり芳《かんば》しくなかった。結果として彼は、孫子や中国の戦略思想の大戦略志向の考えを再構成するには至らなかったのである。[*58]

　ところがこのボイドの「未完の仕事」は、孫子や毛沢東の視点から戦争を捉えたボイドの第四世代戦の後継者たちによって補われることになった。彼らはボイドのやり方を「いくつかのレベルで同時的に応用できるメソッド」として捉えるのではなく、ボイドが従来の戦争のレベル――戦術・作戦・戦略――を越える、新たなに三つの戦争のレベルを提案したと考えたのだ。

> ボイド大佐は、**物質的・士気・精神**という三つの新しいレベルを見つけた。さらに彼は、物質的レベル――殺害と物の破壊――が最も力が弱く、士気のレベルが最も強力であり、精神レベルがその間にあると論じた

のである。*59

ところがこれは、第四世代戦が抱える最大のジレンマにつながっていく。このジレンマとは、自分にとって物質的（時には精神的）レベルで効くものがあったとしても、それが士気レベルでは逆効果になることも多い、というものだ。よって第四世代戦では、戦術レベルの戦闘ですべて勝っても戦争に負けることは容易に起こり得ることになる。もちろん火力を投入することによって、現地で犠牲者を出し、建物などに被害を与えることで、物質的レベルで勝っても、士気のレベルにおける敗北に近づくこともあり得る。いずれにせよ、士気レベルこそが決定的だからだ。*60

第四世代戦にある物質的レベルと士気レベルの矛盾は、戦術レベルと戦略レベルの間にある矛盾と似ている部分があるが、それでも両者は全く同じというわけではない。士気・精神・物質的レベルは、従来の戦術・作戦・戦略のすべてのレベルで作用しているからだ。レベルの間の不調和は、第四世代戦において、相手が付け入ろうとする隙《すき》を発生させることになる。*61

戦争の新しいレベルの導入が革命的であったのは、それらが戦争の遂行（即ち戦略）のために作られたものであり、目的は純粋にその一点にしかなかったという点にある。このレベルは従来の戦争のレベルのすべてを考慮に入れたものであり、その焦点は戦略的効果だけに絞られていた。結果として、これはその当初から、すべてのレベルの間の不調和を妨《さまた》げるようにされていた。さらに言えば、この新しい戦争のレベルという概念は十分に「非軍事化」されていたために、戦時・平時にかかわらず、あらゆる紛争の状況に応用可能であった。これによって、古いスキームに対する新たなスキームの説明力の高まりへの大きな一歩を与えることになったのである。いずれにせよ、この新たな戦争のレベルという概念は、効果を土台とした戦争・戦略や、孫子や毛沢東によって提唱された大戦略を中心とした戦い方への発展の、重要な第一歩となったのだ。

ボイドはこの中国の戦略思想のエッセンスのすべてを掌握《しょうあく》する、一歩手前まで来ていた。その理由は、彼の新しい戦争のレベルという概念が、古代中国の兵法書の一つで、孫子やその他の兵法書も収録されている「武経七書《ぶけいしちしょ》」の中の『尉繚子《うつりょうし》』（*Wei Liao-tzu*）の中で示されたものと驚くほど似通ったものであった点にある。たとえば『尉繚子』には以下のような指摘がある。

戦争にはつぎの三種類の勝ち方がある。一、「道」すなわち政治力で勝つ。一、「威」、すなわち威嚇力で勝つ。一、「力」すなわち軍事力で勝つ。[*62]

「道・威・力」が「士気・精神・物質的」という新しいレベルの概念に似通っていることは誰でも容易に気がつくはずだ。『尉繚子』の中では、三つのレベルをその効果の順に従って順序づけしているわけではない。ところがボイドの研究の中では、これらの三つがすべて重要であり、それらを統合的に使うべきだと示されている。ただしボイドは、士気面での力とその優位は、大戦略において特別な位置を占めていると考えていた。[*63]ボイドの士気レベルの強調は、孫子の考えと似通っている。孫子は物質的レベルと士気レベルの矛盾を強調しており、物質的レベルは士気レベルに劣ると主張しているからだ。

およそ戦争の原則は、自国を損傷しないことこそ上策で、損傷するものはそれに劣る。軍団を無傷に保つことこそ上策で、傷つけるものはそれに劣る。大隊を無傷に保つことこそ上策で、傷つけるものはそれに劣る。小隊を無傷に保つことこそ上策で、傷つけるものはそれに劣る（第三 謀攻篇）。[*64]

この文はボイドの「大戦略のための士気面でのデザイン」と一致する。このデザインで追求されているのは以下のものだ。

味方の士気面での優位を維持、もしくは高めつつ、相手の士気を弱めることだ。これはわれわれの戦意を固め、敵の戦意を落としつつ、相手やその他の存在に対して、われわれの大義や生き方にアピールして引き込むためである。[*65]

作戦レベルにおける「士気・精神・物質レベル」というものが大戦略のレベルまで到達し、これが最終的には孫子の戦争の哲学に回帰するということに気づくまで、ボイドは実に長い年月をかけている。ところがこれらも、孫子の格言である「戦わずして人の兵を屈するは善の善なる者なり」を越えるものではない。

これらの議論からわかるように、ボイドは孫子から直接的な影響を受けている。そしてこの事実は、ボイドと孫子の両方の著作を読んだ経験のある人々には明白だ。ところが西洋の戦略思想史の転換や、さらなる中国戦略思想との融合において決定的な重要性を持つボイドの偉業は、多くの点において西洋の人々にはわかりづらいままとなっている。その理由は、これらが西洋の戦略思想の中に欠けており、そもそも西洋の文化的・哲学的な枠組みにも当てはまらないだけでなく、それらが中国の戦略思想や哲学の土台を形成しているため、中国の文献の中でも明確に説明されることがほとんどないからだ。これは西洋の人々がこの問題にアプローチしようとする際の、深刻な障害となってしまう。ところがこのような点や前提が理解できないと、西洋における中国の戦略思想の理解は、単なる「砂上の楼閣《ろうかく》」となるだけだ。したがって、中国の戦略の土台を西洋の戦略思想に伝えるためには、ボイドのように、孫子やタオイズム、そして宮本武蔵（日本の有名な剣の達人：侍式の禅や禅仏教を実践した）の考えにも詳しい人々が必要となってくる。

したがって、孫子の考えに大きく依存していたボイドのような人間にとって、中国の戦略理論が西洋のそれと大きく違うことに気づくことは、極めて当然のことと言える。**西洋の戦略理論は、基本的に「戦争の理論」であり、「戦略の理論」ではないのだ。**西洋の戦略思想家たちは、主に戦争はどのようなものであり、それがどのように変化してきたのかという点について考えを集中させてきたわけだが、戦略がどのように実践されてきたのか（もしくは戦略の「アート」）については、理解を深めるための努力をほとんど行っていない。これが西洋における「行動のための戦略理論」の確立にとっての障害となってきた。中国側の視点で「戦略理論」というのは、戦争や戦いをどう捉えて、それらに対してどのように取り組んでいけばいいのかについて、焦点を絞るべきものであろう。孫子や老子の軍事・戦略的弁証法を含んだ中国の戦略思想（第三章を参照）とは違って、西洋の戦略思想の中ではこのような認知的な問題は存在しないため、ボイドはそれを白紙の状態からつくり上げなければならなかったのである。

ボイドのＯＯＤＡループ〔ウーダループと読む〕は、実質的にこの空白を埋めることになった。西洋の戦略思想に一つの「思考方法」を提供したからである。多くの批評家たちはＯＯＤＡループが、ボイド自身の戦闘機パイロットとしての経験から来たのか、それとも孫子の「謀《ぼう》を伐《う》つ」から来たのかを議論するのかもしれないが、**西洋の戦略思想にとってのＯＯＤＡループの本当の重要性とは、戦略や戦略的思考そのものに決定的となる、精神面での働きを再構築した点にある。**究極的に言えば、ボイドの狙いは、何かしらのドクトリンの妥当性について人々に納得させることではなく、一つの考え方、考えのプロセスを思いつかせることにあった。[*66] これについてボイドは自らこう記している。

ＯＯＤＡループがなければ……そしてループ（もしくはその他の環境）の内側に入っていくことができなければ、われわれは実質的に、この不確実で常に変化し、予測不能で生成発展する現実に流されるだけで、それを理解し、形成し、順応することが不可能となってしまう。[*67]

ＯＯＤＡループは、それ自体が**認識論的な表明**となっている。それは、われわれが自らのいる環境の知識を得る方法についての、抽象的かつ理論的なモデルだ。[*68]これは西洋の戦略思考を当初の「戦略的」な形で復活させるための、大きな第一歩となる。

われわれがＯＯＤＡループから（とりわけボイドの最後のブリーフィング用スライド「勝敗のエッセンス」［*The Essence of Winning and Losing*］の中で示されている図：211頁を参照のこと）からわかるのは、**ボイドが西洋の戦略の枠組みの中で直感的思考や判断というものを復活させようとしていた**という点である。ＯＯＤＡループは監視（Observation）、情勢判断（Orientation）、意思決定（Decision）、そして行動（Action）という四つの段階で構成されているのだが、これはそのほとんどが情勢判断によって動かされている。ボイド自身も「二つ目のＯにあたる情勢判断が、ＯＯＤＡループでは最も重要となる。なぜならこれこそが、われわれの監視、意思決定、そして行動の仕方に、それぞれ影響を与えるからだ」と述べている。[*69]そしてボイドの「情勢判断」の定義が示唆しているのは、直感的思考である。

情勢判断とは、世襲遺産、文化的伝統、経験、そして新たに展開しつつある状況などの相互作用を形成し、形成される、多く面を持った暗黙の相互参照的予測、共感、相関性、そして拒絶などによる、一つの相互作用プロセスである。[*70]

さらに、以下のOODAループの図からもわかるように、ボイドは「情勢判断」にある「絶対的な指示と制御」を「監視」と「行動」の中に含めている。これは変化しつつある状況や、速まるテンポ、そしてループの中の「情勢判断」と「意思決定」のステップをスキップして、「情勢判断」と「行動」だけを同時多発的に行えるような、適切な「**指先感覚**」(*Fingerspitzengefühl*)を発展させられる方法を教えているのだ。このスピードは、急激に変化する環境と自らの関係についての、深い直感的な理解から発生するものだ。これによって、指揮官はループの一部をバイパスしているように見えるのである。[71] ボイドがいくら努力してこれらの概念を西洋の科学用語やモデルなどを使おうとしても、彼が西洋の人々に対して、従来の彼らの考え方には存在しない考え方、つまり「直感的思考」というものを教えようとしている事実は隠せない。これはボイドの伝記を書いたコラム自身によって「情勢判断のフェーズは非線型のフィードバックシステムであり、その性質からしてもわれわれの知らない領域への一つの道であることを意味している」と指摘されている。[72]

また、「高速化したOODAループは、クラウゼヴィッツの**一瞥**《いちべつ》(*coup dzoeil*《クーディユ》)の実践にすぎず、クラウゼヴィッツもボイドの考えに納得したはずだ」という結論も導き出しやすい。[73] ところがOODAループには単なる「素早い決断」よりも、実に多くの要素が含まれている。もう一つの重要な要素として挙げられるのは「パターンの認識」であり、これは細かい個別のデータや経験を合成して一つの大きな絵を描くのに必要なプロセスを司《つかさど》るものだ。そしてこれは、戦略の分野においては「決断」そのものよりも大きな重要性を持つものだ。OODAループのこの面や、ボイドの孫子に近い概念・知的側面に関しては、孫子の視点からOODAループ全体の考え方を再検証するのが良いだろう。前章でも触れたが、中国の思想における「直感」の支配的な立場や、戦争における「**一瞥**」が『孫子兵法』の中に取り入れられていたことを考えれば、孫子にとって「直感」というものをわざわざ強調する必要はなかったことがわかる。しかも孫子は、すでに戦争や戦闘における極めて抽象化された概念として「形」と「勢」という二つの概念を発展させていたのである。したがって、ボイドが中国の「パターン認識」の考え方に気づかなかったわけがなく、OODAループはまさにそれが取り入れられた結果であることがわかる。ボイドによれば、「パターン（ここでは情勢認識のことだ）が正しいかどうか、もしくはそれが欠けているかどうかというのは、多くの面を持った暗黙的な相互参照を遂行するための能力（もしくはその欠如）を示している」のである[*74]。この箇所が示しているのは、ボイドがそこまで情勢認識（もしくは直感的思考）に重要性を置いていたのかという理由が、正確なパターンやメンタル・イメージをつくり出すところにあったということだ。これはボイドの考えを再検証した、オシンガの記述でもわかる。オシンガはボイドの思想の概念の源泉は孫子だと指摘しており、ボイド的な視点で孫子を読み解いている。

孫子の著作が示しているのは、完璧な知識を得ることが可能であるということだが、これは絶対的な確実性の獲得からではなく、むしろ状況の正しい解釈の樹立からであり、これはボイドの研究においても重要なテーマの一つとなっている。**予知はパターンや関係性を読み解く力から発生するものであり、これが示唆しているのは、それがある対象に対する包括的な視点から生まれるということだ**。たとえ完璧な情報を得ていたとしても、もしその意味を深く理解できなかったり、そのパターンが見えなかった場合は、それは全く価値のないものとなる。判断力がカギである。判断がなければ、データは意味をなさない。つまりこれは「**情報を多く持っているほうが必ず勝つ」ことを意味するわけではなく、むしろ良い判断ができた側、そしてパターンを読み解けたほうが勝つ**、ということなのだ。さらに言えば、それはダイナミックな状況についての判断力である。孫子はただ単に、戦いに優れた人はその状況が勝利か敗北のチャンスをもたらしているかどうかを判断することができる、と述べているだけであり、この「勢」についての印象が、ある特定の時間に発生した状況を客観的な視点から切り取った、いわば瞬間的な「絵」であることを認識しているのだ[*75]。

OODAループの図

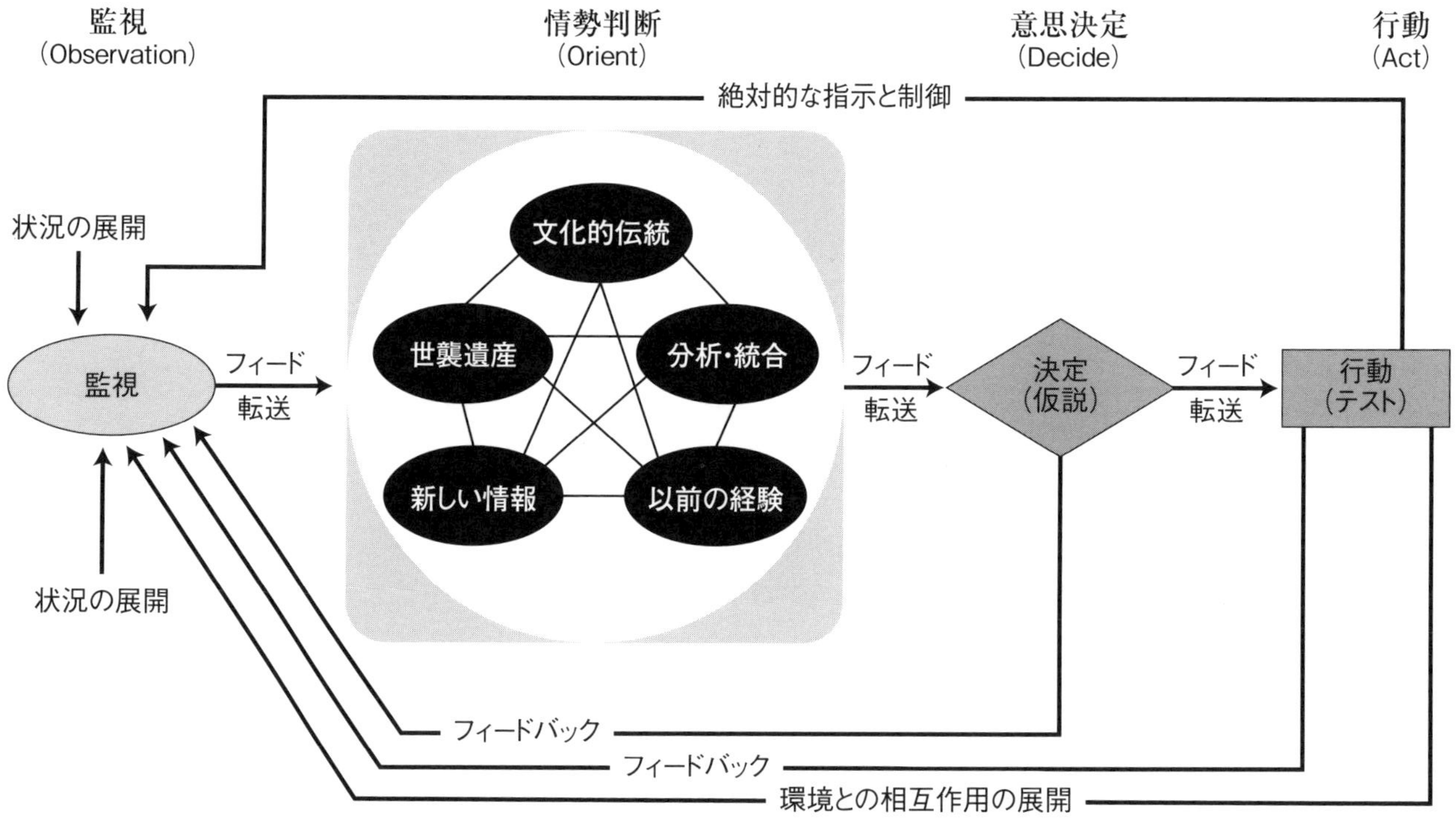

監視
(Observation)
情勢判断
(Orient)
意思決定
(Decide)
行動
(Act)
絶対的な指示と制御
状況の展開
状況の展開
監視
フィード
転送
文化的伝統
世襲遺産
分析・統合
新しい情報
以前の経験
フィード
転送
決定
(仮説)
フィード
転送
行動
(テスト)
フィードバック
フィードバック
環境との相互作用の展開

ボイドが中国の戦略を採用して再構成した中でも、われわれがさらに注目すべきなのは、彼が中国の戦略思想の哲学的土台をしっかりと捉えていた点にある。ボイドは中国の戦略の核心に迫るには、まずこの哲学的な面を克服することが何よりも大切であることを理解していた。そしてその点での大きな障害の一つであったのが、陰陽論である。ボイドが発見した中国の哲学的概念の中でも、陰陽だけは西側の科学理論の中に似たようなものはなく、しかもこれほど西洋の論理とは矛盾したものはなかった。したがって、ボイドは独学でそれを学ぶしかなかったのである。ところがその概念を理解したあとに、ボイドは自ら考えの中に取り入れて、すぐに自らの考えの中心的な「柱」としたのである。

ボイドは正反対の視点、つまり一つのものごとの反対や、両極の間のトレードオフの視点から見るようになった。黒と白、オンとオフ、上と下、遅さと速さ、そして無数の正反対の概念のペアが、彼の思考の中に現れるようになったのだ。ボイドは概念の半分だけを考えるだけでは飽き足らず、その反対の概念、別の選択肢、さらにはその二つの間の関係についても考えるようになった。そして当然ながら、その中間のグレーのエリアについての検証も始められた。これが彼の考え方だったのであり、このおかげで彼は他のほとんどの理論家とは異なり、いわゆる「常識」というものをはるかに多く疑い、その反対の解釈を検証することになったのである。[*76]

ボイドが残した研究の中には、中国式の論理や弁証法の痕跡がそこら中に見られる。それは、分析・統合や、破壊・創造、オープン・クローズド、有機的・無機的、孤立・交流、暗黙・顕著などのような、相反的な概念の使い方にある。ボイドがこのアイディアをマスターしたということは、孫子と同じ土俵に立ったということだ。なぜなら「奇・正」「虚・実」のような中国の戦略思想のあらゆる重要な概念は、陰陽論を土台とした「関連性のある概念のペア」という形で表現されているからだ。そして中国の戦略家と同じように、ボイドは決して陰陽そのものをパラドキシカルなものと見なすことはなく、その反対に、矛盾とパラドックスを解決するために積極的に活用したのだ。西洋の戦略論では陰陽の考えは欠けており、これこそが中国と西洋の戦略論の根本的な違いとなっているのだが、ボイドがこれを西洋の戦略論の枠組みの中で再構築しようと試みたことは、その二つの間の橋渡しだけでなく、陰陽をすべての戦争のレベルにおいて活用することであった。これにより、西洋に対して中国の論理《ロジック》の中心にあるものが、戦略の一般理論において欠かすことのできないものであることを証明しようとしたのだ。

明らかに中国由来である陰陽の概念とは異なり、カオス理論や複雑系理論の理解や応用に見られるボイドの思考の体系的な方向性や、戦略思想における複雑的順応システムの概念は、西洋における新しい科学の理論か、孫子とタオイズムの教え、またはその両方から得られる可能性のあるものだ。本書ではボイドが受けたこの影響が、東洋のみから来たということや、その影響は東洋のものが西洋のそれを上回るなどと論じるつもりは毛頭ない。そもそもこれを見極めることは不可能だからだ。それでもボイドの東洋思想についての知識はかなり豊富であり、しかもその理論が孫子に近いものであることを考えれば、ボイドが全般的に科学的な理論を応用している事実は、それが目的なのか、それとも中国の戦略的世界観を再構築するという目的のための一つの手段なのかは、あえて検証する価値がある。

もちろんこの判断の結果は、見る人によって違うし、誰も証明できないということになりそうだが、クラウゼヴィッツとボイドの場合を比較するのは意義があるだろう。両人とも、自分たちが生きていた時代に発展していた科学の知識を、自らの理論に取り入れているからだ。たとえばクラウゼヴィッツの「摩擦」や「重心」という概念は、明らかにニュートンの科学から取り入れられたものだが、ボイドもその当時の新しい科学的知見を積極的に参考にしている。[*77] クラウゼヴィッツのこのやり方によって、われわれは戦略的な概念のコミュニケーションにおける、用語やモデル、喩《たと》え、そしてイメージの重要性というものが理解できるようになったのである。つまり適切な用語やモデル、喩え、そしてイメージが存在した場合にのみ、われわれはその概念を正しく伝えることができる。ニュートン科学の枠組みがなければ、摩擦や重心のようなクラウゼヴィッツの概念は形のないアイディアとして無視されたのかもしれない。ところがクラウゼヴィッツは、戦争におけるいくつかの現象、もしくはすでに自分の頭の中にあった認識を説明するために、ニュートン科学を使ったのだ。おそらくボイドの場合もこれは同じであり、彼は自分の考えを説明するために新しい科学の知見を利用したのである。ところがこの当時は、ボイド自身の考えだけでなく、むしろ新しい科学によってもたらされた新たな知見を、それまで説明するのが不可能だった中国の戦略思想や、その背景にある認知・哲学的な土台を説明するために使用した、ということも同じく言えるのである。彼が出てくるまでは、戦略思想家たちにはそのようなチャンスが全くなかったからだ。

クラウゼヴィッツのケースがさらに重要なのは、適切な用語やモデル、喩え、そしてイメージがなければ、クラウゼヴィッツの非線的な戦争についての認識の出現には、『戦争論』が出版された後の一六〇年後となる二〇世紀末まで待たなければならなかったという点だ。[*78] これが教えているのは、まず一方で、用語やモデル、喩え、そしてイメージというものが極めて有効なものである、ということであり、その一方でさらに重要なのは、それらは自らの考えを補強するのに常に有効である、ということだ。アラン・バイエルシェン（Alan D. Beyerchen）はこれについて以下のように語っている。

クラウゼヴィッツが比喩的なイメージを多用したもう一つの理由は、彼が当時流行していた融通の利かない（しかもフランス語だらけの！）幾何学の原則やモデルによる専門用語を信頼していなかった点にある。彼は当時の新しい科学――化学、熱力学、磁気学、電気学、胎生学――を好んでいた。これらは彼が議論をしたかったダイナミックな現象について、斬新かつハイテクで最前線の研究による用語を提供していたからだ。[*79]

ボイドが生前に直面した経験は、クラウゼヴィッツが経験したこととほぼ同じであった。二人とも古い既存の思考体系から抜け出すために、当時の新しい科学の知見を使わなければならず、これができなければ自分たちのアイディアを決してうまく説明することはできなかったからだ。また、ボイドの場合には中国と西洋の思想間の文化横断的なものごとについて対処しなければならなかったという、別の課題もあった。ところが幸運なことに、ボイドは科学の発展が盛んな時代に生きており、またF・カプラ（Fritjof Capra）の『タオ自然学』（*The Tao of Physics*）のような著作を読めたおかげで、西洋の科学と東洋の神秘主義の間にある巨大な溝を橋渡しすることが可能となったのだ。[*80]

オシンガは『科学、戦略、そして戦争』（*Science, Strategy and War*）の中で、ボイドが追求していたのは戦争の一般理論ではなく、**敵対的な状況における複雑的順応システムにおける戦略行動の一般理論**であったと述べている。[*81] 彼は正しい。そしてこれはボイドだけではなく、孫子にも当てはまる。『孫子兵法』は決して「戦争の一般理論」としてではなく、体系的に戦争にどのように勝つのかを教える「戦略の一般理論」としてつくられたものだ。その有機的な比喩は、おそらく孫子に由来するものであろう。ボイドはその中で、軍隊を「複雑的順応システム」として捉えたのであり、戦争を二つの「複雑的順応システム」同士の「非線形な衝突」と見たのである。[*82] もちろん孫子が生きていた時代には「複雑的順応システム」や「非線形」という言葉は存在しなかった。上記のクラウゼヴィッツの例からもわかるように、孫子はそのような概念を自ら気づいたのであろう。ただしシステム的な考え方は、孫子が登場するはるか以前から中国の思想や哲学の中にあったという事実は重ねて指摘しておくべきだ。したがって、オシンガはロバート・ジャーヴィス（Robert Jervis）の「戦略のための三つの提案」を、相互関係が密接で強力な一つのシステムの中で活動する場合のものとしてリストアップしているが、[*83] これは社会的な分野に応用できることを証明するよりも、むしろカオス理論や複雑系の理論に近い孫子との密接な関係性を見せている。ジャーヴィスの「戦略のための三つの提案」は以下の通りである。

・相手の選択肢を制限し、
・非線形的な環境を理解し、
・間接的な効果を狙い、いくつもの戦略をマルチに適用する。[*84]

一つ目の提案は、孫子のスキーム「敵のコントロール」であることがわかる。二つ目の提案は、中国の世界観の土台にあるものであり、三つ目の提案は「状況・帰結アプローチ」に現れているだけでなく、これこそが孫子の典型的な主張であり、リデルハートやボイドが繰り返し借用しているものだ。つまり孫子の考えは、システム的な考えとしては実に合理的なものなのだ。ここまで来ると、ボイドの科学的な理論を自身の考えの中で大々的に活用している事実は、その活用だけが目的なのではなく、実質的に**中国の戦略思考を西側の科学理論を使うことによって西側に再導入する**という点にもあることがわかる。

『ジョン・ボイド円卓会議』（*The John Boyd Roundtable*）という本の中には、「勝敗の言説」の主な知的土台となったものが、一つの図で示されている。[*85] その土台は三つの「ゾーン」に分けられており、一つ目のゾーンは軍事史と戦略、二つ目は科学と数学、そして三つ目が東洋哲学となっている。すでに触れたが、「紛争のパターン」におけるボイドの軍事史と戦略の全体的な視点は偏《かたよ》ったものであり、これは自らの考えが反映された「孫子のレンズ」から見た軍事史の再解釈とも言えるものであった。それでも東洋哲学とあいまって、ボイドの思想の源泉となった三つのゾーンのうちの二つは、孫子と東洋思想とかなり関係が近く、さらに孫子はボイドの著作で示されている考えの「本物の父」と捉えることも可能であることは言うまでもない。やはりわれわれは、ボイドの考えを、孫子や東洋思想のレンズを通して再読すべきであろう。ところがこの分野の知識が限定的なこともあり、西洋ではボイドの方向性や目的が変化したとは受け取られず、それが「歪《ゆが》み」として捉えられがちだ。もしこのような修正がなされなければ、西洋の戦略思想の方向性を変え、中国の戦略思想をさらに取り入れるための基盤を整えようとしたボイドの試みは、そのすべてが水泡に帰すことになってしまう。

まとめ

リデルハートとボイドは、西洋の戦略思想の発展の歴史において「非線的変化」を起こした人物である。この二人とも、西洋の戦略が変化を必要としている時に孫子にヒントを得ようとしていた。リデルハートは孫子から、クラウゼヴィッツの代替案となる対照的な戦略モデルや、必要性が大きい「大戦略」（と平和）についての原則や方向性を借りている。同時にボイドは孫子から、遅まきながらも西洋の戦略思想に必要とされていた、戦争の本質の理論から戦略の理論へと向かうきっかけを学んでいる。それでも彼らの中国・東洋思想への取り組み方や理解の度合いは、やはり根本的に異なるものであった。リデルハートは、西洋の人々の中でも孫子を再発見した初期の人間ではあるが、当然ながら、彼の孫子の応用は断片的で不完全なものであった。また、彼は中国の戦略の土台を把握しようとさえしていなかった。結果として、彼の「間接的アプローチ」には、確固とした理論的土台が欠けており、同義語反復的《トートロジカル》であるとして避けられることが多かった。その一方で、ボイドは西洋の軍事ドクトリンとその実践は根本的に間違っていると気づいており、西洋の戦略思想を中国側に一気に方向転換する必要性を感じていた。彼は中国と東洋の思想から無数のヒントを（気づかれないように）西洋の戦略思想に輸入しており、これを科学用語や理論を使うことによって西洋の言葉に再現したのである。もちろん彼の試みは「成功」からはほど遠いものだったのかもしれないし、彼の提案の多くは気づかれることもなかったのだが、それでもボイドは、西洋の戦略思想に大きな風穴を開けたのである。東洋思想を西洋の科学理論を使いながら再構築して合理化することにより、ボイドは中国と西洋の戦略思想を「同調」させるという極めて重要な役割を果たした。言い換えれば、**ボイドは西洋の戦略論に中国の戦略思想の要素を直接吸収して受け入れるための土台を敷いたのだ。**西洋の戦略業界の人々がこの前例のないチャンスの背後にある重要な意味を理解できれば、西洋の戦略思想を発展させたり、修正したり、中国の戦略思想の（再）理解、そして戦略の一般理論の確立につなげられるかもしれない。

＊1　Sun Tzu, *Sun Tzu*, trans. Griffith, pp. vi-vii.［サミュエル・B・グリフィス著、漆嶋稔訳『グリフィス版　孫子：戦争の技術』日経BP社、二〇一四年、七～一二頁］
＊2　B.H. Liddell Hart, *The Decisive Wars of History: A Study in History*, London: G. Bell & Sons, 1929.
＊3　Tony Corn, "From Mars to Minerva: Clausewitz, Liddell Hart, and the Two Western Ways of War," *Small Wars Journal*（21 May 2011）, p. 29;〈http://smallwarsjournal.com/blog/journal/docs-temp/767-corn.pdf〉
＊4　Richard M. Swain, "B.H. Liddell Hart and the Creation of a Theory of War, 1919-1933," *Armed Forces & Society*, 17, 1（Fall 1990）, pp. 35-51（electronic version）.
＊5　Ibid.
＊6　Liddell Hart, *Strategy*, p. 5.［リデルハート著、市川良一訳『戦略論』原書房、上二〇一〇年・下二〇一一年、上四頁］
＊7　Sun Tzu, *Sun-tzu*, trans. Sawyer, pp. 197-8.［軍争の難きは、迂を以て直《ちょく》と為《な》し、患《かん》を以て利と為す。故に其の途《みち》を迂にしてこれを誘《いざな》うに利を以てし、人に後《おく》れて発して人に先んじて至る。此《こ》れ迂直《うちょく》の計を知る者なり……迂直の計を先知す

る者は勝つ。：町田三郎訳『孫子』四五～四六、四八頁〕

＊8　Ibid., p. 187.〔凡《およ》そ戦いは、正を以て合い、奇を以て勝つ。：町田三郎訳『孫子』三〇～三一頁〕

＊9　Ibid.〔戦勢は奇正に過ぎざるも、奇正の変は勝げて窮むべからざるなり。奇正の相生《あい》ずることは、循環の端《はし》なきが如し。孰《たれ》か能《よ》くこれを窮めんや。：町田三郎訳『孫子』三〇～三一頁〕

＊10　*Questions and Replies*, in *The Seven Military Classics*, trans. Sawyer, pp. 324-5.〔善く兵を用うる者は、正ならざるなく、奇ならざるなく、敵をして測るなからしむ。故に正もまた勝ち、奇もまた勝つ。：守屋ほか訳『司馬法』二八八頁〕

＊11　Sun Tzu, *Sun-tzu*, trans. Sawyer, p. 193.〔兵の形は実を避けて虚を撃つ。：町田三郎訳『孫子』四三頁〕

＊12　Ibid., p. 199.〔正正の旗を邀《むか》うることなく、堂堂の陣《じん》を撃つことなし。：町田三郎訳『孫子』四九～五〇頁〕

＊13　Sun Tzu, *Sun-tzu*, trans. Sawyer, p. 193.〔人みな我が勝の形を知るも、吾《わ》が勝を制する所以《ゆえん》の形を知ることなし。：町田三郎訳『孫子』四二～四三頁〕

＊14　Swain, "B.H. Liddell Hart and the Creation of a Theory of War, 1919-1933"（electronic version）.

＊15　Liddell Hart, *Strategy*, p. 329.〔リデルハート著『戦略論』下三六一頁〕（太字は引用者による）

＊16　Ibid., p. 208.〔リデルハート著『戦略論』下二三一頁〕（太字は引用者による）

＊17　Wylie, *Military Strategy*, p. 11.〔ワイリー著『戦略論の原点』一〇頁〕

＊18　状況・帰結アプローチについての詳細な議論については本書の第三章を参照のこと。

＊19　Corn, "From Mars to Minerva," pp. 18, 20.

＊20　Sun Tzu, *Sun-tzu*, trans. Sawyer, p. 184.〔勝兵は先《ま》ず勝ちて而《しか》る後《のち》に戦いを求め、敗兵は先ず戦いて而る後に勝を求む。：町田三郎訳『孫子』二五～二六頁〕

＊21　Jullien, *A Treatise on Efficacy*, p. vii.

＊22　Liddell Hart, *Strategy*, p. 342.〔リデルハート著『戦略論』下三七五頁〕（太字は原文ママ）

＊23　Ibid., p. 325.〔リデルハート著『戦略論』下三五七頁〕

＊24　Ibid., p. 324.〔リデルハート著『戦略論』下三五六頁〕

＊25　Windsor, *Strategic Thinking*, p. 174.

＊26　Liddell Hart, *Strategy*, pp. 325-6.〔リデルハート著『戦略論』下三五七頁〕（太字は原文ママ）

＊27 Ibid., p. 336 .〔リデルハート著『戦略論』下三六九頁〕（太字は原文ママ）

＊28 Ibid., p. 325.〔リデルハート著『戦略論』下三五七頁〕

＊29 Sun Tzu, *Sun-tzu*, trans. Sawyer, p. 177.〔戦わずして人の兵を屈するは善の善なる者なり。：町田三郎訳『孫子』一六〜一七頁〕

＊30 Corn, "From Mars to Minerva," p. 27.

＊31 Liddell Hart, *Strategy*, p. 212.〔リデルハート著『戦略論』下二三六頁〕

＊32 Ibid., p. 324.〔リデルハート著『戦略論』下三五六頁〕

＊33 Ibid., p. 325.〔リデルハート著『戦略論』下三五六頁〕

＊34 Ibid.〔リデルハート著『戦略論』下三五七頁〕

＊35 Ibid., p. 322.〔リデルハート著『戦略論』下三五三頁〕

＊36 Ibid., p. 353.〔リデルハート著『戦略論』下三八六頁〕（太字は引用者による）

＊37 Ibid., pp. 349-50.〔リデルハート著『戦略論』下三八二頁〕

＊38 Ibid., p. 220.〔リデルハート著『戦略論』下二四五頁〕

＊39 Ibid., p. 322.〔リデルハート著『戦略論』下三五三〜三五四頁〕（太字は引用者による）

＊40 Sun Tzu, *Sun-tzu*, trans. Sawyer, p. 177.〔必ず全《まった》きを以て天下に争う。故に兵頓《つか》れずして利全くすべし。此れ謀攻の法なり。：町田三郎訳『孫子』一七〜一八頁〕

＊41 Liddell Hart, *Strategy*, p. 349.〔リデルハート著『戦略論』下三八二頁、訳者により一部訳語を修正〕

＊42 Ibid., p. 353.〔リデルハート著『戦略論』下三八六頁〕

＊43 Ibid., p. 357.〔リデルハート著『戦略論』下三九〇頁〕

＊44 Sun Tzu, *Sun-tzu*, trans. Sawyer, p. 174.〔敵に勝ちて強を益《ま》すと謂《い》う。：町田三郎訳『孫子』一四頁〕

＊45 Sun Tzu, *Sun Tzu*, trans. Griffith, p. vii.〔グリフィス著『孫子』一一頁〕

＊46 以下を参照のこと。Boyd, *Patterns of Conflict*.

＊47 Boyd, *Patterns of Conflict*, p. 13.

＊48 Coram, *Boyd*, p. 331.（太字は引用者による）

＊49 Boyd, *Patterns of Conflict*, p. 14.

＊50 Ibid., p. 69.

＊51 Frans P.B. Osinga, *Science, Strategy and War: The Strategic Theory of John Boyd*, New York: Routledge, 2007, p. 35.

＊52 Boyd, *Patterns of Conflict*, p. 66.

＊53 以下を参照のこと。Hammes, *The Sling and the Stone*, Chapter 5.

＊54 Ibid., p. 2.

＊55 Osinga, *Science, Strategy and War*, p. 37.

＊56 Ibid., p. 32; Hammond, *The Mind of War*, p. 148.

＊57 Osinga, *Science, Strategy and War*, p. 32.

＊58 以下を参照のこと。John Boyd, *The Strategic Game of ? and ?*, unpublished manuscript, 1987.

＊59 William S. Lind, "FMFM 1-A, Fourth Generation War," Paper 2005.（太字は引用者による）〈http://www.d-n-i.net/lind4gw_manual_draft_3_revised_10_june_05〉

＊60 Ibid.

＊61 Ibid.

＊62 *Wei Liao-tzu*, in *The Seven Military Classics*, trans. Sawyer, p. 247.［およそ兵は、道を以って勝つあり、威を以って勝つあり、力を以って勝つあり。：守屋ほか訳『司馬法』一三八〜一四〇頁］

＊63 Boyd, *The Strategic Game*, pp. 53-7.

＊64 Sun Tzu, *The Art of War*, trans. Cleary, p. 66.［凡《およ》そ用兵の法は、国を全《まっと》うするを上《じょう》と為《な》し、国を破るはこれに次ぐ。軍を全うするを上と為し、軍を破るはこれに次ぐ。旅《りょ》を全うするを上と為し、旅を破るはこれに次ぐ。卒《そつ》を全うするを上と為し、卒を破るはこれに次ぐ。伍《ご》を全うするを上と為し、伍を破るはこれに次ぐ。：町田三郎訳『孫子』一六〜一七頁］

＊65 Boyd, *The Strategic Game*, p. 54.

＊66 Osinga, *Science, Strategy and War*, p. 7.

＊67 John Boyd, *The Essence of Winning and Losing*, unpublished manuscript, 1995.

＊68 Osinga, *Science, Strategy and War*, p. 242.

＊69　John Boyd, *Organic Design for Command and Control*, unpublished manuscript, 1987, p. 26.
＊70　Ibid., p. 15.
＊71　Coram, *Boyd*, pp. 335-6.
＊72　Ibid., p. 335.
＊73　Hammond, *The Mind of War*, p. 198.
＊74　Boyd, *Organic Design*, p. 17.
＊75　Osinga, *Science, Strategy and War*, pp. 36-7 .（太字は引用者による）
＊76　Hammond, *The Mind of War*, p. 120.
＊77　以下を参照のこと。Clausewitz, *On War*, Osinga, *Science, Strategy and War*.
＊78　以下を参照のこと。Alan D. Beyerchen, "Clausewitz, Nonlinearity, and the Unpredictability of War," *International Security*, 17, 3（Winter 1992）, pp. 59-90; Alan D. Beyerchen, "Clausewitz, Nonlinearity, and the Importance of Imagery," in David S. Alberts and Thomas J. Czerwinski（eds）, *Complexity, Global Politics, and National Security*, Washington, DC: National Defense University, 1997, pp. 153-70.
＊79　Beyerchen, "Clausewitz, Nonlinearity, and the Importance of Imagery," p. 166.（太字は引用者による）
＊80　以下を参照のこと。Fritjof Capra, *The Tao of Physics: An Exploration of the Parallels between Modern Physics and Eastern Mysticism*, 3rd edn, London: Flamingo, 1982.［F・カプラ著、吉福伸逸ほか訳『タオ自然学：現代物理学の先端から「東洋の世紀」がはじまる』工作舎、一九七九年］
＊81　Osinga, *Science, Strategy and War*, p. 239.（太字は引用者による）
＊82　Ibid., p. 124.
＊83　Osinga, *Science, Strategy and War*, p. 117.
＊84　Robert Jervis, *System Effect: Complexity in Political and Social Life*, Princeton, NJ: Princeton University Press, 1987, pp. 260-1.
＊85　Mark Safranski et al., *The John Boyd Roundtable: Debating Science, Strategy, and War*, Ann Arbor, MI: Nimble, 2008, p. 6.

第六章　中国の戦略文化

国際的な場における中国の行動において「戦略文化」(strategic culture) がどのような役割を果たしているのかという問題は、長年にわたって研究されてきた。本章では「中国の戦略文化」の研究の概観や、これまでの章で行ってきた分析を元に、西洋の読者にこの文化の理解をさらに深めてもらうような形で説明を行っている。とりわけ「中国」の戦略文化を強調するという文脈から、本章ではケン・ブース (Ken Booth) の戦略文化の定義である「国家の伝統、価値、態度、行動のパターン、習慣、シンボル、偉業、そして環境への対応の際や、軍事力の脅しや使用に関する問題の解決の際にとられる特定のやりかた」という考えに沿って議論していく。[*1]

西洋の構成概念としての「中国の戦略文化」

「中国の戦略文化」(Chinese Strategic Culture) とは一体どういうものなのだろうか？　そもそも「戦略文化」とは西洋の概念である。よって、現在の西洋における「中国の戦略文化」とは、当然だが、中国についての西洋や西洋式の解釈による理解ということになり、これには中国の政治・軍事思想や国民文化などの理解も含まれる。一九九五年にアラステア・イアン・ジョンストン (Alastair Iain Johnston) が『文化的リアリズム』(*Cultural Realism*) を発表してから、西洋の専門家たちは中国の中に、それぞれ独自の文化的価値に基づいた、二つの競合的な戦略文化が存在していると仮定して議論を行っている。そのうちの一つが「孔孟《こうもう》戦略文化」(the Confucian-Mencian strategic culture) であり、これは孔子《こうし》(紀元前五五一〜四七九年) の哲学を土台にしつつ、それを解釈した孟子《もうし》(紀元前三九〇?〜三〇五年?) の考えも元になっている。この戦略文化には、理想主義、平和主義、そして防御主義的な雰囲気が反映されている。もう一つは「戦闘的」(parabellum)、もしくは「レアルポリティーク戦略文化」(realpolitik strategic culture) というものであり、世界をリアリストの視点で観つつ、軍隊の攻撃的な使用には正統性《レジティマシー》があるだけでなく、むしろそのような使用は望ましいと考えるものだ。[*2] ジョンストンは中国内にこの二つの戦略文化が存在すると論じているのだが、実際は戦闘的パラダイムだけが機能しており、もう一方は純粋に「観念的な議論」の中の存在でしかないと主張している。[*3] それに対してアンドリュー・スコベル (Andrew Scobell) は、レアルポリティークと孔孟文化の両方とも機能しており、この二つは弁証法的な形で互いに作用しながら、独特な「中国の防御至上主義」(Chinese Cult of Defense) を生み出していると論じている。[*4] この二重の枠組みの考え方には批判がないわけではないのだが、それでも結果的に中国の戦略文化を研究する際の基盤的なパラダイムとなっている。ところがこれまでの研究では、このような中国の戦略文化が存在し、しかもなぜ二つしか存在しないのかという点について、何も語られないケースが多かった。

それでも中国の戦略文化に関するこの二つのモデルは、その研究において重要な役割を果たしているのは間違いない。孔孟文化のモデルは、中国の国民レベルの戦略文化に当てはまるものとして見ることができるし、戦闘的モデルは、中国の軍事的戦略文化を理解するのに使えそうだ。さらに言えば、西洋の多くの専門家たちでも、中国の古典についての知識は不足しているため、中国の戦略文化について説明する際に、とりわけ有名な孔孟文化についての本(『論語』) や「武経七書」(これには『孫子兵法』も含まれる)

に頼ることが多い。

さらに付け加えると、ジョンストンのそもそもの目的は、実質的に孔孟的な要素を「武経七書」の中から探すことにあったのだが、彼はそこから中国の戦略文化の二つのモデルを「特定」し、孔孟文化を否定する必要に迫《せま》られたのだ。

よって、「中国の戦略文化」は、西洋の概念であるだけでなく、その中国の政治文化（即ち孔孟文化）や軍事・戦略思想（たとえば孫子）の理解は、西洋の専門家たちのやり方に沿ったものだ。ところが中国人たちにすれば、「孔孟戦略文化」というものはそもそも存在しない。もちろん中国人たちは、二つの戦略文化のモデルが政治・戦略面での意思決定において重要であることは認識しているが、孔子から発した儒教は、単に政治思想や文化についての一つの伝統でしかない。それに対して「武経七書」は、単に中国の軍事・戦略思想を示したものにしかすぎない。もちろんこれがリアリスト的な伝統に沿ったものであることは明らかだが、それ自体が「戦闘的戦略文化」として見られることはほとんどない。端的に言えば、西洋式の概念である「戦略文化」の中に、中国の要素を「無理やり」取り入れようとしている状況を見ると、「中国の戦略文化」の中の「中国」とは一体何なのかという疑問が出てきてしまう。ところが以下で西洋における「戦略文化」の概念の由来を詳しく見ていく過程で判明するように、これまでの中国の戦略文化の理解のための枠組みというのは、たしかに足りない部分はあるのだが、それでも説明する際に有益な役割を果たす可能性がある。

「戦略文化」という概念を最初に提唱したのは、ジャック・スナイダー（Jack Snyder）である。彼は核ミサイルの問題における、ソ連の戦略文化を説明するためにこの概念を使っている。その後にこの概念は、国家の意思決定のプロセスや、軍事力の使用に関する行動を説明するためにも使われるようになっていく。[*5] これについてスコベルは、「軍事力の使用」を、部隊の動き、軍事演習、ミサイルや火砲の発射実験、もしくは国境付近における軍事関連施設の建設や拡張などを背景とした、あからさまで信憑性《しんぴょうせい》の高い軍事行動の脅しなどを含む、軍事力の明白な使用、と定義している。[*6]

したがって、戦略文化の概念にとって重要なのは、軍事力の使用とその脅しに関わることだ。ただしこの考え方は、ソ連の行動を説明する上では有益だが、中国の戦略思想を説明するのには向いていない。中国の戦略は、その本来の性質からして大戦略レベルであり、非軍事的手段の使用を強調しているからだ。それでも中国の戦略文化の主な焦点は軍事力の使用とその脅しに関わることであるために、ここで必要なのは、中国がどのような状況で、どのように軍事力を使用したり戦争をするのかを理解することなのだ。これは、中国の戦略理論やその実践の仕方全体を把握することよりも、はるかに達成しやすい。さらに、孔孟文化の伝統が組み入れられたことにより、中国の戦略文化についての西洋の研究では、中国の戦略的行動における重要なコントロールの仕組みを発見したと言える。中国の戦略文化についての研究は、この仕組みを発見したことによって、一つの大きな目標を達成したのだ。

「戦争が使われるのは不可避の状況下だけ」論

すでに触れたように、ジョンストンは孔孟戦略文化を単なる観念的な議論であると否定しており、中国では戦闘的戦略文化だけが機能していると議論している。ところが彼は二つの戦略文化のそれぞれの役割を見つけており、孔孟戦略文化がどのような状況下で戦闘的戦略文化に道を譲《ゆず》るのかという点まで指摘している。この点において、ジョンストンは、多くの点で正しい指摘をしているが、その結論をあまりにも早く出しすぎている。ジョンストン自身も述べているように、孔孟文化のパラダイムは、戦略の選択肢という面では攻防に関係なく、暴力的なものというよりも非暴力的で和解的な大戦略を使うことを強調している。したがってこのパラダイムでは、安全保障の土台として、政府が「仁《じん》」や「義《ぎ》」、そして「徳《とく》」を持つべきであると説かれる。[*7] このモデルは、中国人が敵の性質や、国家の安全保障における暴力の役割を考える際に参考にする、いわゆる「義戦《ぎせん》」(*yi zhan*)という概念が土台となっている。[*8] 中国の視点から見れば、軍事力とは戦争を引き起こす条件をつくった相手に対する「義戦」を戦う場合にのみ正統性《レジティマシー》を持つことになる。[*9] ジョンストンによれば、このような軍事力行使へのためらいは、「戦争や武器は凶器であるが故《ゆえ》に、使って良いのは不可避な状況下だけである」(兵者凶器也不得已而用之)という中国の古典の言葉の中に凝縮されているという。ジョンストンはこの格言の中に、儒教の倫理秩序に存在する、暴力への軽蔑《けいべつ》感が込められていると主張している。[*10] ところがジョンストンは「使って良いのは不可避な状況下だけ」という考え方が単なる建前にしかすぎないと断じている。したがって、孔孟パラダイムは理想論的な議論でしかないことになるのだが、これは「戦争は不吉で非道徳的なツールであると同時に、義のためのツールである」という考えそのものが矛盾しているからだというのだ。

戦争が不吉で非道徳的なツールであると同時に義のためのツールであるということが、本当に可能なのだろうか？　この答えは、「武経七書」が「兵」(*bing*)の性質を相対的なものとして見ているという事実にある。「兵」は絶対的な意味での不吉なツールではなく、あくまでも相対的なものだというのだ。使用の仕方によっては不吉で非道徳的なものになるし、その反対に、より正しいものともなるからである。ここから示されているのは、軍、兵器、戦争などは、政策に使われる中立的なツールであるということだ。道徳的な意味を与えるのは、誰によって、どのように使われるかという点だ。したがって、軍事力の使用を国家政策のツールとして正統的なものにするのは、それが正義のために使用されているかどうかという点なのだ。[*11]

この部分からわかるのは、ジョンストンは本書の第一章の早い段階でもすでに触れたように、中国の知的伝統においては「Aは正しい」と「非Aも正しい」という考えや、さらには中国人がとりわけ相対的な面からものごとを考えることを好むという点を、明らかに理解できていないということだ。そもそも中国人は絶対的な感覚から「兵」を不吉なツールとして考える必要があるのだろうか？　これはジョンストンが中国の戦略理論とその実践に対して与えた、非合理的な判断基準である。そして皮肉なことに、戦略文化の研究の最大の目的は、西洋と中国の規範《きはん》の違いなどを特定するための判断基準を見つけることにあるという点だ。さらに、中国の正戦（義戦）論の理論を、「国家は戦争準備をしてはならない」、「戦闘的な要素は抑制すべきだ」、そして「軍事力使用を嫌う戦略文化の傾向」のような要因から「建前上のものだ」として否定するのは、やはり合理性に欠ける。孔孟文化と戦闘的文化というのは、相互排他的なものではない。孔孟文化が独立して機能するという見方はあまりにも観念論的であり、単純化しすぎている。スコベルも述べているように、われわれは「孔孟・レアルポリティーク二元論」を見せられているのである。[*12]

他にも、中国の場合には、なぜ軍や兵器や戦争が政策にとっての中立的なツールとはなり得ないのであろうか？　義を貫《つらぬ》くための意図と目的が、その戦争の重要もしくは決定的な動機となってはいけないのであろうか？　国家が完全に倫理的な面から戦略的な意思決定を行えると見るのは、あまりにも理想論・観念論的であろう。すでにジョンストンは「儒教は軍事行動に反対してはいないが、国家の安全保障における役割としては過小評価している」と述べており、「ほとんどの国は国内の活動の中立的、もしくは正統的な延長として対外的に戦略的な行動をとる必要性があるというのは、おそらく正しい」と論じることによって「孔孟・レアルポリティーク二元論」を合理的に説明している。[*13]

ジョンストンは儒教の倫理観にある、暴力に対する根本的に軽蔑的な態度を示すために、「戦争や武器は凶器であるが故に、使って良いのは不可避な状況下だけである」という格言をかなり強調している。とところがこの格言は、老子や『道徳経』に由来するものではないということは指摘しておくべきであろう。実際に書かれているのは「武器は不吉な道具であって、貴人の（用いるべき）道具ではないのだ。どうしても用いなければならないときには、貪欲《どんよく》でないのが最もよい。勝利を得ても光栄ではない。それにもかかわらず光栄とするのは、人殺しを快楽とすることである。人殺しを快楽とするような人は、天下において望みをはたすことはできないであろう」（第三一章）ということだ。この格言の最初の部分は、儒教や道教、法家（リアリスト）、そして兵法書の中にも見ることができるものだ。[*14] 実際のところ、中国人がこの格言の最初の部分に触れる際には、その後半の部分を何も言わずに過ごすことが多い。ところが意識的か無意識的かはわからないが、ジョンストンは自らの分析の際に、「どうしても用いなければならないときには、貪欲でないのが最もよい」から始まる語句を除外して、前半部分だけを土台として使っている。この除外は、ジョンストンの「戦闘的戦略文化だけが機能しており、孔孟文化のほうは理想論的な議論にしか使われていない」という主張に対して、決定的な役割を果たすものだ。こうすることによって彼は、読者に対して「中国人にとって戦争の目的が正しいものであると捉えられたら、あらゆる手段にも義があることとなり、これには暴力の非抑制的な使用も含まれる」という誤った印象を与えてしまっている。[*15] さらに彼は、「孔孟的な伝統は、敵の根絶を支持する考えを覆い隠すための指針として使われている」と主張している。[*16] これを口実にして、「敵は救いようのない敵となり、ただ勝つだけでなく根絶させなければならない存在となる」のであり、「この敵を倒すための手段は、いかなるものであっても正統なものとなる」のだ。[*17] ところがいくら暴力の使用制限がなくなったとして、それが必然的に敵の「破滅」「消滅」、もしくは「根絶」を意味するわけではない。そして老子の言葉からもわかるように、中国の伝統では軍事力を使用していても、抑制は利いているのだ。

孫子の「戦わずして人の兵を屈する」という原則は、明らかにジョンストンの「倫理・政治的な抑制がはずれれば、中国の軍事力の使用は本質的に非抑制的なものになる」という主張に対する反論となる。また、ジョンストンは孔孟・レアルポリティーク二元論のような誤った二元論を提示して、自らの議論を正当化しようとしている。そして「戦わずして人の兵を屈する」を退けるために「絶対的な柔軟性」(*quan bian* 権変)を持ち出してきている。

「戦わずして人の兵を屈する」を判断基準として使うということは、望ましい戦略の優先順位として、最初に非暴力的な手段が使われるべきであるということが示唆されている。ところが「権変」というアイディアは、このような制限を取り除いている。なぜなら紛争では、思いがけない事態に対して固定化した対応をしないことが求められてくるからだ。「権変」が実質的に述べているのは、不測の事態に直面した場合には目標達成のためにあらゆる手段を使えということだ。そうなると、兵書における戦略の選択のエッセンスは「戦わずして人の兵を屈する」ではなく、「敵に因《よ》りて勝を制す」(*yin die er zhi sheng* 因敵而制勝)ということになるのだ。[*18]

まず最初に注意すべきなのは、「戦わずして人の兵を屈する」という言葉には、大戦略・戦略レベルにおける示唆が含まれているにもかかわらず、それが作戦レベルにおいては重要ではないことを意味するわけではないということだ。これが示しているのは、『孫子兵法』にはたった一つのエッセンスしか存在しないと想定する必要はないということであり、作戦レベルにおいても「戦わずして人の兵を屈する」と「権変」が互いに融合できるということだ。実際のところ、「敵に因りて勝を制す」、もしくは「権変」の目的は、簡単な勝利、さらには無血の勝利をもたらす条件をつくり出すところにあり、これによって「戦わずして人の兵を屈する」を可能とするのだ。だからこそ孫子は以下のように述べているのである。

勝つにきまっているというのは、彼が勝利のための手はずをととのえたとき、すでに破綻《はたん》を示して敗れている敵に勝っているからなのである。それゆえ、戦いに巧みな人は、絶対不敗の態勢にたって、敵の敗れる機会をのがさずとらえるのである（第四 形篇）。[*19]

だから勝利の軍は、戦う前に、まず勝利を得て、それから戦うのであるが、敗軍はまず戦ってみて、そのあとで勝利を見いだそうとするのである（第四 形篇）。[*20]

「戦わずして人の兵を屈する」と「**権変**」の調和のおかげで、一方が「最初に勝つための条件を固め」ることができるのであり、「すでに敗れる定めとなった敵」に勝つことができるのである。

二つ目として、「**権変**」というアイディアは、そもそも本当に「不測の事態に直面した時にあらゆる手段を使うことができる」ことを示しているのだろうか？　しかもジョンストンはこの「あらゆる手段の使用」とは、戦略家が「戦略の選択において、自らが固執している政治的、軍事的、もしくは倫理的な要素によって制限されない」状態だと指摘している。[*21] これについては『孫子兵法』の中にある「敵に因りて勝を制す」という言葉ほど、直接的に触れているものはないように思える。以下は、この考えがまとめられている箇所だ。

そもそも軍の態勢は水のありかたに似ている。水の流れは高いところを避けて低いところへ走る。軍の態勢も兵員装備の充実した敵を避けて、虚《すき》のある敵を撃つ。水は地形によって流れを決めるが、**軍は敵情によって勝を決める**。だから、軍には一定した勢いというものはなく、水には一定した形というものはない。巧

みに敵情に応じて変化し、勝利を収めることのできるもの、これが神妙というものである。(第六 虚実篇)[*22]

ここで示されている「水の比喩」が強調しているのは、水が持つその特質である。特定の形を持たずに常に順応することから示されているのは、「将軍たちが戦いにおいて最も避けなければならないのは、あらかじめ決められた計画や行動である」ということだ。フランソワ・ジュリアンも以下のように述べている。

戦いでも判明しているが、ある事案が発生した場合に、自ら動かないようにすることほど危険なものはない。さらに、自らを縛り付けるルールやすべきことを設定することほど、悪いことはない。なぜならこうすることは、自らの行動を融通の利かないものとし、潜在的な多くの変化への対応を邪魔することになるからだ(これは道徳に対しても同じことが言える)[*23]

これは「敵に因りて勝を制す」という考えがなぜ最初に大事なものとなるのかを説明している。これは「ある事案が発生した場合に、自ら動かないようにすること」を防ぐための、絶対的な柔軟性を確保するための**心構えの獲得**を示しているのだ。ジョンストンは機能している戦略文化の中に見られる「柔軟性の原則」(**権変**)のおかげで、軍事的なツールの効果を増加させるための戦略の選択肢の幅が広がっていると主張しており、この指摘はたしかに正しい[*24]。ただし、戦略家は実践の段階における「戦略の選択において、自らが固執している政治的、軍事的、もしくは倫理的な要素によって制限されない」という意味は、「権変」の中には含まれていない。そもそも戦略家や将軍たちが、「権変」だけを考えているような状態は起こり得ないからだ。またジョンストンは、毛沢東が孫子や伝統的な戦略思想からあからさまに借用したものが「絶対的な柔軟性」である（ジョンストンの考えがまさにこれだ）と示すことによって、「中国は厳格なレアルポリティーク、もしくは**戦闘的**戦略文化を歴史的に一定程度のレベルで見せてきており、この傾向は毛沢東の時代まで（そしてそれ以降も）続いている」と言い切ろうとしている。*25 ところが同時にジョンストンは、「戦いにおいて柔軟性が決定的に重要なのは、われわれが常に変化し続ける紛争のプロセスの中では、チャンスの浮き沈みに対して常に注意を払っておかなければならないからだ」*26 とも述べてもいる。しかしこのような心構えこそ、「絶対的柔軟性」がそもそも当初から説いていたものだ。「**権変**」とは結局のところ、ジョンストンが存在を証明しようとしていた「中国人は敵を倒して自らの立場を高めるものであればどのような手段も使うものであり、中国の戦略文化の中には、攻撃的な軍事力の使用は単に正統的なだけでなく、むしろ望ましいものであるとする戦闘的戦略文化だけが機能している」という考えだけに限定されるものではないのだ。

「大きな赤いボタン」

これまで示した例からもわかる通り、ジョンストンの分析は過剰な部分があり、多くの正しい分析を、不正確で極端とも言えるポジションまで到達させてしまった。それでも彼の中国の戦略文化についての見解が多くの部分で正しかったことは否定できない。ジョンストンは二つの戦略文化が果たしている役割や、孔孟戦略文化がどのような状況下において戦闘的戦略文化に変化するのかを指摘しているが、これは中国の戦略行動についての重要なメカニズムを教えている。ジョンストンは「義戦」の概念が、実質的に「政治文化」（彼はこれを理想論だとしているが）と、実際に機能している「戦略文化」との間を結びつけていると見ている点で、明らかに正しい。孔孟戦略文化は、西洋人の視点から見れば戦争を否定し、軍事力の使用を嫌悪しており、戦略や軍事的な考慮をほとんどしていないため、理想論のように思えるのだろう。孔孟戦略文化の提唱者からすれば、倫理道徳や、そこから生じる国民からの支持は極めて重要だということになる。したがって、現実世界のシナリオとしては、中国人が軍事や戦略に関する問題に対処する際には、中国の戦略文化に頼らざるを得ない、ということになる。そしてジョンストンが「中国の戦略思想は、西洋のリアリズムのいくつかに見られるような、**戦闘的**もしくは厳格なレアルポリティーク式の世界観の多くの部分を共有している」と見るのは、ごく自然なことだ。なぜなら中国の戦略思想というのは、孔孟思想の中の軍事系の一派というわけではないし、さらに重要なことに、それはそのような目的のため、そしてその種の世界観に基づいて形成されたものだからだ。つまりわれわれは、軍事・戦略思想というものを、倫理道徳だけから構成されていると期待できないのである。中国の戦略思想は、孔孟戦略文化が扱い切れない部分の仕事を補っているだけにすぎない。何度も言うが、機能している戦略文化が孔孟戦略文化と**対立している**という考え方は、やはりあまりにも単純化しすぎている。

結果として「義戦」というドクトリンによる「二つの戦略文化の相互作用」という考え方は、「義」が「行為者の選択肢を制限するというよりは広げるもの」であり、「理想論（孔孟）的な戦略文化は、暴力の使用について道義的・政治的な制限を取り除くもの」として受け取られやすいのだ。[*27]ところがすでに述べたように「戦争の目的が正しいものであったと捉えられたら、あらゆる手段が正当化される」という考えが正しいわけではないし、義戦という概念によって「敵の性質が義に劣る」と定義されれば軍事力の使用の選択肢がすべて可能となるわけでもない。つまり孔孟戦略文化は、中国の戦略理論と実践において、いわばパワーのリミッターのような役割、つまり「赤い大きなボタン」のような役割を果たしてきたと言えるのだ（ただしこれは核兵器の発射ボタンという意味までは含まない）。いざボタンが押されてしまうと、孔孟戦略文化を押しのけて、実際的な戦略文化が作動するというイメージだ。この「赤いボタン」というメカニズムは、中国にある「最後の手段としての戦争」という見方にも当てはまるものだ。孔孟文化では軍事力の使用というオプションが採用され、そのような問題に対処するための中国の戦略思想が作動するに当たって、「義戦ドクトリン」が必須のものとなる。そしてほとんどの場合には、そのような制限を踏まえて、やはり戦争は「最後の手段」となるのだ。ところが「最後の手段としての戦争」というのは単なる結果論であり、それを決める主な原因というのは、やはり「義戦ドクトリン」によって決定される「敵の性質」なのである。この敵は、戦争の条件をつくり出し、それを満たし、「義戦」を戦うための軍事力に正統性《レジティマシー》が与えることになると示唆されることが多い。それと同じロジックは、毛沢東の「もし攻撃してこなければ攻撃しないが、攻撃してくるのであればわれわれは反撃する」という訓戒《くんかい》にも当てはまる。この言葉が示しているのは、中国が戦争に進む条件であり、それは実質的に「義戦ドクトリン」で示したような二つの戦略文化の相互作用が関係してくるのである。まとめると、軍事力の使用という文脈では、「義戦ドクトリン」が妥当な説明を提示しており、行動のパターンの変化を示すことができることから、中国の戦略行動についての良い指標となっている。

毛沢東の戦争方法からタオイストの戦争方法へ

ところが「中国では戦闘的戦略文化だけが機能している」というジョンストンの全体的な結論よりも重要なのは、おそらく彼が中国の戦略文化に対する別のアプローチを暴く寸前のところまで行っているという点だ。彼の主著の『文化的リアリズム』（一九九五年）の中では、このような部分が明確に示されていないが、翌一九九六年に発表した「毛沢東主義の中国における文化的リアリズムと戦略」（Cultural Realism and Strategy in Maoist China）という論文の中では、その気づきが徐々に顕著《けんちょ》になってきている。

毛沢東の「積極防御」というドクトリンを分析するこの論文の中で、ジョンストンはその中の攻撃的な面に再び注目しつつも、このドクトリンには政治的、実践的、そして軍事的な意図が込められていることに気づき始めている。つまりこのドクトリンでは、様々な面で効果を発揮することが目論まれているということだ。

「**積極防御**」という言葉は、政治的にも好ましいのはその通りなのだが、それ以上に、大衆や兵士たちの義憤を引き起こすのに使えるだけでなく、当事国ではない外国からの同情を集めることもできる。[*28]

毛沢東は攻撃的な「後発制人」（*hou fa zhi ren*）を明らかに好んでいたわけだが、これも政治的であると同時に、軍事的な理由にある。とりわけ敵の領土を攻撃する場合に、とくに挑発されてもいないのに実行してしまうと、国際的な世論において同情を集めることなく、道義的にも正しい側に立っているにもかかわらず、政治的に有害な「**侵略者**」という汚名を着せられてしまうことになりかねない。[*29]

毛沢東の言う攻撃的な「後発制人」は、軍事的な面から言えば、敵に最初に攻撃させ、その意図と能力を図るチャンスを生み出すことが目論まれている。そうすることによって敵の弱点を暴き、そこを突くことこそが紛争において決定的であり、最初の攻撃そのものが重要であるとは言っていないのだ。[*30]

ジョンストンが述べているように、「積極防御」は「自らの行動を完全に防御的かつ正しいものとして見せるという必要性によって動かされるものであり、これは大衆からの支持や同情を獲得する上で重要」なのだ。[*31] もちろんこれが単なるプロパガンダ以上のものであることは容易にわかる。毛沢東は「積極防御」や「後発制人」、そして「義戦ドクトリン」を、高度に統合・連携・機能的な形で使ったからだ。これらには望ましい戦略的な効果を獲得する上で、それぞれ個別の役割がある。もしジョンストンが自分の分析の正しさに固執《こしゅう》しなければ、そのような「義戦ドクトリン」のツール的な使い方などは、孔孟戦略文化における使われ方とは非常に異なるものであるということに気づけたはずだ。

毛沢東の「積極防御」という概念は、ジョンストンの「孔孟／レアルポリティーク」の二元論的な考え方の想定外にあることは明らかだ。すでに述べたように、孔孟戦略文化の中には、戦略や軍事についての分析がほとんどない。そして敵の不正義な性質が認められ、その結果として軍事力の行使という選択肢が可能となると、中国の戦略思想、もしくは実践的な戦略文化は、その状況に対応するために発動されるのである。言い換えれば、「一般的な儒教的」中国の戦略思想の基準によれば、孔孟戦略文化と戦闘的戦略文化は、大枠では別のものとなり、常に調和しておらず、二つの戦略文化の中間にある毛沢東の積極防御のような、いかなる連携的な行動やスキームは不可能となるであろう。だからこそジョンストンは「孔孟戦略文化は、**戦闘的**戦略文化に由来する実践的なアドバイス、格言、そして決定上のルールとは、断絶している」と分析したのである[*32]。

したがって、ジョンストンは気づかなかったが、**実際のところ、中国の戦略理論と実践には、倫理道徳の使用について二つのアプローチがある。**一つ目のアプローチは、従来の儒教的なイメージとして描かれているものであり、孔孟戦略文化は倫理・道徳的・政治的な制約として働いており、国家が軍事力を行使する際の基準を提供していると見なすものだ。もう一つのアプローチは、毛沢東の「積極防御」のドクトリンに見られるものであり、ここでは倫理道徳というものが完全にツール的・戦略的な形で使用されている。倫理道徳の使用に関する二つのアプローチの存在は、ジョンストンの考えに、強い、しかし誤った印象を与えたのかもしれず、「孔孟戦略文化の理想化は、実践的な**戦闘的**戦略文化のレベルでは、戦略の選択肢にいかなる制限も与えてはおらず」、戦闘的戦略文化のみが機能してしまったのであろう。[*33] 毛沢東に採用された戦争方法というのはまさに中国由来のものだが、孔孟・戦闘的の二つの戦略文化だけでは満足に説明することはできない。なぜならそれは**タオイストの戦略の伝統に属するものだか**らだ。[*34] 第三章でも触れたように、タオイストの正典である『道徳経』は、孫子の軍事・戦略思想を補完することによって政治・哲学レベルまで引き上げ、中国の戦略思想に最大の変化を加えた。それは中国の「兵家」(*bing jia*) から無数の要素を取り入れたわけだが、それ以上に、**政治・大戦略レベルで戦略に影響を与え／与えられる傾向を持つまでになったのである**。[*35] ジョンストンが戦闘的戦略文化のみが機能していると主張した理由は、まさにここにある。ところが彼は決して全体像を分析するまでには至らなかった。なぜなら彼は『道徳経』ではなく、「武経七書」こそが中国の戦闘的戦略文化の基礎であり、タオイズムについてはほとんど無視していたからだ。その結果、彼が結論として導き出した戦闘的戦略文化は、その性質から実践的・軍事的なものとして残り、それ以上のレベルのものを説明できていないのである。

毛沢東のドクトリンである「積極防御」(と彼の戦争方法) は、タオイストの戦争方法とどのような点で似ているのだろうか? 老子の「下るを以てする」(第六一章)[*36] という原則を分析する中でジュリアンは、この「(下るという) 謙虚は、倫理道徳的な意味ではないし、心理学的な意味でもなく、純粋に戦略的なもの」であると強調している。[*37] この場合のタオイストの「謙虚」の使用は、毛沢東の「積極防御」のツール的な使用や、後発制人、そして義戦ドクトリンに似ている。これらは共に戦略的でツール的なものでありながら、倫理道徳的な考慮が全く欠けているわけでもないということだ (そしてこれは西洋のレアルポリティークの伝統と大きく異なる部分だ)。これこそがジョンストンによって主張された「絶対的柔軟性」(即ち**権変**) という考えの真相であり、毛沢東はこれらを孫子と老子から受け継いだというのだ。ところがこのような考え方は、孫子やタオイストたちによって展開されていたいわゆる「絶対的客観性」の獲得がなければ不完全なものであり、おそらく実行不可能なものであったはずだ。

『孫子兵法』で強調されている主なことの一つが客観性であり、いかに冷静な視点から状況を把握すべきかを教えている…これは客観的な現実についての非人間的な視点を得るためにタオイストたちによって高められた、内的な冷静さなのである。[*38]

古代のタオイストたちは、現実の状況についての鋭い評価において、本物の厳格さと完全な客観性の冷酷さの中に、常に自分も含めるべきであると教えている。[*39]

ジョンストンが示唆しているように、すべてを冷酷な計算に入れることを強調する戦略思想では、道義的・心理的な要素と作戦レベルにおける効果を、一体どこまで無視することができるのだろうか？　これについては、絶対的柔軟性（**権変**）というアイディアも無意味ではないだろう。そして絶対的柔軟性と絶対的客観性は、互いに似通った概念であることは言うまでもない。上の説明から明らかなのは、中国の戦略文化と思想の本当の姿は、タオイズムを考慮に入れないと誤った方向に導きやすいということだ。嘆かわしいことだが、タオイズムの戦略思想は、西洋の戦略系の専門家たちにとってまさに死角となっているのである。

ジョンストンとスコベル：戦略文化は一つか二つか

タオイストの戦争方法が中国の戦略文化や戦略思想において（最も洗練された形で）支配的な役割を果

たしていることから考えると、これらはタオイズムのレンズを通して理解しなければならないことがわかる。よって、ジョンストンやスコベルによるタオイズムを無視した中国の戦略文化の研究は、致命的な欠陥を抱えているのだ。ただし彼らの知見や分析は、ゆっくりながらも確実にタオイストのパラダイムの発見へと近づいており、西洋における中国の戦略思想や文化の解明にとって重要な示唆を与えている。あえて要約すれば、ジョンストンは中国の戦略文化の二つの要素（孔孟&戦闘的）の存在を発見し、戦闘的要素のほうだけが機能していると結論づけたのである。ところがジョンストンとは違って、スコベルは戦闘的と孔孟の両方の要素が機能しており、二つの要素は弁証法的な形で交わり、独特な「中国の防御至上主義」（Chinese Cult of Defense）を生み出していると主張した。ところが彼らのそれぞれの結論は、よく見てみるとそれほど違いがないように思える。なぜなら中国式の論理は、そもそもが弁証法的／二元論的一元論的なものであり、「陰陽とは道《タオ》と呼ばれるもの」であり、これらは全体的に二元論的な用語（即ち陰陽）で表現されるべきものであるからだ（第一章を参照のこと）。端的に言えば、それは見方によって一元論的（一つ）、二元論的（二つ）、もしくは弁証法的一元論（一つの中に二つ）としても捉えることができる。したがって、ジョンストンとスコベルの結論の違いは度合いの違いでしかなく、ジョンストンは一元論、スコベルは二元論と弁証法的一元論を想定しているだけなのだ。

それでも、ジョンストンが中国の戦略思想における弁証法的な性格に完全に気づいていなかったと言えばウソになる。おそらく彼は、他のほとんどの西洋の人間と同じように、その矛盾を有益だと考えず、むしろ問題視していたのだ。

戦闘的なパラダイムは「武経七書」における因果律や議論の構成に充満しているように見える。ところが**ここで問題なのは、中国の戦略思想がこの文化と、より柔和な孔孟文化との間の明白な緊張関係をどのように**

解決するのか、そしてそもそも解決できるのかという点だ。[*40]

ジョンストンは明らかに西洋の「常に、矛盾を受け入れる、超越する、矛盾を利用して事態を把握するといったことよりも、むしろ矛盾を消し去るための努力」に近い姿勢を持っていた。[*41] ジョンストンが「中国の戦略文化では戦闘的なパラダイムだけが機能している」と主張している理由は、この圧倒的に「西洋的なやり方」によって説明できそうだ。ジョンストンは単に二つの戦略文化の相互作用を、「超越したもの」ではなく「緊張関係にある」と見ているのだ。さらに、彼の一元的な想定は、自分の中国の戦略文化の本質についての分析にも、ほとんど影響を与えていないように見える。

中国の戦略文化――国家の安全保障の達成における軍事力の全体的な効能を強調し、そして軍事力行使のチャンスについての能力を基盤とした分析――は、戦略決定をほぼレアルポリティーク式の期待効果の線で形成する傾向を明らかに持つよう仕向けている。[*42]

中国の戦略文化が「戦略決定をほぼレアルポリティーク式の期待効果に沿った線で」形成されることは誰も否定できない事実である。孫子とタオイストたちは、本当の状況の評価における客観的な現実についての非人間的な視点を得ること（即ち絶対的客観性）を強調していたからだ。ところが、タオイストの要素があるために、中国のレアルポリティーク的戦略文化は、西洋のレアルポリティークの伝統と同一視することはできないのである。

それに対してスコベルは、たしかに中国の戦略文化の二つの要素が弁証法的な相互作用を起こして、独特の「中国の防御至上主義」を生み出していると主張はしているが、それでも中国の戦略思想における弁証法的一元論の役割や、その性質まで理解しているようには見えない。

また、このいわゆる「中国の防御至上主義」は、そのほとんどが描写的なものであるだけで、中国の戦略思想の本物の仕組みの部分までは解明できていない。参考までに、これを構成している六つの原則を挙げると、（一）国家保全の最優先、（二）脅威認識の高さ、（三）積極防御の概念、（四）中国式正戦論、（五）カオス恐怖症、（六）個よりも公の利益の強調である。[*43] それでもスコベルは、政治・作戦レベルと、それらの戦略文化を貫き通す中国の軍事力の使用についての、大まかで明確な見取り図を、かなり上手く示せていると言えよう。

中国の戦略文化と中国の戦略思想

ただし、ここで疑問が出てくる。それは、「中国の戦略文化」という概念は、中国の戦略行動を理解したり分析するための、良いアプローチ、もしくは枠組みとなるのだろうか？　というものだ。中国の戦略理論とその実践を理解する出発点として、中国の戦略文化という文化面からのアプローチは、西洋や中国以外の人々に対して、中国の戦略の好みや仮定に慣れさせるという意味では、たしかに有益なものである。このアプローチは、儒教に焦点を当てているという意味でも正しい。儒教は中国において最も支配的な文化で在り続けているからだ。儒教は国内外を問わず、中国人の生活や人間関係の多くの面で莫大な影響を与えており、父子関係から主従関係、それに冊封《さくほう》体制にまで幅広い。さらに重要なのは、このアプローチが軍事力の使用に関する政治・戦略における意思決定にも多くの示唆を与えていることだ。すでに述べたように、孔孟戦略文化は「大きな赤いボタン」としての役割を果たすこともあるからだ。ところが中国の戦略文化という分析法は、それより先の領域についてはその効力を失ってしまう。文化面からのアプローチは、中国の戦略思想を読み解く上ではほとんど役に立たないからだ。これは、ジョンストンが「絶対的柔軟性」（権変）の中だけに中国の戦略思想のエッセンスをまとめてみたり、スコベルが「中国の防御至上主義」が、中国がいかに戦略化して戦争を遂行するのかについてほとんど何も語っていないことを見ても明白だ。

したがって、「中国の戦略文化」の最大の目標が「中国の軍事力の使用についての理解」という点にあるかぎり、文化面からのアプローチでは中国の戦略思想のエッセンスを捉えることはできないままであろう。この理由は二段階に分かれる。まず中国の戦略思想（しかも精緻化されたものであれば）は、そもそもがシステム的であると同時に大戦略的なものであるという点だ。つまりそれは、平時と戦時の両方に応用可能なものだ。これまでのアプローチは、このような考えを考慮に入れていなかった。軍事力の使用だけに焦点を当てていることからもわかるように、そのアプローチが軍事中心的なままであり、あからさまな軍事力の使用がなかったり、その使用が限定されているような状況の場合は、あまり価値を持たなくなるからだ。また、中国の戦略思想の性質や、現代の軍事力の使用が抱える大きなリスクから考えると、中国が戦闘以外のあらゆる大戦略レベルの手段を選択した場合には、一体どうすればいいのだろうか？　ボイドは毛沢東が、孫子のアイディアと古典的なゲリラ戦略・戦術、そしてナポレオン式の機動作戦を、ソ連の革命思想のアイディアの元に統合して、強力な現代の（ゲリラ）戦争の戦い方をつくり出したと指摘している。そして現代のゲリラ戦は、全般的には「総力戦」のための、政治・経済・社会、そして軍事的な枠組みとなったというのだ。[*44] 西洋ではゲリラ戦を強調しすぎる傾向があり、毛沢東が新たな「総力戦」をつくり出して戦ったという事実を無視することが多い。中国の戦略思考というのは、そもそもが大戦略的でその性質から柔軟なものであったため、毛沢東は異なる要素を統合して「総力戦のための政治・経済・社会、そして軍事的な枠組み」をつくり上げることができたのである。そう考えると、政治を最大の狙いとしつつ、軍事力の使用の依存度を減らした新たな思考の枠組みを、中国の戦略思考の枠組みから生み出すことも不可能ではない。すでに述べたように、現在の戦略文化によるアプローチでは、毛沢東の「積極防御」について正確な解釈ができないことを考慮すれば、そこから中国の新たな戦略思考や戦争方法のエッセンスを汲み取れないのは、何ら不思議ではないのだ。

文化面からのアプローチが役に立たないことの二つ目の理由は、中国の戦略思想の土台となっている哲学的な伝統、とりわけタオイズムについての考慮が（これが西洋と中国の戦略思想との違いを決定づけているにもかかわらず）ほとんどないからである。中国の戦略論は極めて哲学的な志向が強く、これは中国の弁証法的な論理、タオイストの世界観、認識論、そして方法論や、中国の戦略思想の根幹を形成している「状況・帰結アプローチ」などに反映されている（第一章と第三章を参照のこと）。これらはすべてそのルーツがタオイズムにあり、あいにくだが西洋の人間にとって最もわかりづらいものだ。ジュリアンも以下のように述べている。

（道徳経、もしくは老子）は、中国の古典の中でも最も短いものであり、合計五〇〇〇文字しかない。さらに欧州の言語に訳された回数は一番多い。しかも最も啓発的であると同時に最も訳しにくいものであり（意味が取りづらい）、最も重要であると同時に最も難解なものだ。この本はヨーロッパの人間に決して伝わり切らない意味が含まれていると同時に、その中身はほぼ失われたものであるため（だからこそ必死に訳すのだが）、逆に貴重なメッセージが含まれているのである。[*45]

中国の戦略思想についてのこのような不完全な理解を出発点としながら、ジョンストンは以下のように述べている。

また、このような（中国の戦略文化の）性格は孫子から毛沢東まで変わっていない、という一般的な見解がある。ところが中国の戦略文化の研究がなぜここまで遅れているのかについて、その理由を説明しているものはほとんどない。その傾向としてあるのは、孫子だけに注目して毛沢東と比較せず、この二者の間には全く同じ戦略文化が共有されているという前提だ。[*46]

中国の戦略論の最大の前提となるタオイストの源流を把握できなかったジョンストンは、中国の戦略論の変化と継続性を、中国の戦略文化における無数の表面的な性格を見ることしかできなかった。つまり戦略的防御や制限戦争、暴力の効用に対する蔑《さげす》みの目、などである。戦略文化という概念のレンズを使うために、彼は「中国の戦略文化の研究がなぜここまで遅れているのか」について説明できておらず、その理由は、孫子と毛沢東をつなげている「途切れていない伝統」は、そもそも戦略文化ではなく、その上の「**戦略的哲学**」(*strategic-philosophical*) 的な要素だからだ。古代の伝統的な戦略思想から毛沢東にまで本当に伝えられたのは、哲学主導的なもの、つまり中国の弁証法的な論理《ロジック》や、タオイストの世界観、認識論、そして方法論と状況帰結アプローチなのだ。そして当然ながら、このような要素は変化しづらいものである。

中国の戦略思想のエッセンスを把握できないと、スコベルのように、誤った考えに行き着くことになる。つまり、中国の戦略についての研究は「中国は世界中の他の国々と異なる存在であるため、（即ちフォーチューンクッキーのような）独自の存在として扱うべきだという考えを永続化させてしまう」ということだ。スコベルは以下のように誤った懸念をしている。

これこそが戦略文化による分析の危険なところだ。なぜならそれは中国の文化や伝統についての独自のもの、もしくは少なくとも特徴のある部分だけを強調してしまいがちだからだ。そうなると、戦いや戦略に対する中国のアプローチを、他者にとって不可解であったり理解不能なものとして描いてしまうことになってしまい、結果としてそれを理解できるのは専門的な研究をしたものや、言語を身に着けたもの、そして中国国内に滞在した経験を持つものだけに限られてしまうことになる。つまり修行した僧だけが「甲骨文字」を正確に解釈でき、もしくはこの場合には「茶の葉」について、理解できるということだ。このような結論は、戦略文化についての学問を、進展させるよりも後退させることにつながりかねない。[*47]

中国の場合、やはりその論理《ロジック》は西洋の論理《ロジック》とはかけ離れたものである。そうなると、言語や文化、そして哲学の壁を越えられた「修行した高僧」だけが中国の戦略論を正確に解釈できるというのは、当然のことと言えるのだ。私はこの考えを、間違っている、もしくは、正しい知識やスキルを身に着けていない人々が正しい理解に到達できる、と考える人々のほうこそ理解できないと考える。むしろ現在のアプローチによって中国の戦略論の哲学的な背景に到達できなかったことが戦略文化の後退につながった、というほうが正確であろう。事実として、それは中国の戦略論そのものの理解につながらなかったからだ。このような分析からわかるのは、戦略文化によるアプローチは限界に達したということだ。ここまでお読みになった方々はおわかりだと思うが、本書は中国の戦略を研究するもう一つ別のやり方として、（現在の戦略文化のアプローチとは反対に）歴史・哲学面からのアプローチへの回帰を提唱してきた。第二章では『孫子兵法』についての歴史分析を採用したし、第三章では孫子と老子の戦略・哲学についての思想を検証したからだ。

これらの二つのアプローチは、相互排他的なものではないが、その奥行きはそれぞれ異なる。戦略文化のアプローチは、中国の戦略論にある哲学的な面を分析する際には効き目がないだけでなく、これまで西洋には中国の軍事・戦略史についての体系的な研究がないことからもわかるように、そもそも全般的な歴史の知識の土台も乏しい。もし中国の戦略論についての研究を進化させようと思うのであれば、やはり歴史的・哲学的なアプローチへの回帰が、唯一希望が持てる選択肢というわけではないとしても、当然視されるべきであろう。もちろん付け加えておかなければならないのは、戦略文化のアプローチも、中国の戦略文化についての多くの重要な文化的要素について発見することに寄与していることは間違いないという点だ。ところが、このアプローチで認められる文化的な要素は、誰にでも簡単に見つけられるようなものだ。しかもこれらは中国の戦略論のエッセンスにおいては、単なる「氷山の一角」にしかすぎないものばかりだ。中国の戦略についての分析をする場合、このようなアプローチは危険なものとなる。そうすることによって、これが中国の戦略文化を研究する人々に、「簡単にわかった」という誤った、安全についての感覚ではないとしても印象を与えてしまうことになるからだ。同じような意味で、戦略文化のアプローチは、中国の戦略を研究する際の「お手軽」なアプローチとなるリスクも抱えることになる。なぜならそのような人々は、歴史や哲学の要素に触れずに、中国の戦略について（不完全な）全体像を得ることになってしまうからだ。そうなると、戦略文化のアプローチは、それ自体が西洋における中国の戦略思想や歴史の探求への道を妨害してしまうことにもなりかねないのである。

中国の戦略論の哲学的な要素は、西洋における中国の戦略論の理解にとって障害となることはあるかもしれないが、これは中国の軍事史や戦略史を詳しく研究することによって補うことも可能である。中国の長い歴史、そしてそれに伴《ともな》う豊富な軍事・戦略史の例は、中国の戦略思想と文化を研究する上で不可欠だ。それらはいつの時代の中国の戦略家たちにも共通言語や共通知識を提供している。たとえば毛沢東は『持久戦論』の中で「城濮《じょうぼく》の戦い」（紀元前六三二年）を例にとって、小規模で弱い軍隊が大規模で強力な軍隊に対してどのように勝つのかを論じている。[*48] 毛沢東のような中国の戦略家は、二五〇〇年以上にわたる事例の中から軍事・戦略的な教訓を簡単に引き出すことができるのであり、そのほとんどの事例については詳しい説明をする必要のないものばかりだ。さらに言えば、中国の軍事・戦略面での叡智《えいち》は、『三国志』『水滸伝』そして『西遊記』のような小説や古典の中に要約されている。これについてヘンリー・キッシンジャーは以下のように書いている。

他のどの国にも、一〇〇〇年も前の出来事から戦略上の法則を引き出して、重要な国家政策に着手する現代のリーダーはいないだろうし、自分がほのめかしていることの意味を同僚たちが理解していると自信を持って考えるリーダーもいないだろう。だが、中国は特別だ。他のどの国でも、これほど長く続く文明を誇ることはできないし、このように遠い過去や、戦略と政治手腕についての古典的法則に、密接なつながりを持つこともないだろう。[*49]

単純に言えば、これらの要素を含めない限り、西洋の「中国戦略論の研究方法」は、中国の戦略思想と決して波長を合わせることができないのである。

中国と西洋の戦略思想の両方を研究してきた人間として、私は西洋の人間が、文化だけでなく歴史や哲学を検証するという、厳しいやり方をなぜ避けて通れると思っているのかが理解できない。中国人は西洋の戦略理論とその実践を研究する際に、同じプロセスを経なければならないのであり、彼らのほうが明らかに、その反対の立場の人間よりも相手側の戦略思想に詳しいのである。もちろん「中国の戦略文化」というアプローチは、中国の戦略行動の理解のための出発点となるかもしれないが、歴史的・哲学的なアプローチは、中国の戦略計画や戦争の遂行の仕方について、より正確な結論を生み出すことができるはずだ。

なぜならこれは、中国の文化的な面だけでなく、戦略についての心構えや思考法を見ることになるからだ。私は本書が、西洋における中国の戦略についての歴史・哲学の面からのさらなる研究を促すきっかけになれば良いと考えている。

＊1　Ken Booth, "The Concept of *Strategic Culture Affirmed*," in C.G. Jacobsen（ed.）, *Strategic Power: USA/USSR*, New York: St Martin's Press, 1990, pp. 121-8.

＊2　Lawrence Sondhaus, *Strategic Culture and Ways of War*, New York: Routledge, 2006, p. 99.

＊3　Alastair Iain Johnston, *Cultural Realism: Strategic Culture and Grand Strategy in Chinese History*, Princeton, NJ: Princeton University Press, 1995, p. 173.

＊4　Andrew Scobell, "Strategic Culture and China: IR Theory versus the Fortune Cookie?" *Strategic Insights*, IV, 10(Oct. 2005)（electronic version）.

＊5　以下を参照のこと。Jack Snyder, *The Soviet Strategic Culture: Implications for Limited Nuclear Operations*, RAND R-2154-AF, Santa Monica, CA: The Rand Corporation, 1977.

＊6　Andrew Scobell, *China's Use of Military Force: Beyond the Great Wall and the Long March*, New York: Cambridge University Press, 2003, pp. 9-10.

＊7　Alastair Iain Johnston, "Cultural Realism and Strategy in Maoist China," in Peter Katzenstein（ed.）, *The Culture of National Security: Norms and Identity in World Politics*, New York: Columbia University Press, 1996, p. 219.

＊8　Johnston, *Cultural Realism*, p. 71.

＊9　Ibid., p. 68.

＊10　Ibid., p. 62.

＊11　Ibid., p. 69.（太字は原文ママ）

＊12　Scobell, *China's Use of Military Force*, p. 21.

＊13　Johnston, *Cultural Realism*, pp. 45, 168.

＊14 Lao Zi, *Dao De Jing*, trans. Ames and Hall, p. 124.［兵は不祥の器にして、君子の器に非《あら》ず。已《や》むことを得ずして而《しこ》うして之を用うれば、恬淡《てんたん》なるを上と為《な》す。勝って而《しか》も美とせず。之を美とする者は、是《こ》れ人を殺すことを楽しむなり。夫れ人を殺すことを楽しむ者は、即ち以《もっ》て志《こころざし》を天下に得可《うべ》からず。：小川環樹訳『老子』六六～六七頁］

＊15 Johnston, *Cultural Realism*, p. 70.

＊16 Ibid., p. 170.

＊17 Ibid., p. 72.

＊18 Ibid., p. 102.

＊19 Sun Tzu, *Sun-tzu*, trans. Sawyer, p. 184［故に善く戦う者は不敗の地に立ち、而《しか》して敵の敗を失わざるなり。：町田三郎訳『孫子』二五頁］

＊20 Ibid., p. 183.［是《こ》の故に勝兵は先《ま》ず勝ちて而る後《のち》に戦いを求め、敗兵は先ず戦いて而る後に勝を求む。：町田三郎訳『孫子』二五～二六頁］

＊21 Johnston, *Cultural Realism*, p. 102.

＊22 Sun Tzu, *Sun-tzu*, trans. Sawyer, p. 193.［夫《そ》れ兵の形は水に象《かた》どる。水の行《めぐ》るは高きを避けて下《ひく》きに趨《おもむ》く。兵の形は実を避けて虚を撃つ。水は地に因《よ》りて流れを制し、兵は敵に因りて勝を制す。故に兵に常勢なく、水に常形なし。能《よ》く敵に因りて変化して勝を取る者、これを神《しん》と謂《い》う。：町田三郎訳『孫子』四三～四四頁］（太字は引用者による）

＊23 Jullien, *A Treatise on Efficacy*, p. 180.

＊24 Johnston, *Cultural Realism*, p. 164.

＊25 Ibid., p. 255; Johnston, “Cultural Realism and Strategy in Maoist China,” p. 217.

＊26 Johnston, *Cultural Realism*, p. 149.

＊27 Ibid., pp. 70, 165.

＊28 Johnston, “Cultural Realism and Strategy in Maoist China,” p. 249.（太字は原文ママ）

＊29 Ibid., p. 250.（太字は原文ママ）

＊30 Ibid.

＊31 Ibid., p. 238.

＊32 Johnston, *Cultural Realism*, p. 155.
＊33 Ibid., p. 145.（太字は原文ママ）
＊34 毛沢東の戦争方法におけるマルクス主義的な要素はタオイストの弁証法や方法論、そしてその世界観にかなり似ており、タオイスト的な言葉で説明することも可能なのは明らかであろう。毛沢東が中国の戦略思想を、マルクス主義の名前を借りて復活させただけであるという可能性は高い。ジョン・ボイドによれば、毛沢東は孫子のアイディアと古典的なゲリラ戦略と戦術、そしてナポレオン式の機動戦の考え方を、ソ連の革命思想の下に統合したのであり、これによって現代の（ゲリラ）戦争についての強力なやり方を創出したという。
＊35 中国の戦略思想における「戦略性」については最後の「終章」で議論する。
＊36 Lao Zi, *Dao De Jing*, trans. Ames and Hall, p. 172.［大国は小国に下るを以てすれば、：小川環樹訳『老子』一一八〜一一九頁］
＊37 Jullien, *A Treatise on Efficacy*, p. 116.
＊38 Sun Tzu, *The Art of War*, trans. Cleary, pp. 12-13.
＊39 Ibid., p. 29.
＊40 Johnston, *Cultural Realism*, p. 108.（太字は引用者による）
＊41 Nisbett, *The Geography of Thought*, p. 176.［ニスベット著、村本由紀子訳『木を見る西洋人　森を見る東洋人』一九七頁］
＊42 Johnston, *Cultural Realism*, p. 260.
＊43 Scobell, "Strategic Culture and China"（electronic version）.
＊44 Boyd, *Patterns of Conflict*, p. 66.
＊45 Jullien, *A Treatise on Efficacy*, p. 84.
＊46 Johnston, *Cultural Realism*, p. 25.
＊47 Scobell, "Strategic Culture and China"（electronic version）.
＊48 Mao, "On Protracted War," p. 164.
＊49 Henry Kissinger, *On China*, New York: Penguin, 2011, p. 2.［ヘンリー・キッシンジャー著、塚越敏彦ほか訳『キッシ

ンジャー回想録：中国』上巻、岩波書店、二〇一二年、三頁〕

終章

中国人である私が、常に疑問に感じてきたことが一つある。それは、二〇世紀における西洋の最も重要な戦略家であるリデルハートとボイドの二人が東洋にアイディアを求めたことについて、なぜ誰も疑問を感じてこなかったのか、ということだ。たしかにリデルハートの間接的アプローチは、あまりにも単純化されすぎていて同義語反復的《トートロジカル》だと批判されてきたが、奇妙なことに、ボイドは中国の戦略思想を西洋の戦略理論の枠組みに最大限取り入れることを主張したのだ。ただしこのような現象は、取り立てて驚くべきことではないのかもしれない。なぜならリデルハートの間接的アプローチは、J・C・ワイリーによって全般的に妥当性を持つ唯一の戦略理論であるとされ、『孫子兵法』は、ボイドが根本的に間違っていない唯一の戦争理論書だと捉えていたからだ。これからわかるのは、中国の戦略思想には西洋の戦略理論の枠組みに必要とされていたいくつかのカギとなる要素が含まれており、しかもそれらは中国の文献から輸入するしかなかった、という事実だ。[*1]

戦争の理論化：中国と西洋の思想

もし中国の戦略思想の究極の目的が「絶対的柔軟性」と「絶対的客観性」（これらは実践のための正しい戦略理論の土台を形成するもの）の獲得にあるとすれば、西洋の戦略思考でこれらを発展させるのは不可能であることは明らかだ。その主な理由は、西洋では一つの「モデル」という形で戦争を理論化して捉えようとする、その姿勢にある。戦争では自分の意志を持って動く相手が対抗しようとしてくるために、西洋の思想では「モデル化できないものを一つのモデルに」しようとしていることになるからだ。[*2] これについてフランソワ・ジュリアン（François Jullien）は、以下のように述べている。

戦いというテーマは、どう動くべきかを理論化することの難しさを証明する証拠をいくつも提示している。アクションとしての「戦い」は、過激で極端に触れるものであることからもわかるように、いかなる効果的な行動のための概念でも、もしモデルの形成やテクニカルな視点だけに限定されてしまうと、行き止まりを晒《さら》し出すのに最適なものとなってしまう。[*3]

古代ギリシャの戦いについての文献から、クラウゼヴィッツの『戦争論』に至るまで、西洋は戦略と行動の坂を「モデルの形成」によって駆け上がり、「テクニカルな視点だけに限定」したために、無駄な努力をしてきたのだ。ジュリアンによれば、これは起こるべくして起こった事態だという。

公式化したりテクニカルな性質を持った理論を豊富に抱えることで知られる西洋は、戦いの実践についての考えについては際立って無能であることを露呈してきた。なぜなら二次的なこと（準備や物的データ）だけを考え、現象そのものを考慮してこなかったからである（ただしクラウゼヴィッツは戦争のことを「生きた力と生きた力との衝突」であると認めている）。こうなると選択肢は一つだけ――しかもクラウゼヴィッツ自身も拒否できなかったこと――しか残されていないことになる。それは、そこに純粋な「偶然性」や「天才」を取り入れるということだ。その反対に、中国の思想によって発展してきた知性というのは、あからさまに

戦略的なのだ。[*4]

そして西洋の戦略思想と極めて異なるのが、この中国の戦略思想の「非・公式化」や「非テクニカル」な面であり、リデルハートとボイドは、まさにこの点に注目したのである。たとえば陰陽を例にとると、リデルハートとボイドの二人は、西洋の戦略思想において長年存在してきた問題――生きた力と生きた力との衝突や、そのモデルを裏切り続けるような現象に対処できない状態――を解決するために、中国の論理《ロジック》を自分たちの理論に取り入れたのである。戦いの状況の両極性というのは、戦うもの同士の力関係によって生まれるのだが、この事実を考慮すれば、現実を両極端の状態から捉えようとする中国の思想が、戦略を考えるのに適しているのは明白だ。[*5]

戦略の一般理論へ：毛沢東とボイドの場合

毛沢東の戦争方法の成功とその注目度の上昇は、当然の結果であったと言える。ボイドが示しているように、毛沢東は孫子のアイディアと古典的なゲリラ戦略・戦術、そしてナポレオン式の機動作戦を、ソ連の革命志向のアイディアの下に統合し、現代の（ゲリラ）戦争を戦うための強力な戦争方法として結実させたのである。[*6] 一見すると、毛沢東の戦争方法は、中国と西洋の戦争方法をうまく統合させた例のように思える。ところがよく検証してみると、実際はそれ以上に意義深いものであることがわかる。なぜなら現代の、そして西洋の作戦・戦術的な手段によって実行されながらも、その全般的な戦略、大戦略志向、世界観、そして認識論（マルクス主義によって「修正した」とも言えるが）は、中国の戦略思想であるからだ。ここで行われている「分業」から明確に示されているのは、中国の戦略思想特有の要素であり、それらは非中国的作戦・戦術的手段や方策と組み合わさっても、時間を超越した適合性を見せている。これらは戦略の一般理論を構築する際に、最も重要な要件となるものだ。以下はワイリーの言葉である。

毛沢東の政治闘争の理論は、今までの理論の中でも最も洗練されたものである。この理論は他のどれよりも、それが目指す目的やそれが達成されているかどうかの基準などが、ハッキリと体系的に示されているのだ。この理論の目指す目的は政治的なものであり、その目安となるものには政治的、社会的、そして経済的、軍事的なものも含まれることから、実践される理論の狙いとリアリズムというものがよく現れている。[*7]

この毛沢東の理論への賛辞からわかるのは、中国の戦略思想が戦略の普遍的な一般理論の土台となるべき候補の一つであるということだ。本書の第一章などですでに論じたように、中国の思想の志向や方法は戦略と親和性が高いのだが、作戦や戦術、そしてテクノロジーとその応用については、西洋のほうが明らかに中国に優《まさ》っている。そして毛沢東のケースでは、戦略の一般理論のためには、中国と西洋の両方の戦略思想の弱みと強みを考慮に入れつつ、どのようにそれを構築して応用していけばいいのかが明確に示されている。

それでも毛沢東のモデルは、西洋に非現実的な希望を与えてしまった可能性がある。毛沢東自身は中国人であり、しかもある程度は西洋のやり方でものごとを考えることができていた。彼は中国と西洋の戦略思想を簡単に融合させられたのかもしれないし、少なくとも西洋人にとって困難な、中国側の戦略の取扱いは容易にできたはずだ。結果として、毛沢東は文化を越えた考えの実行について、ほとんど困難には直面していない。ところがボイドが毛沢東と孫子のモデルを西洋の枠組みの中に取り入れようとした際には、中国と西洋の思想の相性の悪さのために、すぐに問題に直面している。ただしこれは中国人側にも原因がある。なぜならすでに述べた中国の逆説《パラドックス》の使用に見られるように、中国の思想は「逆説を検証せず、常にそれを前提として扱い、しかもそこから一つの原則を打ち立てるようなこともしなかったからだ。このような事情や、そもそもそれらの文献の中に目立たずに暗黙の知識が染み込んでいることから考えると、われわれがその重要性を無視してしまったり理解できなかったりする危険があるのは仕方がない」からだ。[*8]そして全く同じことが、他の中国の原則などにも言える。ボイドが中国の戦略思想の認識的・哲学的な土台を捉え、さらに中国の戦略思想を西洋の枠組みの中に取り入れるための基盤を整えるのになぜそこまで苦労したのか、その理由はまさにここにある。ボイドは極めて「戦略的」な中国の戦略思想が、西洋の多くの戦略問題に対する答えを持っていることや、それを習得するためには中国の戦略思想をさらに詳しく研究するという困難なやり方しかないことを、明らかに認識していたのである。したがって、単一で普遍的な戦略の一般理論の形成においては、中国と西洋の両方の戦略思想が一定の役割を果たすことになるのは間違いないが、さらなる進化のためには、その重みが中国側にかかっていくことが必要になるはずだ。われわれが毛沢東とボイドの例で学んだように、これまでの理論には、ただ単に「中国」式の度合いが足りなかった。西洋の戦略系の人々にとって、これこそが哲学的・文化的な壁を打ち破るための、最初の、そして最大の任務となる。

哲学・文化的構想としての中国の戦略思想の理解

私は、本書で行ってきた孫子の歴史的・理論的・哲学的、さらには文化横断的な分析は、簡単に理解してもらえないものであることを認めている。とりわけ『孫子兵法』にそもそも馴染みのない読者たちにとっては、その理解は輪をかけて難しいものだろう。ところがこのような多角的な面からの分析がなければ、中国の戦略思想の全体像を把握することは不可能なのだ。これはまた、西洋は現在の文脈《コンテクスト》から切り離した格言や教訓、それに文章の一節だけを短く切り取っただけの孫子の研究の行き詰まりから抜け出せないことも意味している。

中国の哲学、とりわけタオイズムは、孫子と中国の戦略思想の理解のための最大のカギを握っている。第一章でも示されたように、中国の戦略思想である「四学派」（水平面）と「三等」（垂直面）は、たしかに孫子の時代よりも後になってから発展したものであるが、それらは実質的に『孫子兵法』をモデルとしていたのである。そして陰陽論と道《タオ》の概念、そしてその二つの関係を基本的に理解できていなければ、そもそも中国の戦略思想の体系を構成している二つの要素を理解できないことになってしまう。したがって、孫子の戦争哲学を検証する際には、われわれは「戦わずして人の兵を屈する」や「勝兵は先《ま》ず勝ちて而る後《のち》に戦いを求め」のような格言だけに注目するのではなく、状況・帰結アプローチや体系的な志向性、そしてこの書の全体に行き渡っている陰陽論の論理や、弁証法の基盤に注目しなければならないのである。

さらに言えば、中国人は哲学的な書物——この場合は『道徳経』だが——を戦略書として使っている。タオイストの著作の中で提示されている企みや計略は、タオイストの哲学と完全に合致するものだ。哲学的・戦略的思想の合致は、中国の戦略思想全体を大いに豊かにしたのであり、中国人の多くは『道徳経』を『孫子兵法』よりもはるかに「破壊的な効果を持つもの」と見なすようになったほどだ。結果として、『孫子兵法』は『道徳経』よりも前にまとめられたにもかかわらず、この二つの著作の間には循環的でありながら、一見すると逆説的な関係が発展したのである。つまり『孫子兵法』は『道徳経』に対してヒントを与えたが、『道徳経』は孫子の考えに対して、さらなるタオイスト的な考えや世界観、そして認識論を補う役割を果たしたのだ。もちろん本書では『孫子兵法』が『道徳経』よりも先にまとめられていたことを述べているが、それでもいまだに「タオイストが『孫子兵法』の哲学的土台をつくった」という主張が雄弁に語られている理由は、まさにこのような事情にある。さらに言えば、中国の戦略思想をタオイストの（哲学的な）視点から見ることができないと、「中国の戦略は非軍事的だ」「中国の戦略は本質的に防御的なものだ」という、単純で一面的な認識に至ってしまいがちだ。もちろん私はこのような結論が完全に誤ったものであると言いたいわけではないが、それでも中国の思想の弁証法的な性質から考えれば、このように先走って単純化しすぎた結論を導き出すのは、やはり賢明ではないと考えている。孫子と毛沢東の間の長期戦についての考えの違いも、同じ原則が完全に異なる戦略の選択肢につながることを示す好例である。たとえば孫子は「戦争には『拙《まず》くとも早くきりあげる』ということはあるが、『巧《うま》くて長びく』という例はみたことがない」[*9]と強調しているが、これはゲリラ戦争について間接的に当てはまるのと同時に、このタイプの紛争に容易に応用できる原則や計略を議論しているとも言える。[*10]ところが毛沢東は、孫子のこの後者の考えに従うことを選んだ。同じ意味で、ボイドは電撃戦とゲリラ戦という、一見すると対照的な二つの戦争方法の間に共通した概念的土台を孫子の原則の中に発見することによって、その間の亀裂を埋めることができたのである。

孫子についての研究は、その視点がどのようなものであれ、常に歴史的な分析から始められるべきものだ。本書の第二章でも見てきたように、良い分析のためには実質的に春秋時代（紀元前七七一～四〇三年）のほとんどをカバーしなければならないのだが、西洋人の多くはこれを行っていない。しかも彼らにはこれを行うための中国についての文献や知識が、全般的に欠けているのだ。孫子に関して言えば、まずは少なくとも「斉《せい》」（孫子の祖国）について知らなければならないし、その同時代の他の国との区別が付かなければならない。もちろんそこには難しさはあるのだが、それでも斉の文化とそれが孫子の思想に与えた影響などの検証は、大きな示唆を与えてくれるものだ。そうすることによって『孫子兵法』が斉の軍事的伝統や経済活動、そして文化的な背景から影響を受けたことがわかるからだ。斉の特殊な文化が『孫子兵法』の中でどのように花開いており、孫子の豊かなアイディアの発展にどのような影響を及ぼしたのかを知ることは、われわれに知的興奮を与えてくれるものだ。

管仲《かんちゅう》の国政術や外交、そして斉の覇権への台頭において果たした決定的な役割も、孫子のアイディアにどのような影響を与えたのかを教えている。管仲と彼の国政術は、単に孫子に影響を与えただけでなく、儒教主義者、タオイストたち、そしてのちに登場した法家（現実主義者《リアリスト》）たちの考えにも影響を与えたとされている。中国人の中には「管仲こそが中国の法家の始祖だ」と考えている人もいるほどだ。中国の対外的な行動についての考え方や行動を理解したいと考える西洋人にとって、管仲の存在に気づかなかったり研究しなかったりするのは、やはり深刻な怠慢《たいまん》であろう。管仲は中国の国政術や外交における多くの前提や計略を最初に示した人物だからだ。おそらく彼は世界で最初に「ソフトパワー」という概念を提唱した人物だ。そして彼が紀元前七世紀の斉において、他国に対して貿易や通貨、商品の価格付けや経済相互依存状態などの手段を通じて経済戦を行っていたことは容易に考えられる。[*11]このような例からもわかるように、管仲が孫子のカギとなる考え方、つまり「戦わずして人の兵を屈する」や「上兵は謀《ぼう》を伐《う》ち、其《そ》の次は交《こう》を伐ち、……其の下《げ》は城を攻む」、そして「あらゆる手段を使って勝利を得る」という考え方に影響を与えたであろうことは容易に想像できる。同じような意味で、管仲が強調した「力づくではなく、相手の思考の変化や屈服によって相手の国よりも優位を獲得する」という考え方は、その後の中国の戦略や外交の考え方の傾向をつくることになったのだ。

ここで明記しておかなければならないのは、戦いにおける原則である「騙し」（詭道《きどう》）を除けば、大戦略志向や戦争の遂行に関する教訓など、今日でも引き続き有用性や妥当性を保っている『孫子兵法』のアイディアのほとんどは、孫子の時代（即ち春秋時代中期から後期）のものではなく、春秋時代の初期に由来するものだということだ。これは孫子が変化する時代に生きており、異なる時代から生まれたアイディアが彼の著作の中に反映されている、という事実と密接な関係がある。そして極めて明らかなのは、孫子の時代に国家において官僚と軍を分ける過程で出てきた新たな職種である「将軍」（即ちこれは孫子が呉の国に仕えた時の肩書だ）の仕事やその役割が、純粋に軍事的なレベルから、戦略レベルへと次第に移ってきたという事実だ。言い換えれば、現代のわれわれがいまだに孫子の重要な教訓から学べるのは、当時の戦略書が、まだ純粋な軍事書へと完全に変化しきっていなかったからである。ところが中国の戦略思想が、劇的な変化やそれによってもたらされた未完成な転換を経験した時代から利益を得たのは、この時代の例だけが唯一のケースというわけではない。『道徳経』はそもそも支配者のために国政術を教える本として書かれたのだが、その文章自体は時代を越えた様々なタオイストたちによって長い期間にわたって記されたものであり、『孫子兵法』が経験したように、時代が変わったことによって思想も変わったからだ。ところがその当時に流行し始めていたのは哲学だった。したがって『道徳経』は、結果的に国政術と哲学の両方を含むことになり、人々はそれが戦略書なのか哲学書なのかを議論することになったのである。そしてまさに孫子の例と同じように、『道徳経』の中で戦略面での教訓が含まれていたのは、そのほとんどが完全に書き換えられなかった部分に集中している。やや微妙な考え方かもしれないが、中国の戦略思想は、主要文献が統合化に耐えると同時に、純粋に軍事的なもの（『兵法』）や哲学的なもの（『道徳経』）だけに特化して進化することがなかったために、時間を越えた有益性を持つようになったのである。この事実がわれわれに教えているのは、中国の戦略思想の有用性の大部分は、実際はしっかりと体系化されていなかった時代のアイディアに由来する、ということだ。ここからわかるのは、中国の戦略思想をしっかりと体系化しようとするいかなる試みも、結局のところは非生産的なものになる可能性があるということだ。

このような体系化への抵抗は、中国の戦略思想にとって障害とはなっておらず、むしろその本質に備わったものである可能性が高い。そのような「あまりにも中国的」な性質があるために、西洋への移植はうまく進まないのである。これこそが、全体的かつ体系的な考え方や、全体像を包括することを強調する、伝統的な中国の考え方である。戦略では、その実行担当者に全体的な状況の把握が必要とされるため、このような考え方は戦略問題に直面した時に、西洋の合理主義的な考えとは違った、それに優るようなものを中国人たちに与えることになる。『中國戰略原理解析』という（中国語で書かれた）本の著者は、この「中国式の考え方」が漢字の使用と密接な関係を持っていると論じている。漢字は象形文字や表意文字、それに意符と音符の部首から成り立っており、英語のアルファベットや言葉よりも、はるかに多くの情報を伝えることができるだけでなく、その使用者に対してその含意や示唆する情報についての、自発的な認識を促すこともできるからだ。中国式の考えや文字、そして比喩的なイメージなどが合わさることで、中国人は戦略のエッセンスや戦略思考に近づくことができるのであり、中国の戦略思想は戦略の要件をうまく満たすことができるようになるという。その本の著者は、中国の伝統文化との相性の良さもあって、「本物」の戦略思想は中国から出たと主張しているほどだ。[*12] しかしながら、ボイドは西洋に対して中国式のやり方をうまく順応させる方法を示したと言える。ボイド自身は中国語を知らなかったはずだが、それでも東洋の文化で新しいアイディアを生み出す際に一般的に使われている、変化する比喩表現や連想、そして強制的なアナロジーなどを積極的に使っている。[*13] 以下は、ボイドが西洋の一般的なやり方と異なる考え方をしようとしていたことを教えているエピソードだ。

ボイドは「崇拝者たち」に電話をかけて、一つの言葉の意味について何時間も議論している。彼は「この言葉を聞いた時にどのような感覚を覚える？」「どのようなイメージが心に浮かぶ？」と聞くのである。これは骨の折れる作業であった。ボイドは曖昧《あいまい》さを好んでいたが、その理由は、このような曖昧さを直視する骨の折れる作業こそが新しい展望や思いがけない方向性を生み出すと考えていたからだ。バートンはボイドのこのような曖昧な態度に不快感を覚えていた。彼はボイドに対して「君は言葉が一つ以上の意味を持つという事実を利用しているんだ、君は言葉やアイディアや概念を、誰も使わない形で使っているんだ」と言ったことがある。*14

「イメージ」、「曖昧さ」、そして「一つ以上の意味を持つ言葉」など、これらはすべてボイドの思考の中で、中国・東洋式の考えが働いていることを示している。このような作業を別に難しいことであると捉える必要はないが、それでも中国の戦略思想をマスターしようと思うのであれば、やはり必須の作業となる。

本書は西洋に対して、中国の戦略思想の研究における近年の最も重要な発見の一つ、つまり『孫子兵法』が『道徳経』よりも前に成立していたという事実を明らかにするべく書かれたものだ。この発見は、これまでの研究を大きく覆《くつがえ》すものだ。これによって中国の戦略思想の発展やその道筋、そして純軍事的な流れから離れ、その扱う視点と領域がいかに広がっていったのかという点について、より明確な全体像が判明したからだ。さらに『道徳経』は、中国の戦略論を実質的に「弱者が強者を倒すための術」として修正したのであり、これによって中国の戦争方法を、これまで以上に「無制限」で破壊力の高いものにしたのである。

別の視点から見れば、『孫子兵法』が『道徳経』よりも前に成立したという事実は、中国の思想（戦略思想だけではない）における孫子の重要度を大いに高めたということでもある。これによってわれわれは、孫子の議論には中国の戦略思想、国政術、そして計略、タオイストの思想、中国の弁証法、さらには法家（現実主義者）思想のタネまでが含まれていたことに気づくのだ。さらに驚くのは、『孫子兵法』が『道徳経』に対して、戦略的な考えだけでなく、哲学的な面でもインスピレーションを与えたという点だ。われわれは『孫子兵法』を戦略の分野において最も偉大な著作の一つとして讃《たた》えているわけだが、ここで忘れられがちなのは、孫子自身が本物の天才であり、一人の将軍としてだけでなく、思想家としても驚くべき活躍をした人間であったという点だ。

『孫子兵法』の永続的な価値は、孫子の賢明かつ思慮深い哲学や、戦争の原則の整ったまとめ方によるところが大きい。毛沢東の戦争方法といわゆる「無制限戦」というのは、多くの面で孫子のアイディアを現代版にアップデートしたものであると言えよう。ところがそれらは『孫子兵法』の奥行きと広さをほとんど超越できていない。[*15]『孫子兵法』の現代版となる戦略論は、西洋の戦争方法を批判的な目で見ている。それらは現代の戦争（や戦い）を正しく予期して、積極的にそれを形成したのであり、これによってすでにその価値を証明している。もしそれらが適切かつ正確に検証されれば、西洋の戦略思想にとって莫大《ばくだい》な価値を持つものとなるはずだ。ところが西洋では、孫子の戦争に関する格言だけを誤って強調してしまい、これによって中国の戦争方法が「詭道」だけを強調し、その目標のためにはあらゆる手段を徹底的に使うことを教えている、という誤解につながってしまった。このような功利主義的な視点では、孫子の戦争に関する哲学まで気づくことはできない。ところが中国の戦争哲学を理解する簡単な方法は存在せず、やはり中国の歴史、哲学、そして文化に慣れるために勉強するしかないのである。私は本書が、西洋におけるこの方向への「大躍進」のための第一歩となればと考えている。

＊1　Wylie, *Military Strategy*, p. 61［ワイリー著『戦略論の原点』七七頁］; Coram, Boyd, p. 331.
＊2　Jullien, *A Treatise on Efficacy*, pp. 9-14.
＊3　Ibid., pp. 9-10.
＊4　Ibid., p. 24（太字は原著ママ）.
＊5　Ibid., pp. 189. 204.
＊6　Boyd, *Patterns of Conflict*, p. 66.

*7 Wylie, *Military Strategy*, p. 33.〔ワイリー著『戦略論の原点』四〇頁〕

*8 Jullien, *A Treatise on Efficacy*, p. 162.

*9 Sun Tzu, *Sun-tzu*, trans. Sawyer, p. 173.〔故《ゆえ》に兵には拙速《せっそく》を聞くも、未だ巧久《こうきゅう》を睹《み》ざるなり。：町田三郎訳『孫子』一一頁〕

*10 Antulio J. Echevarria II, *Fourth-Generation War and Other Myths*, Monograph, Carlisle Barracks, PA: Strategic Studies Institute, U.S. Army War College, Nov. 2005, p. 12.

*11 Yan Xue Tong et al., *Wang Ba Tian Xa Si Xiang Ji Qi Di* 王霸天下思想及啟迪〔Thoughts of World Leadership and Implications〕, Beijing: World Affairs Press, 2009, pp. 36-7.

*12 Hong Bing, *Zhong Guo Zhan Lue Yuan Li Jie Xi* 中國戰略原理解析〔An Analysis of Chinese Strategic Principles〕, Beijing: Military Science Publishing House, 2002, pp. 10-13.

*13 Hammond, *The Mind of War*, p. 184.

*14 Coram, *Boyd*, p. 321.

*15 以下を参照のこと。Qiao and Wang, *Unrestricted Warfare*.〔喬良、王湘穂著、坂井臣之助監修、劉琦訳『超限戦：21世紀の「新しい戦争」』共同通信社、二〇〇一年〕

謝辞

本書は私が人生で初めて書いた本であり、これが実現したのは長期間にわたって情熱を持って仕事に取り組んでくれた、編集者のマイケル・ドワイヤー氏のおかげである。また、オックスフォード大学出版社には北米での本書の出版に同意してくれたことに感謝するとともに、ハースト出版のジョン・デ・ペイヤー、デイジー・レイチ、そしてキャサリーン・メイ各氏にはまだ何もわからない新人の私に出版というプロセスを導いて支えてくれたことに謝意を捧げたい。本書は私の十年以上にわたる調査と執筆の成果である。その源流は私がロンドン大学政経学院（ＬＳＥ）の修士課程や、後にレディング大学で博士課程での研究に遡ることができる。とくに感謝したいのは、私の知的な面での教師であるクリストファー・コーカー教授であり、ＬＳＥに入学した当初から計り知れないアドバイスを与え続けてくれた。本書と私の学者としての人生は、コリン・グレイ教授がいなければありえなかった。私の博士課程の主査であると同時に戦争と戦略についての著名な専門家として、グレイ教授は私の戦略に関する教育の土台を敷いてくれた存在である。彼の監査と意見は、西洋と中国の戦略思想の対話という意味で紛れもない「対話」を提供してくれた。また、私はデイヴィッド・ローンズデール博士とデール・ウォルトン博士、さらにレディング大学の学友たち（これには訳者の奥山真司博士も含む）にも感謝している。彼らは彼の地での研究の日々を非常に実り大きものにする役割を果たしてくれたからだ。もちろん本書は完全に私が書いたものであるが、その出版までには彼らの応援やアドバイス、そして建設的な批判などがなければそもそも実現不可能であった。香港大学時代の先生、とりわけジェームス・タン教授やリチャード・フー教授、そしてジョセフ・チャン教授には、私の学問的に進むべき道を与えてくれたという意味で大きな恩を感じている。また、ロジャー・エイムス教授には建設的なアドバイスを与えてもらい勇気づけられている。最も感謝しているのは両親であるエルマーとタニア、そして家族の無条件な理解と応援であった。彼らがいなければ私は非常に厳しかった時期を生き残ることができなかった。とりわけレイモンド・ユワンには私の性格を形成し、読書の癖をつけてくれたという意味でとりわけ感謝するところである。本書はすでに亡くなった祖父と祖母の、ロバートとナンシーに捧げるものである。

最後に、本書が日本で出版されたことに大変な栄誉を感じている。日本の戦略思想家として、私は柳生宗矩による『兵法家伝書』にある陰陽論的な考えに大いなるインスピレーションを得たことを強調しておきたい。

香港、二〇一七年三月

訳者解説

本書は香港出身の学者のデレク・ユアンの著書 *Deciphering Sun Tzu: How to Read 'The Art of War'*（2014）の日本語完訳版である。

『孫子兵法』と言えば日本でも馴染み深い中国の古典であり、すでに遣唐使を派遣していた七〇〇年代後半から他の漢籍と共に輸入されていたことが確認されている。その後は兵書や教養書という位置づけで読み継がれ、戦国時代には甲州の武田信玄が兵法の軍争篇の中にある「風林火山」を自らの旗指物にしており、江戸時代には「兵書」として広く読まれ、山鹿《やまが》素行《そこう》や荻生《おぎゅう》徂徠《そらい》の優れた注釈書も出ている。明治期に入ると日本に武官として来日していた英軍兵士によって世界初の英訳版が出されている。それ以降も孫子研究は続いており、とりわけ戦後はビジネス系の解釈による出版が盛んになっている。

現在でも毎年何冊も解説本や応用本が次々と発売され、経済系の雑誌などでは定期的に特集が組まれるほどである。たとえば本書が出る前にも、月刊プレジデントから二〇一七年五月二九日号で「仕事がぐんと面白くなる『孫子』入門」という特集号が出ただけでなく、明治大学の齋藤孝教授監修の『強くしなやかな心を育てる！　こども孫子の兵法』がベストセラーになっていることなどは、日本人が『孫子兵法』に魅力を感じ、なおかつそこからいまだに何かを学ぼうとしている姿勢がよく現れている。

ただし日本での出版事情を見ると、孫子（孫武）が本来意図していた「兵書」（国家戦略本）としての狙いをそのまま汲んで出されている解説書はわずかしかない。これには日本が第二次世界大戦後に戦争を一度も行っていないという事情が大きく、本来の「兵書」として熱心に研究されている英語圏での扱いとの違いが際立っている。ただし原著者は英語圏、いわゆる「西洋」での孫子研究には重大な欠陥があるとしており、それが本書を書くことになった根本的な動機となったという。そういった中で、本書は著者が馴染んできた中国語圏による孫子解釈と、英語圏での孫子解釈を、まさに「兵書」として正面から扱う戦略研究（strategic studies）の観点から解釈したという意味で、日本でも類書のない、極めて意義のある本だと言えよう。

著者は専門誌においてすでに何本か論文を発表しており、香港では新聞やメディアで積極的な発言をしているのだが、本格的な訳書は本邦初となるため、ここで彼の人物像を簡単に紹介しておきたい。

デレク・ユアン（Derek M.C. Yuen）は、一九七八年に香港に生まれている。香港大学で学位を取った後、ロンドン大学の経済政治学院（ＬＳＥ）で戦史研究で名高いマグレガー・ノックス教授の指導の下に修士号を取得。同大学のクリストファー・コーカー教授の勧めで同国レディング大学で戦略学の泰斗であるコリン・グレイの下で博士号を取得している。本書は、その当時に原著者が書いていた博士号論文が土台となったものであり、フォーリン・アフェアーズ誌で同じく戦略研究の泰斗であるローレンス・フリードマンに書評され、高い評価を得ている。本書の元になった論文は、すでに米陸軍大学や豪陸軍大学の研究機関で必読文献に選ばれている。

主な関心は孫子、老子、クラウゼヴィッツ、そして毛沢東の戦略理論であるが、日本の文化や戦史にも造詣が深く、何度か来日した際には「長篠《ながしの》の戦い」を再現するイベントに参加したり、甲府の武田神社や恵林寺にある信玄公の墓を参拝したりしている。以前から東洋と西洋の戦略論の融合や、戦略論の哲学、とりわけタオイズムに興味を持っており、自身のホームページにも「戦略のタオ」というタイトルを付けているほどだ。タオイズムの関連から、柳生宗矩の『兵法家伝書』や、宮本武蔵の『五輪書』にも関心を持っているという。現在は母校の香港大学で講師を務めながら、コラムニストやコメンテーターだけでなく、香港の民主化運動にも積極的に関わっている。

極めてユニークな性格を持つ本書であるが、その最大の特徴は三つあると言える。

一つ目は「タオイズム」の重要性を全面に押し出している点だ。『孫子兵法』とタオイズムの関連性については、日本の研究者も言及しているため、そこにそれほどの目新しさはないのだが、本書が重要なのは、そこに大胆に陰陽論を絡めて説明していることだ。とりわけ本書の前半では、孫子には初期の陰陽五行の思想があったことや、まだ哲学的な思想に本格的に移行する前の、自然観察から導き出されたとされる陰陽論の初期のアイディアが孫子に大きな影響を与えていたとされている点が興味深い。その証拠に、孫子には「虚・実」「奇・正」「攻・防」「有形・無形」など、二つの正反対の概念を示すことによって絶対的な現実に迫ろうとしていると説明されている。拡大解釈かもしれないが、孫子が二つの極端な概念を使って弁証法的な論理から循環論的に真実に迫ろうとする姿勢は、まるでジャイロスコープを使って宇宙空間で姿勢を安定させる、人工衛星のようなイメージと近いのかもしれない。ダイナミックな回転運動をしているものは、逆に空間の中で安定性を増すということであり、孫子の場合、二つの極端な状態を示す概念を対比させることによって、その中間に真実があるということを示したかったのかもしれない。

また著者は、孫子の陰陽論が敵と味方の流動的な関係性（ダイナミズム）にも当てはまるとしている。これはエドワード・ルトワックが一九八〇年代から敵と味方の相互作用から生まれる現象として提唱している、いわゆる「逆説的論理《パラドキシカル・ロジック》」と極めて近い概念である。つまり一方があることを仕掛けようとしても、自由意志を持った相手はそれに対して効果的に反応しようとするわけで、その両者によってつくり出される「騙し騙される流動的な関係」が、戦略における逆説的な状態を生む、というものだ。ユアンはルトワックにそれほど言及していないが、孫子や中国の戦略思想全般で想定されている矛盾や逆説的な作用を、陰陽論とその背後にあるタオイズムに求めている点は注目すべきだ。逆に言えば、ルトワックは孫子などをそこまで読み込むことなく、戦場での実体験や研究の結果から、孫子と同じような結論に至ったということにもなる。戦略論は洋の東西を越えて似たような考えを持っている一例として興味深いものだ。

二つ目の特徴は、ユアンが戦略研究の知識をベースに、西洋の理論家と孫子のアイディアを比較している点だ。その主な対象となっているのは、第五章に顕著に見られるようなリデルハートやボイドという「西洋の孫子の後継者」なのだが、たとえば西洋における孫子の最大のライバルであるとされるカール・フォン・クラウゼヴィッツ（一七八〇〜一八三一年）との比較においても興味深い分析を行っている。中でもこの戦略論の大家である二人が、共に戦争が抱える複雑性《カオス》を認識していたことを指摘しつつも、クラウゼヴィッツは「軍事的天才」という超越概念を持ち出すことによってそれを克服できると考えたのに対して、孫子は人（相手）を騙したり利益で釣ったりしてコントロールできると考えていたとの指摘は、この二人の根本的な思想の違いを巧妙に描き出している。また、米空軍パイロットとして名高かったジョン・ボイド（一九二七〜一九九七年）の分析を元に、「摩擦《まさつ》」という概念が孫子とクラウゼヴィッツの間でどのような意味合いの違いを持っていたのかについて指摘している点などは参考になる。他にも、西洋と東洋の戦略論には注目すべき階層（本書では「戦争のレベル」と呼ばれる）の違いがあり、西洋は「軍事戦略レベル」に傾きがちな一方、中国の戦略理論は本質的に「大戦略レベル」を見ているという指摘も際立った特色となっている。

三つ目は、孫子の斬新な解釈である。まず老子に関して言えば、本書は主に二一世紀に入ってから中国語圏進んだ研究成果を元にして、人物として老子が最初に出て、その後に孫子が登場し、孫子が『兵法』を編纂し、その後に老子の弟子たちが『道徳経』を完成させたという時系列を強調することによって、実は孫子こそがのちに発展したタオイズムの源流となったということや、老子の『道徳経』は哲学書であると同時に国政術を説いた「兵書」であることなど、日本では知られていない現代の中国側の孫子の捉え方を紹介している点に特色がある。また、孫子そのもののアイディアに関して言えば、とりわけボイドの解釈に習った「ポジティブ・フィードバック」や「ネガティブ・フィードバック」という概念を、孫子の「形」の概念と対比させつつ、『兵法』では敵に対してどのような心理戦や情報戦を仕掛けることが提唱されていたのかを解説している点は示唆に富む。

個々の語句に関しても斬新な解釈が紹介されているが、おそらくこの点においての白眉《はくび》は第四章にある、一般的によく知られている「彼を知り己れを知れば」についての分析であろう。これを唐の時代に編纂された『李衛公問対《りえいこうもんたい》』などを効果的に使うことによって、単なるインテリジェンスではなく、むしろ敵国の文化、そして敵軍の士気や敵国のリーダーの意図を測ることの重要性を教えている、と解いていくのだ。「後発制人《こうはつせいじん》」のような、日本ではあまり知られていないが最近の中国の戦略論を考える上では決定的に重要となる概念を強調しており、実に知的刺激にあふれる魅力的な孫子解釈が豊富に展開されている。

もちろん本書に批判すべき点がないわけではない。たとえば孫子の解釈についてそこまで断定的な解釈を書いてもいいのかという点が挙げられる。たしかに本書の孫子解釈はこれまでの日本の孫子本にはないものばかりだが、そもそも二五〇〇年以上前に古代中国語で書かれた、解釈に幅のある古文書に、そこまで厳密性を求めてもいいのか、という根本的な問題がやはり気にかかるところだ。また、ビジネス解釈が普及している日本では、ここまで「戦略的」、つまり「相手をいかに潰すか」というあまりにも生臭い孫子解釈が（と言ってもこれが本来の姿なのだが）受け入れられるか、微妙なところが懸念される。他にも、陰陽論がベースにあるタオイズムが、戦略研究の究極の目的である「戦略の一般理論」の構築にどこまで役立つものなのかは、やや疑問の残るところだ。ただし孫子の新しい解釈だけでなく、それを踏まえて戦略論の進化に一歩踏み出そうとしている点は、大いに評価すべきであることは間違いない。

最後にいくつか謝辞を述べさせていただきたい。著者のユアン氏は、訳者である私と同じ大学院の博士号課程の先輩（年は若いが）に当たる。コースを始めたばかりの時に先に修了していった彼の姿を見て、私自身も大いに啓発されたことをよく覚えている。本章のとりわけ第五章の内容については何度か議論をしたことがある。のちに私が訳出したJ・C・ワイリーの『戦略論の原点』の妥当性や本書の孫子についての意見を交わしたことが忘れられない。また、私がお世話になっている戦略研究学会や日本クラウゼヴィッツ学会の会員の方々には、本書の訳語等について色々と教えていただいた。編集者である登張正史氏には、訳者の筆の遅さで大変ご迷惑をおかけした。ここに記して感謝しておきたい。

奥山真司

平成二九年一二月一六日

青葉台駅にて

関連年表

紀元前 1600-1046 年頃：商（殷）
紀元前 1046-771 年頃：西周
紀元前 1046 年頃：太公（姜子牙）が斉《せい》を建国
紀元前 770-256 年：東周
紀元前 770-403 年：春秋時代
紀元前 685-643 年：斉桓公の政権時代
紀元前 685 年：管仲が斉の宰相となる
紀元前 684 年：長勺の戦い：魯と斉の戦争
紀元前 651 年：斉の最盛期
紀元前 638 年：泓水の戦い：楚と宋の戦争
紀元前 512 年：孫子が呉王に謁見、『孫子兵法』を献上する
紀元前 506 年：柏挙の戦い：呉（孫子が指揮）と楚の間で発生
紀元前 403-221 年：戦国時代
紀元前 221-206 年：秦
紀元前 206-紀元後 9 年：前漢
9-25 年：新
25-220 年：後漢
220-265 年：三国時代
265-316 年：西晋
317-420 年：東晋
420-589 年：南北朝
581-618 年：隋
618-907 年：唐
907-960 年：五代十国
960-1127 年：北宋
1127-1276 年：南宋
1271-1368 年：元（モンゴル）
1368-1644 年：明
1644-1911 年：清（満州）

マ行

ヤ行

ラ行

ワ行

索　引

ア行

カ行

サ行

著　者

デレク・ユアン（Derek M.C. Yuen: 袁彌昌）

1978年香港生まれ。香港大学を卒業後、英国ロンドン大学経済政治学院（LSE）で修士号。
英国レディング大学でコリン・グレイに師事し、戦略学の博士号を取得（Ph.D）
香港大学講師を務めながらコメンテーターや民主化運動に取り組む。
主な研究テーマは孫子の他に、老子、クラウゼヴィッツ、そして毛沢東の戦略理論。

訳　者

奥山　真司（おくやま まさし）

1972年生まれ。カナダのブリティッシュ・コロンビア大学卒業後、英国レディング大学大学院で博士号（Ph.D）を取得。戦略学博士。
国際地政学研究所上席研究員、青山学院大学非常勤講師。著書に『地政学：アメリカの世界戦略地図』のほか、訳書にＪ・Ｃ・ワイリー『戦略論の原点』、Ｊ・Ｊ・ミアシャイマー『大国政治の悲劇』、Ｃ・グレイ『戦略の格言』『現代の戦略』、Ｅ・ルトワック『自滅する中国』『戦争にチャンスを与えよ』『ルトワックの〝クーデター入門〟』など多数。

装幀　平面惑星

真説《しんせつ》
孫《そん》　子《し》

2018年2月10日　初版発行
2018年4月5日　3版発行

著　者　デレク・ユアン
訳　者　奥《おく》山《やま》真《まさ》司《し》
発行者　大橋善光
発行所　中央公論新社
〒100-8152　東京都千代田区大手町1-7-1
電話　販売 03-5299-1730　編集 03-5299-1840
URL http://www.chuko.co.jp/

D T P　嵐下英治
印　刷　大日本印刷
製　本　大日本印刷

Published by CHUOKORON-SHINSHA, INC.
Printed in Japan　ISBN978-4-12-005047-3 C0031

NO ORDINARY TIME
Franklin and Eleanor Roosevelt:
The Home Front in World War II

ピュリツァー賞
受賞作

フランクリン・ローズヴェルト 上下

ドリス・カーンズ・グッドウィン
砂村榮利子／山下淑美 訳

大恐慌からの再建と第二次世界大戦を指導し、アメリカ史上、唯一四選された FDR（フランクリン・デラノ・ローズヴェルト）の決定版評伝。

上　日米開戦への道

浮気に悩む妻エレノアとの愛憎やホワイトハウスや米国民の実情を克明に描く。上巻は中立からの脱却、日米開戦へ

下　激戦の果てに

欧州や太平洋で激戦が繰り広げられる中、社会事業に専心する妻エレノアの尽力により四選を果たすが、突然、病魔に襲われる！

イタリアの鼻

ルネサンスを拓いた傭兵隊長フェデリーコ・ダ・モンテフェルトロ

DIE NASE ITALIENS

Federico da Montefeltro, Herzog von Urbino

B・レック／A・テンネスマン 著

藤川芳朗 訳

ウルビーノの領主の非嫡子として生まれながら傭兵隊長として財をなし、画家ピエロ・デッラ・フランチェスカや建築家ラウラーナ、マルティーニを育て絢爛豪華な宮殿を建設。権謀術数渦巻く15世紀を生き抜いた一領主の生涯と功績から初期ルネサンスの光と影を解読する

目　次

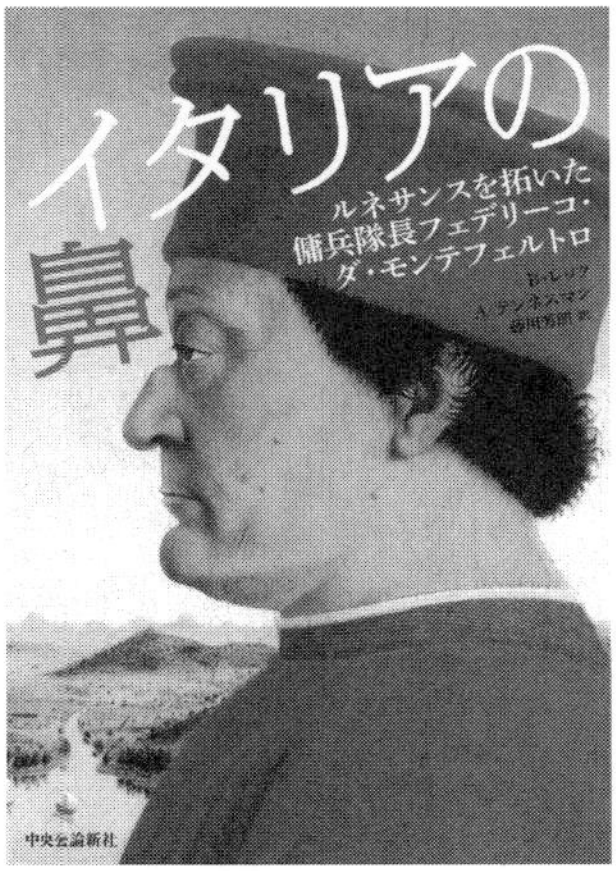

四六判・単行本